COURS D'AGRICULTURE PRATIQUE

LES PLANTES
INDUSTRIELLES

PAR

GUSTAVE HEUZÉ

MEMBRE DE LA SOCIÉTÉ NATIONALE D'AGRICULTURE
INSPECTEUR GÉNÉRAL HONORAIRE DE L'AGRICULTURE

TOME PREMIER

PLANTES TEXTILES OU FILAMENTEUSES
DE SPARTERIE, DE VANNERIE ET A CARDER

TROISIÈME ÉDITION — 50 FIGURES

PARIS

LIBRAIRIE AGRICOLE DE LA MAISON RUSTIQUE
26, RUE JACOB, 26

LES PLANTES
INDUSTRIELLES

I

LES PLANTES INDUSTRIELLES

PAR

GUSTAVE HEUZÉ

MEMBRE DE LA SOCIÉTÉ NATIONALE D'AGRICULTURE
INSPECTEUR GÉNÉRAL HONORAIRE DE L'AGRICULTURE

TOME PREMIER

PLANTES TEXTILES OU FILAMENTEUSES
DE SPARTERIE, DE VANNERIE ET A CARDER

TROISIÈME ÉDITION. — 50 FIGURES

PARIS

LIBRAIRIE AGRICOLE DE LA MAISON RUSTIQUE
26, RUE JACOB, 26

1893

TABLE DES CHAPITRES

DU TOME PREMIER.

PREMIÈRE PARTIE.

LES PLANTES TEXTILES.

PREMIÈRE DIVISION.

DEUXIÈME DIVISION.

DEUXIÈME PARTIE.

LES PLANTES DE SPARTERIE ET DE VANNERIE.

TROISIÈME PARTIE.

LES PLANTES A CARDE.

FIN DE LA TABLE DES CHAPITRES DU TOME PREMIER.

AVANT-PROPOS.

Sous le titre de PLANTES INDUSTRIELLES on comprend tous les végétaux annuels ou vivaces, herbacés ou ligneux dont les produits sont principalement destinés aux arts et aux industries. Quand ils concourent à l'alimentation de l'homme, ils n'y participent que d'une manière secondaire.

La présente édition a été revue et notablement augmentée. Elle comprend quatre volumes renfermant les cultures des plantes suivantes :

TOME I.

Plantes textiles ou filamenteuses. — Plantes de sparterie et de vannerie. — Plantes à carder.

Lin, chanvre commun, cotonnier, corètes, ramie, chanvre d'Australie, de Manille et du Mexique, alfa, papyrus, agave, aloès, roseau canne, bambou, rotang, osier, cardère ou chardon à foulon, etc.

TOME II.

Plantes oléagineuses. — Plantes saponaires. — Plantes tinctoriales. — Plantes tannifères. — Plantes salifères.

Colza, navette, cameline, pavot-œillette, arachide, sésame

ricin, gaude, safran, épine-vinette, garance, curcuma, rocouyer, bois de Brésil, henné, pastel, indigotier, cactus à cochenille, orcanette, arbres à huile et à suif, sumac, écorces à tannin, salicor, etc.

TOME III.

Plantes aromatiques. — Plantes à parfums. Plantes à épices et condimentaires.

Houblon, anis, coriandre, fenouil, angélique, rosier, jasmin, tubéreuse, cassie, héliotrope, géranium rosa, menthe, lavande, vanille, benjoin, citronnelle, myrrhe, vétivert, patchouly, bois de santal, eucalyptus, poivrier, cannellier, giroflier, muscadier, moutarde, etc.

TOME IV.

Plantes narcotiques. — Plantes pseudo-alimentaires. — Plantes sacchariphères. — Plantes gommo-résineuses. — Plantes médicinales. — Plantes funéraires.

Tabac, pavot à opium, caféier, chicorée, cacaoyer, thé, coca, farham, canne à sucre, betterave saccharine, camphrier, baumes, cachou, gingembre, sandaraque, caoutchou, noix d'arec, réglisse, rhubarbe, absinthe, guimauve, quinquina, jalap, camomille, cardamone, aloès, ipecacuanha, salsepareille, immortelle d'Orient, coïx lacryma, etc.

Les plantes mentionnées dans cet ouvrage sont très nombreuses; elles complètent celles décrites dans les volumes portant les titres suivants : *les Prairies et les herbages, les Plantes fourragères et les plantes alimentaires.*

Versailles, le 15 octobre 1892.

LES
PLANTES INDUSTRIELLES

PREMIÈRE PARTIE.

LES PLANTES TEXTILES.

Sous le nom de *plantes textiles* ou *plantes filamenteuses*, on désigne les végétaux qui contiennent dans leur écorce, dans leurs feuilles ou dans leurs capsules, des fibres qui servent à faire du fil, des toiles, des tissus, des ficelles, etc.

Ces plantes sont nombreuses. Les unes sont annuelles ou bisannuelles et les autres sont vivaces. Les premières sont principalement cultivées en Europe et dans l'Amérique septentrionale. Les autres existent plus particulièrement dans les contrées asiatiques et africaines; les fibres qu'elles fournissent servent le plus ordinairement à fabriquer des cordes et des cordages d'une grande solidité et d'une longue durée.

Parmi ces divers végétaux filamenteux, il en existe plusieurs qu'on transforme en pâte et qu'on utilise alors dans la fabrication du papier.

Un grand nombre de palmiers appartiennent aussi à la classe des plantes textiles. Il en est de même de divers végétaux qui font partie des familles des liliacées, des amaryllidées, des musacées, etc.

PREMIÈRE DIVISION.

PLANTES ANNUELLES.

———

CHAPITRE PREMIER

LIN.

LINUM USITATISSIMUM L.

Plante dicotylédone de là famille des Linées.

Anglais. — Flax.
Allemand. — Flachs.
Hollandais. — Vlas.
Suédois. — Lin.
Danois. — Hör.
Russe. — Len.
Italien. — Lino.

Espagnol. — Lino.
Portugais. — Linho.
Hongrois. — Len.
Indien. — Alsi ou alsee.
Arabe. — Zet hâr.
Égyptien. — Kettâm.

Historique. — Mode de végétation. — Variétés. — Composition. — Terrain. — Quantité d'engrais nécessaire. — Semis. — Enfouissement des graines. — Travaux complémentaires des semis. — Soins d'entretien. — Maladies. — Plantes, animaux et insectes nuisibles. — Agents atmosphériques nuisibles. — Récolte des tiges. — Récolte des graines. — Conservation des graines. — Renouvellement des graines de Riga. — Triage des tiges. — Rouissage. — Opérations complémentaires du rouissage. — Filage du lin. — Produits. — Rapports divers. — Pertes causées par les opérations. — Valeur commerciale. — Dépenses par hectare. — Produits fournis par la graine. — Coloration des filasses. — Commerce des lins.

Historique.

L'origine du lin remonte à la plus haute antiquité. La Bible fait connaître, dans l'Exode XXXIX, qu'on fit à Aaron et ses fils des vêtements de fin lin. C'est dans des bandelettes de toile de lin que les anciens Égyptiens enveloppaient leurs momies. Quelques observateurs ont soutenu que ces bandelettes avaient été faites avec du coton, cela est possible; mais on ne doit pas oublier qu'Hérodote a constaté que les Égyptiens portaient des tuniques de lin.

Au temps de Virgile, de Columelle, de Pline, etc., les Gaulois, les Romains, les peuples de la Germanie, etc., cultivaient le lin, et ces derniers excellaient déjà dans l'art de filer et de tisser ses filaments. A cette époque, les lins les plus estimés étaient récoltés à Sétubis en Espagne, à Rétorium et à Faventia, dans la Gaule cisalpine.

On sait que Charlemagne défendit, en 789, de filer le dimanche et qu'il ordonna, en 813, aux femmes de sa cour de filer le lin pour en faire des vêtements.

La culture du lin est fort ancienne en Belgique. Pendant plusieurs siècles, elle alimenta seule le commmerce et les fabriques des Pays-Bas. Depuis le 14 septembre 1591 jusqu'à la fin du XVIIIᵉ siècle, on fit défense d'exporter le lin, soit en fil soit en filasse, sous peine d'une amende de 100 à 500 florins et de la confiscation des marchandises. Cette interdiction eut l'avantage d'imprimer à la culture du lin et à la fabrication des toiles flamandes un développement considérable, qui s'est accru d'une manière sensible, il y a cinquante ans, lorsque l'Angleterre, s'emparant du tissage des fils de lin à la mécanique, accepta les fils écrus filés en Belgique.

La culture du lin reçut en France, au XIIIᵉ siècle, époque où la Flandre était déjà renommée pour la belle qualité de ses lins, une vive impulsion. Béatrix de Gaure fit venir de Bruges à Laval des ouvriers tisserands qui rendirent cette ville célèbre par la belle qualité des toiles qui y furent fabriquées depuis. Au XVIIIᵉ siècle, l'industrie linière avait fait de si grands progrès dans l'ancienne province de Bretagne, que, dans la seule paroisse de Melesse, on comptait de 30 à 40 tisserands, la plupart laboureurs.

Les matières premières qui alimentaient les nombreux métiers à tisser que possédait alors la Bretagne étaient produites par le sol de cette province. Toutefois, comme il importait d'avoir des filasses de lin qui permissent de fabriquer des toiles aussi fines, aussi belles que celles que la France recevait alors de la Hollande ou de la Flandre, on trouva utile d'employer, dans la culture de cette plante textile, des graines importées des rives de la Baltique. La quantité qu'on recevait à Roscoff s'élevait annuellement de 8.000 à 10.000 tonnes. Ces chiffres démontrent à quel degré de prospérité l'industrie linière était parvenue dans la région de l'Ouest vers le milieu du siècle dernier.

Les graines importées de Lubeck à Roscoff étaient livrées à un prix très élevé, et elles occasionnaient à la Bretagne des dépenses annuelles considérables ; elles se vendaient de 30 à 37 fr. 50 c. les 100 kilogrammes. Cette vente commençait vers le mois de novembre et se continuait jusqu'en mars.

Les dépenses très élevées que s'imposaient chaque année les cultivateurs bretons, afin que leurs toiles pussent rivaliser en Espagne, dans les Indes, etc., avec les toiles de Hollande, frappèrent les États de Bretagne, et pour venir à leur secours, ceux-ci votèrent plusieurs fois un fonds de 6.000 livres, en ordonnant qu'il serait employé à l'achat de graines de Riga que l'on distribuerait dans les évêchés de Rennes, de Vannes, de Quimper. Mais ces sommes n'ayant pas arrêté le découragement qui augmentait de jour en jour parmi les cultivateurs, la Société d'agriculture de Rennes, dans le but de diminuer la lourde charge qui pesait annuellement sur eux, se demanda si les graines tirées de la Livonie ne pouvaient pas se régénérer en Bretagne et reprendre, par une culture spéciale, leur vigueur et leur énergie premières. Se rappelant que, dans les circonstances ordinaires, le lin est semé épais, et que ses tiges, pour

donner une filasse douce et souple, sont toujours arrachées
avant leur maturité complète, condition qui oblige à récolter des graines médiocres et en petite quantité, elle eut la
pensée qu'il fallait semer la graine dans une très faible
proportion et sur une terre qui n'avait pas encore supporté
de culture de lin. En agissant ainsi, on devait sacrifier
complètement la filasse. Cette idée prit alors faveur en Bretagne; du reste, elle avait déjà été exprimée par la Société
d'agriculture de Dublin (Irlande), et un grand nombre de
cultivateurs de l'évêché de Saint-Pol de Léon la parta-
geaient entièrement. Malheureusement, toutes les tenta-
tives faites dans le but de résoudre cet important problème
n'eurent aucun résultat utile. Il en fut de même de toutes
les expériences faites par de La Chalotais. Aussi, à partir de
ce moment perdit-on tout espoir, en Bretagne, de récolter
dans la province des graines susceptibles de remplacer les
semences importées des rives de la Baltique. Cette non-
réussite influa beaucoup sur la décadence de l'industrie
linière dans les provinces de l'Ouest.

Le lin est aussi cultivé dans la Malaisie, au Chili, au
Pérou, dans la Bolivie, au Paraguay, en Égypte, etc. En
Algérie, en 1876, il occupait 5.600 hectares, surface qui a
permis d'exporter 4.400.000 kilogrammes de graines de lin.

Depuis 1842, cette culture a pris une grande importance
dans le bassin de l'Indus (Inde).

La filature mécanique, que nous devons à Philippe de Girard (1), a été fatale à la culture du lin en France, et aussi
à la vieille industrie du filage à la main, parce qu'elle emploie des lins de toute provenance et de toutes qualités (2).

(1) C'est le 18 juillet 1810 que Philippe de Girard prit ses brevets
d'invention. Le 7 janvier 1853, une loi accorda à ses héritiers des
pensions à titre de récompense nationale.

(2) En 1789, le département de l'Aisne comptait 78.000 fileuses et
6.000 tisseurs, qui livraient annuellement 145.000 pièces de batiste.

On s'occupe activement depuis quelques années de perfectionner la culture et la préparation du lin dans toutes les parties de l'Europe.

Il n'est pas inutile de connaître les surfaces occupées annuellement par le lin dans les principaux pays producteurs. Voici les superficies constatées en 1882 :

Russie.	781.000	hectares.
Allemagne.	108.000	—
Autriche-Hongrie.	98.500	—
Italie.	81.000	—
Belgique	40.000	—
Royaume-Uni.	45.000	—

Dans tous ces pays, la culture a perdu de son importance depuis 1860.

La France, qui comprenait, en 1840, 105.000 hectares, et en 1862, 98.000 hectares de lin, n'en possédait en 1882 que 41.000 hectares.

Voici les départements dans lesquels la culture de cette plante textile a le plus d'importance :

Nord.	6.618	hectares.
Côtes-du-Nord.	4.816	—
Pas-de-Calais.	2.789	—
Vendée.	2.450	—
Landes	2.364	—
Manche.	1.994	—

La culture du lin aux États-Unis occupe 170.000 hectares.

Cette plante est principalement cultivée en Russie dans les gouvernements de Pskoff, de Witebsk, de Smolensk, de Jaroslaw et de Vladimir. En Italie, elle a une certaine importance dans les territoires de Cremone, de Lodi, de Brescia, de Pavie, de Mantoue, de Reggio et de Salerne.

Le lin est aussi cultivé en Espagne, aux Açores, et dans la basse Égypte.

La Westphalie a toujours été regardée à juste titre comme la *terre classique* du lin. Les plus beaux lins qu'elle produit viennent d'Ostrow, de Poschow et de Nowarschew. On a vu à Glogau 200 hectares de lin sur la même exploitation.

Comme je l'ai dit précédemment, le Lin, en France, est principalement cultivé dans la Flandre, l'Artois, la basse Bretagne, la Vendée, les Landes, le Cotentin et le pays de Caux, contrées où le climat est plutôt brumeux que sec pendant le printemps et l'été.

Mode de végétation.

Le lin est une plante annuelle qui accomplit toutes ses phases d'existence en trois ou quatre mois (fig. 1). Sa tige est dressée, plus ou moins rameuse ; ses feuilles sont planes, sessiles, alternes, linéaires et entières. Ses fleurs sont terminales ou axillaires ; elles se composent d'un calice à 5 sépales et d'une corolle à 5 pétales arrondis et crénelés au sommet et trois fois plus longs que le calice. Le fruit est une capsule à 3 ou 5 loges et terminée en pointe ; chaque loge ou carpelle contient deux graines à enveloppe rougeâtre, coriace et luisante, à amande mucilagineuse.

Le lin demande beaucoup d'air et de soleil ; il se développe très difficilement sur les terrains ombragés. Sa floraison dure une quinzaine de jours ; elle a lieu, suivant les localités, du 15 juin à la mi-juillet. Quand les fleurs sont bien épanouies, le champ présente une nappe de verdure ondoyante, émaillée d'azur, qui se marie très agréablement à la teinte rosée du trèfle et à la couleur vert foncé ou jaune-doré des céréales.

Le lin exige pour fleurir une chaleur totale de 1.200°.

Cette plante mûrit sa graine 15 à 20 jours après l'épa-

Fig. 1. — Lin ordinaire de printemps.

nouissement des fleurs et, selon M. de Gasparin, avec une somme de 1.450° de chaleur totale.

Dans les circonstances ordinaires, sa tige a de 50 à 70 centimètres de hauteur. Elle dépasse rarement 1 mètre sur les terres les plus favorables dans l'Artois, la Flandre et la Belgique.

Le lin se développe bien dans les montagnes quand il occupe de bons terrains. En Italie, on le cultive avec succès dans la province de Cosenza, sur le plateau de *Sila*, à plus de 1.000 mètres au-dessus de la mer.

Quoi qu'il en soit, le lin est principalement cultivé dans les localités septentrionales, où l'atmosphère et le sol sont toujours frais ou un peu humides.

Variétés.

Les lins cultivés forment deux classes distinctes : la première comprend le lin d'hiver et les lins de printemps; la seconde, le lin vivace.

Lin d'hiver. — Le lin d'hiver, qu'on sème en septembre ou octobre, est cultivé dans la Bretagne, l'Anjou, la Vendée, la Gascogne, le Béarn, le Languedoc et la Provence, c'est-à-dire dans la zone maritime dans laquelle le *laurier tin* et le *camellia* végètent en pleine terre. On le croit originaire d'Espagne. Il est moins difficile sur la nature et la fertilité du sol que les lins de printemps. Ses tiges sont plus fortes, moins élevées et plus ramifiées dans leur partie supérieure; en outre, ses fleurs, quoique moins ouvertes le jour, sont plus grandes et produisent des capsules plus volumineuses. Il est plus productif que le lin de mars, mais la filasse qu'il fournit est plus rude et un peu plus grossière.

Cette variété n'est pas assez rustique pour être cultivée dans les départements appartenant aux régions du Nord et de l'Est. Quelquefois même elle souffre beaucoup dans les régions de l'Ouest et du Sud-Ouest lorsqu'il survient pendant l'hiver de fortes gelées à glace ou des vents très froids.

Le Portugal accorde la préférence à la race de Galicie qu'on appelle *Gallego*.

LINS DE PRINTEMPS. — Le lin de printemps présente six variétés :

1° *Lin commun, lin de mars* ou *lin d'été*. — Cette variété est très répandue en France ; on la nomme *lin moyen* ; ses fleurs sont bleues, et la filasse qu'elle produit est fine, soyeuse et de bonne qualité.

2° *Lin de Riga*. — Ce lin a des tiges plus élevées et des

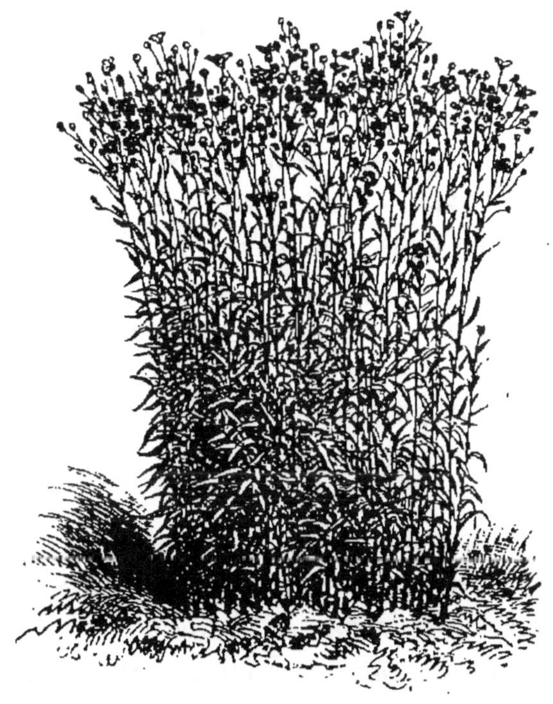

Fig. 2. — Lin de Riga.

fleurs plus grandes (fig. 2). Il donne une filasse plus abondante, plus forte et plus longue, mais il dégénère facilement. Cette variété, qu'on appelle *grand lin, lin froid*, produit chaque année les lins du commerce suivants :

Lin après tonne. — On donne le nom de *lin après tonne* ou *sous-tonne* au lin qui provient d'un semis fait avec des graines produites en France par du lin importé de Riga et qu'on appelle *graines de rose* en Belgique, et *revelear* en Hollande. La filasse qu'il fournit est plus abondante, plus fine, plus soyeuse que celle du lin de Riga.

Ainsi, le lin après tonne, que l'on désigne souvent sous le nom de *lin de gros, lin français,* provient du *lin de Riga cultivé une seule fois.*

Lin de mai ou *lin ramé.* — On obtient ce lin, qui est le plus fin et le plus recherché pour la fabrication des belles dentelles, en semant de la graine fournie par le lin de Riga après tonne et en ramant les plantes qui proviennent de ce semis.

Ainsi, le lin ramé qu'on appelle aussi *lin de fin,* a pour origine le *lin de Riga cultivé deux fois.*

3° *Lin de Zélande.* — Cette variété est moins productive que le lin de Riga, mais elle fournit une filasse aussi soyeuse et aussi souple.

4° *Lin de Pskoff.* — Cette magnifique variété est originaire de Pskoff (Russie) ; elle a été introduite en France par M. Vilmorin. Sa tige est élevée et sa filasse abondante. Cette variété dégénère moins rapidement que le lin de Riga.

En Algérie, on sème le *lin de Riga* quand on veut avoir avant tout de la filasse, et le lin provenant de la Sicile, lorsqu'on lui demande beaucoup de graines.

5° *Lin à fleurs blanches.* — Sa filasse est plus blanche et plus pesante, mais elle est moins nerveuse que celle du lin de Riga. Cette variété est robuste, dégénère difficilement et produit davantage de graines que les autres variétés ; sa tige est ferme, dressée et peu ramifiée ; sa graine est rougeâtre. Cette variété est déjà ancienne ; elle a été découverte près d'Urbano, dans l'État de l'Ohio (Amérique septentrionale) ; on l'abandonne de plus en plus dans le département du Nord.

6° *Lin royal.* — Cette variété se rapproche beaucoup du lin de Riga. M. Vilmorin a constaté qu'elle conserve la souplesse de ses fibres jusqu'à la maturité des graines. Ses fleurs sont blanches. On la cultive dans le Pays de Waes (Belgique), sur les sols où le lin à fleur bleue ne réussit pas ou végète mal.

La variété connue sous le nom de *lin d'Amérique à fleurs blanches* paraît identique au lin royal.

En général, les variétés les plus estimées sont celles qui se ramifient peu, qui donnent une filasse de première qualité et qui sont productives. Le lin de Pskoff possède ces avantages.

Le *lin de mars* est *hâtif* et le *lin de mai tardif.*

Le grand lin est souvent appelé *lin froid,* et le lin têtard ou ramifié, *lin chaud.*

LIN A GRAINES JAUNES. — M. Vilmorin a reçu cette variété d'Amérique ; ses graines rappellent par leur couleur vert-jaunâtre les graines de l'alpiste. On la cultive avec succès en Irlande. Elle fournit une filasse de qualité supérieure. L'huile que produisent ses semences est pâle comme l'huile de lin blanchie à l'air.

LIN VIVACE. — Cette espèce est très rustique et originaire de Sibérie. Elle est cultivée en Suède et dans le Hanovre. On l'a abandonnée en France, quoiqu'elle soit productive, parce que la filasse qu'elle fournit est plus grossière que la filasse des variétés précédentes.

Composition.

Le lin a été analysé par Robert Kane. Ce chimiste, après l'avoir desséché à 100°, a trouvé qu'il contenait :

	Azote.	Cendres pures.
Lin commun	0,98 pour 100	42,47 pour 100
Lin de belle qualité	0,75 —	5,434 —
Lin de qualité supérieure	0,87 —	3,670 —
Lin très commun	0,90 —	4,543 —
Lin hollandais	1,00 —	5,151 —
Moyennes	0,90 pour 100	4,807 pour 100

Les cendres renfermaient :

Potasse et soude	26,883	à	36,419 pour 100
Chaux	15,379	à	19,098 —
Magnésie	3,023	à	3,933 —
Oxyde de fer	1,100	à	4,501 —
Acide phosphorique	8,181	à	11,802 —
— sulfurique	6,174	à	12,091 —
— carbonique	9,895	à	25,235 —
Chlorure de sodium	4,585	à	12,751 —
Silice	0,030	à	3,409 —

M. Grandeau a obtenu sur cent parties les résultats
suivants :

	Tiges.	Graines.
Eau	12,0	11,8
Cendres	3,1	3,2

Les cendres contenaient pour 100 :

	Tiges.	Graines.
Potasse	0,97	0,10
Soude	0,25	0,07
Chaux	0,69	0,26
Magnésie	0,20	0,17
Acide phosphorique	0,42	1,35
— sulfurique	0,20	0,08
Silice	0,17	0,04
Chlore	0,13	0,20

Enfin on a constaté que le lin sec contenait :

Parties ligneuses	70 à 73 pour 100
Écorce	27 à 30 —

Les parties ligneuses sont composées de :

Lignine	69
Matières solubles dans l'eau	12
— insolubles dans l'eau	19
	100

L'écorce renferme :

Matières fibreuses pures	58
— solubles dans l'eau	25
— insolubles dans l'eau	17
	100

La graine de lin, d'après les recherches de M. Boussingault, est formée des éléments suivants :

Sels minéraux	6,00
Ligneux et cellulose	3,20
Matières grasses	39,00
Amidon, sucre, etc.	19,00
Albumine, caséine, etc.	20,50
Eau	12,30
	100,00

Elle contient 3,28 pour 100 d'azote.

M. Gueymard a trouvé dans les graines les éléments ci-après :

Potasse	25,85
Soude	0,71
Chaux	25,27
Magnésie	0,22
Peroxyde de fer	3,67
Sulfate de chaux	1,70
Chlorure de sodium	1,55
Silice	0,92
Acide phosphorique	40,11
	100,00

On voit, d'après ces diverses analyses, que le lin puise

dans le sol une forte proportion de sels alcalins à base de soude, de potasse et de chaux.

M. Meurin a analysé des graines de diverses provenances. Voici les résultats qu'il a obtenus :

PROVENANCES.	DIMENSIONS en millimètres.		QUANTITÉS 0/0		CARACTÈRES DE LA GRAINE.	NATURE DE L'HUILE.
			d'eau	d'huile.		
Italie....	6 sur	3	9	33	Grasse, brune, terne.	Jaune, un peu âcre.
Béthune..	5,5	2,5	10	33,8	Luisante, roux clair.	— —
Calcutta..	5,5	2,6	7,5	37	Roussâtre.	Presque incolore, âcre.
Roumélie.	5	2,2	7,5	33	Petite, roux pâle.	Jaune clair, peu sapide.
Espagne..	5	3	10	33,8	Grasse, terne.	Jaune, un peu âcre.
Bombay..	4,7	2,7	7,5	38	Roussâtre.	Jaune clair, âcre.
Anatolie .	4,0	2,2	11	53	Luisante, roux clair.	Presq. incol., peu sapide.

Il a trouvé que la graine contenait en moyenne :

Épiderme........	21	qui renferme	1	d'huile.
Endosperme.....	23	—	12	—
Amande........	56	—	30	—
	100		43	pour 100 d'huile.

M. Boussingault a donné l'analyse suivante du tourteau de lin :

Sels minéraux...............	8,30
Ligneux et cellulose........	5,10
Matières grasses...........	6,00
Amidon et sucre, etc.	33,20
Albumine et caséine, etc.....	33,70
Eau........................	13,70
	100,00

Ce tourteau contient 5,25 pour 100 d'azote.

Terrain.

NATURE. — Le lin demande des terres franches, douces,

plutôt sablonneuses que compactes, des terrains profonds à sous-sols perméables, des terres fraîches, riches ou substantielles ou des alluvions douces ou sablonneuses.

R. Kane a analysé des terres essentiellement propres à la culture du lin. Voici les quantités de sable, d'argile et de matières organiques qu'elles contenaient :

	Sable.	Argile.	Humus.	Alcalis.
Terre de Heestert (Courtrai)..	75,08	14,92	3,12	0,82 pour 100
— d'Escanaffles (Courtrai).	84,06	9,28	2,36	0,52 —
— d'Hamme-Zog (Anvers)..	86,79	5,76	4,20	0,72 —
— de la Hollande.........	60,94	17,08	5,84	3,95 —
— de Crowle (Lincolnshire).	80,70	» »	5,32	6,20 —

Ainsi, tous ces terrains sont, sans cohésion apparente, perméables et riches en matières organiques.

Les meilleures terres à lin, en Irlande, contiennent :

Silice....................	65	à	74 pour 100
Carbonate de chaux.......	1	à	2 —
Alumine................	6	à	9 —
Oxyde de fer...........	5	à	6 —
Magnésie } Alcalis }	0,05	à	1 —
Matières organiques.......	7	à	11 —

Le lin redoute les terres trop sèches et trop humides, les terrains compacts et froids, les sols ombragés et à pente rapide.

Il est utile que les terres qu'on destine à la culture du lin soient situées dans une vallée aérée ou dans une plaine abritée des grands vents. Le sol qu'on consacre en Livonie à la culture du lin est silico-argileux, riche, frais et situé à la base des coteaux.

Le lin qui végète sur des sols où l'humidité est en excès, ou sur des terres trop compactes, fournit une filasse grossière et rude au toucher.

PRÉPARATION. — Le lin exige une terre bien préparée

ameublie et propre. On ne doit pas oublier que sa racine est pivotante.

Lorsqu'on cultive une variété de printemps, on laboure les terres avant l'hiver. En février ou mars, on termine leur préparation en exécutant un second et souvent un troisième labour.

En Flandre, souvent on déchaume (opération dite *flambage*) en septembre, dans le but de détruire les plantes indigènes qui se sont développées pendant la végétation de la céréale qui précède la culture du lin.

Dans la même contrée, on complète quelquefois la préparation des terres par le pelleversage ou *pelletage*. Cette opération de défoncement élève les dépenses de 180 à 200 francs par hectare.

Les terres légères et perméables doivent être labourées à plat; les sols argileux doivent être divisés en petites planches légèrement convexes, afin que les terres retiennent le moins d'eau possible à l'époque des semailles.

On termine la préparation des champs en exécutant plusieurs hersages, afin que la surface de la terre soit bien plane et surtout très divisée ou émiettée.

La petite culture laboure presque toujours à la bêche ou hoyau les terres qu'elle destine à la culture du lin.

Dans les régions de l'Ouest et du Sud-Ouest, les terres sur lesquelles on cultive le lin d'hiver sont souvent labourées en billons formés de quatre bandes de terre.

Quantité d'engrais nécessaire.

Le lin est épuisant et réclame le concours d'engrais très fertilisants. Ici, on fume les terres avec des fumiers d'étable et de bergerie ou des goémons; ailleurs, les champs sont fertilisés avec des déjections de pigeons ou de volailles; plus loin, on remplace ces engrais par des vidanges, de la poudrette, du guano ou des tourteaux délayés dans du purin ; enfin, dans beaucoup de localités, on complète la fumure en répandant avant la semaille des cendres de tourbe ou de bois, ou des cendres pyriteuses.

Dans les environs de Lille, on applique avant l'hiver 40.000 kilogrammes de fumier, et on répand au printemps 110 à 120 hectolitres de purin, ou 550 à 1.500 kilogrammes de tourteaux de chanvre ou d'œillette.

A Lokeren, on fertilise les champs avec 300 hectolitres de matières fécales ; à Ath et à Courtrai, avec 1.500 à 2.000 kilogrammes de tourteaux délayés dans du purin.

Dans la basse Bretagne, on applique 300 à 350 kilogrammes de guano mêlés à 900 ou 1.200 kilogrammes de charrées.

En Irlande, on complète la fumure en appliquant par hectare le mélange suivant :

Os pulvérisés	25 kilogr.
Chlorure de potassium	13 —
Sel marin	22 —
Sulfate de magnésie	25 —
Plâtre en poudre	15 —
	100 kilogr.

Quand on emploie du guano ou du tourteau, il faut éviter de les répandre au moment même de la semaille, pour qu'ils ne nuisent pas à la faculté germinative des graines. On doit les répandre la veille ou quelques jours avant le semis.

En général, on doit employer des engrais qui agissent promptement et qui contiennent une notable proportion de matières organiques et de parties alcalines.

La *potasse* (nitrate de potasse) a une action très remarquable sur le développement du lin.

M. de Gasparin dit qu'il faut appliquer 2.100 kilogrammes

de fumier dosant 0,40 pour 100 d'azote par chaque 100 kilogrammes de tiges sèches. Ainsi, une terre qui produirait 4.000 kilogrammes de lin brut devrait être fertilisée avec 84.000 kilogrammes de fumier. Cette base est évidemment trop élevée, et ne justifie pas la quantité de matière fécale ou de purin qu'on emploie par hectare dans le Pays de Waes, aux environs de Courtrai, etc.

Semis.

ÉPOQUE. — On sème le *lin d'hiver* en septembre ou en octobre, suivant les localités. A Vic, dans les Hautes-Pyrénées, on opère les semis en août. On ne doit pas semer après le premier novembre, parce que le lin manquerait de force pour résister aux froids de l'hiver.

En Algérie, les semis se font : en novembre, ou au plus tard dans les premiers jours de décembre pour récolter en avril ; en janvier ou février pour opérer la récolte au mois de mai. En Grèce, on les exécute aussi en automne et en mars. En Égypte, les semis se font aussitôt le retrait des eaux du Nil, c'est-à-dire en janvier, pour récolter le lin 100 à 110 jours après.

On sème *le lin de printemps* depuis le mois de mars jusqu'au commencement de mai, lorsque la température a atteint 8 ou 10°.

En général, on sème plus tôt dans les terres légères et plus tard dans les terres argileuses.

Quand on sème tardivement, on répand toujours un peu plus de graines.

Dans le Nord, le lin qu'on sème depuis le 29 mars jusqu'au 10 avril est désigné sous le nom de *vieux lin, lin de première saison, lin hâtif*; celui qu'on sème depuis le 15 avril jusqu'à la fin de mai est appelé *lin de seconde saison, jeune lin, lin tardif*.

Ce dernier lin est exposé à souffrir des grandes chaleurs ;

c'est pourquoi il ne donne jamais une filasse aussi belle que celle que produisent les lins semés à la fin de mars.

En général, il faut adopter les *semis hâtifs* si on veut obtenir de fortes fibres.

Les *lins ramés* se sèment toujours dans la deuxième quinzaine de mars ou au plus tard dans la première quinzaine d'avril; on les appelle *lins de mars.*

Le lin qu'on sème en mai et qu'on nomme *lin de mai* fournit le *lin de gros.*

En Irlande, les semis se font en avril et la récolte en août.

En Lombardie, on exécute les semis dans la première quinzaine d'avril, et dans la Livonie on ne les fait que du 20 mai au 7 juin.

Quantité de graines. — La quantité de graines à répandre par hectare varie suivant la variété qu'on cultive et le but qu'on se propose: Quand on sème clair, les plantes se développent davantage, elles se ramifient, et la filasse qu'elles fournissent est plus grossière. Si on sème trop dru, les tiges s'étiolent et la filasse est mauvaise, parce qu'elle manque de force.

Le semis a été bien exécuté quand les tiges du lin, à l'époque de l'arrachage, ne sont pas ramifiées, et lorsqu'elles ne portent que deux ou trois capsules au plus.

Le *lin de fin* se sème toujours dans une plus forte proportion que le *lin de gros.* Le lin qui doit donner et de la filasse et des graines se sème moins dru que le lin auquel on ne demande que des filaments textiles.

Lorsqu'on veut avoir de la filasse d'une grande finesse, on sème par hectare de 300 à 500 litres, ou 210 à 350 kilog.

Dans les circonstances ordinaires, on répand de 250 à 300 litres, ou 175 à 210 kilogrammes.

Le *lin de gros* se sème à raison de 180 à 200 litres ou 130 à 140 kilogrammes par hectare.

Le lin de Riga se sème à raison de 250 à 275 litres, ou 175 à 200 kilogr.

En Silésie, on répand 300 litres de semences par hectare, mais en Livonie, où l'on produit beaucoup de graines, on n'en sème que 100 à 150 litres.

Le *lin à fleur blanche* doit être semé un peu moins dru que le lin à fleur bleue, parce qu'il est plus branchu et qu'il produit davantage de graines.

QUALITÉ DES GRAINES. — Il est utile de ne semer que des graines de bonne qualité et bien nettoyées à l'aide du crible.

On doit choisir les semences les plus grosses, les plus allongées et les plus bombées. Une graine de lin est réputée belle quand sa couleur est uniforme, brun clair et brun-olivâtre, lorsqu'elle est brillante, large, renflée, et quand son extrémité ou sa pointe est un peu *cambrée* ou légèrement recourbée en crochet.

Les graines de lin vieilles ou nouvelles surnagent, pétillent et s'enflamment quand on les projette sur des charbons ardents.

La *graine de lin de Riga* arrivait en France, il y a quelques années, dans des tonnes ou barils garnis d'une toile blanche. C'est pourquoi on la nommait *graine de tonne, graine de tonne enrobée*. On la désignait aussi sous le nom de *semence de mer*.

Autrefois on connaissait à Riga trois sortes de graines : 1° le *puyck-zaad*, qui est la plus belle et qui fournit le plus beau lin ; 2° l'*ordinaire* ; 3° la *commune*. Ces graines étaient inspectées par la police de Riga. Les tonnes qui contenaient le *puyck-zaad* ou *extra-puyck* ou *puyck-krown*, étaient les seules qui portaient l'estampille des *deux clefs de la ville de Riga* ; on les nommait *brack*. La graine réputée mauvaise était désignée sous le nom de *drueana-zaad*.

De nos jours, les graines de lin que nous recevons des

ports de la Baltique sous le nom de *graines de Russie*, nous arrivent dans des sacs sans désignation de provenance. Les provinces de Pskoff, de Smolensk et de Vologda en récoltent beaucoup.

La toile qui enveloppait le puyck portait les lettres PNKSLS, qui veulent dire : *graine de lin de Riga à semer*.

La belle graine de Riga est plus grosse et plus rude que celle qu'on récolte en France. Celle qui vient des parties septentrionales de la Russie est brun-verdâtre ; celle qu'on expédie des contrées méridionales est plus foncée en couleur. On recherche de préférence, avec raison, les graines qui viennent de Libau, de Windau, de Riga, et des districts de Proskow et d'Oskow.

Ces graines et celles que nous expédient la Livonie et la Courlande contiennent beaucoup de semences de plantes indigènes. Avant de les semer, il faut les vanner, tararer, ou les nettoyer avec un crible muni d'une toile métallique présentant 12 fils par 25 millimètres.

Le nettoyage leur fait perdre 3 à 6 kilogr. par balle.

On fraude assez fréquemment les graines de Riga ; en outre, comme on les fait sécher artificiellement, elles sont souvent ternes et légères. En Belgique, la plupart des cultivateurs n'en achètent que payables après la germination. Si les graines lèvent très mal, le cultivateur ne les paye pas.

On reconnaissait facilement si la graine achetée aux négociants comme semence de Riga provenait véritablement de la Livonie ou de la Courlande. Quand elle avait une origine vraie, elle remplissait plus que la tonne quand on vidait celle-ci dans une autre de même contenance. Les graines qui ont servi à remplir en France d'anciens barils, ne foisonnent pas d'une manière apparente, quand on les transvase.

Les graines qu'on expédie de Rotterdam et qui sont moins recherchées que les semences de Riga, de Windau, etc., arrivent dans des sacs pesant 85 à 90 kilogr. portant les armes de la Province de Zélande.

L'Irlande importe chaque année beaucoup de graines de lin de Riga et de la Hollande.

Doit-on employer des semences de deux années de préférence aux graines nouvelles?

Beaucoup de cultivateurs du nord de la France et de la Belgique, sèment principalement des graines de deux ans, qu'on nomme alors *semences surannées*. Ils ont reconnu que la semence vieille et bien conservée donne toujours de meilleurs résultats. C'est pour le même motif que les Flamands laissent vieillir la *graine après la tonne*. Cette manière d'agir n'est pas le résultat d'un préjugé. Dans le département des Côtes-du-Nord, on emploie peu de graines nouvelles parce qu'elles sont, dit-on, sujettes à dégénérer. La Livonie et la Lithuanie expédient toujours des graines qu'elles ont conservées pendant une année.

La pratique permet de dire que les graines, en général, qu'on *remue tous les trois mois* et qu'on *conserve* dans des *barils fermés* donnent naissance à des tiges qui fournissent une filasse plus abondante et de qualité supérieure. Aussi est-ce à tort qu'on a soutenu, sans en donner aucune explication, que les graines surannées ne peuvent seules produire des tiges fortes et élevées.

La graine de lin ne perd sa faculté germinative à la troisième année que quand elle a été mal récoltée, lorsqu'elle est de mauvaise qualité ou qu'elle a été conservée à l'air.

POIDS DE L'HECTOLITRE. — La graine de lin est plus ou moins pesante suivant les années et les variétés. Le poids de l'hectolitre varie ainsi qu'il suit, lorsque les graines ont été récoltées à maturité et ensuite bien nettoyées :

Lin commun.................	60 à 72	kilogr.
— de Riga.................	64 à 66	—
— à fleur blanche..........	70 à 72	—
— à graine jaune............	70 à 72	—
— vivace de Sibérie..........	59 à 61	—

La graine de lin de Riga pèse moins que la graine des autres variétés, parce qu'elle est plus grosse, plus renflée.

Chaque litre contient de 105.000 à 115.000 graines.

EXÉCUTION DES SEMIS. — On sème la graine de lin à la volée. Dans certaines localités, on répand toute la semence en une seule fois; dans d'autres, on sème le matin la moitié de la quantité qu'on doit répandre, et l'après-midi on projette l'autre. Ailleurs, on sème le soir, on abandonne la graine pendant la nuit pour que le serein et la rosée l'humectent, et on l'enterre le lendemain matin. Ce dernier procédé mérite d'être recommandé.

Cette semaille est difficile. Elle réclame des ouvriers bien exercés, des semeurs qui sachent coordonner le pas avec le bras. Elle n'est parfaite que lorsque la graine a été disséminée très uniformément. On doit l'*exécuter à jets croisés* ou en *croisant les voies*, et opérer impérieusement par une belle journée.

Enfouissement des graines.

Quand la graine a été projetée, on la recouvre au moyen de deux hersages croisés. La petite culture l'enterre, comme en Égypte, avec le râteau, en égalisant la surface de la terre.

Un ou deux jours après cette opération et quand le soleil a hâlé la terre, on roule avec un rouleau uni et léger. La petite culture remplace le roulage par un plombage qu'on appelle *piétinage* ou *cocquetage*. Les ouvriers chargés d'exécuter ce plombage portent sous leurs pieds des planchettes de 20 centimètres de largeur sur 30 de longueur.

Dans le Nord, on fait souvent suivre le roulage par un nouveau hersage exécuté avec une herse linière, appelée *herse à drues dents*.

Il est essentiel d'enterrer la semence bien uniformément, afin que la levée soit régulière.

La graine semée en mars ou avril lève au bout de 10 à 15 jours; celle qu'on a confiée à la terre pendant le mois de mai germe du huitième au douzième jour, selon la fraîcheur de la couche arable et la température de l'air.

La levée est bonne quand le lin forme un véritable tapis de verdure d'une parfaite régularité.

Travaux complémentaires des semis.

PAILLAGE. — Quand la petite culture redoute après les semis des pluies continues ou des hâles persistants, elle répand sur toute la surface qu'elle a ensemencée de la balle ou menue paille, des débris de fumier ou de la paille hachée. Cette couverture empêche la terre de se durcir et de se prendre en croûte, et elle rend la levée des graines plus certaine et plus régulière.

RAMURE OU RAMAGE. — Dans les localités où l'atmosphère est abondamment chargée d'humidité, où les terres sont très riches, où les pluies ou le vent peuvent coucher ou renverser les tiges, dans celles enfin où l'on veut obtenir du *lin de fin*, on rame le lin quand la semaille est terminée ou après le premier sarclage.

Le ramage du lin s'effectue de diverses manières : ici, on soutient les tiges avec des fils de fer ou des cordes goudronnées; ailleurs, on emploie des tranches provenant de l'émondage des têtards; plus loin, on empêche les tiges de se coucher en plaçant horizontalement de longues perches soutenues par des fourches ayant 40 à 50 centimètres de hauteur.

Les deux derniers moyens sont les seuls qu'on puisse recommander.

Quand on rame le lin avec des branchages, on pose ces ramures sur la terre en ayant soin de ne pas la tasser inutilement. Ces ramées sont placées horizontalement et parallèlement. On peut aussi ne les coucher que quand le lin a de 5 à 10 centimètres de hauteur. Ce mode de ramer le lin est très connu en Bretagne et en Anjou. Il a le grand avantage d'être simple et rapide. Sur beaucoup de points, dans ces provinces, il empêche les lins d'hiver d'être couchés par les pluies abondantes du printemps.

Lorsqu'on emploie des perches, on implante de petites fourches à la distance d'un mètre environ les unes des autres, sur des lignes distantes de 6 à 7 mètres. Ces fourches supportent des *sommiers* ou *mousquets*, c'est-à-dire des perches de 6 à 9 mètres de long, sur lesquelles on place transversalement des *scions* ou *croisures,* portant des branches et ayant 2 mètres environ de longueur; ces ramées sont espacées les unes des autres de 45 à 50 centimètres, et elles reposent sur trois sommiers.

Un hectare, d'après M. Gomart, exige 880 bottes de perches et de ramées coupées dans des taillis de douze ans. Chaque botte de croisures a 1^m,15 environ de circonférence, et 5 perches comptent pour une botte. Le prix moyen de celle-ci est de 75 centimes. La pose de cette ramure nécessite douze journées d'ouvriers.

Après l'arrachage du lin, on convertit toutes ces ramures en fagots. On en obtient environ 800, qui coûtent 12 francs de façon et qui se vendent 15 francs le cent.

Il résulte de ces chiffres que le ramage du lin, dans le département de l'Aisne, occasionne d'une part une dépense de 677 francs et de l'autre une recette de 120 francs, et qu'elle laisse au compte du lin une dépense définitive de 557 francs par hectare.

La ramure avec des branchages d'émondes, posés directement sur la terre, n'impose pas par hectare des frais aussi considérables.

Soins d'entretien.

SARCLAGE. — On sarcle le lin quand il a de 5 à 7 centimètres de hauteur et qu'il forme à la surface du champ une pelouse veloutée d'un vert tendre. On agit, autant que possible, par une belle journée et après une pluie, pour que les mauvaises herbes soient plus facilement arrachées.

Cette opération est ordinairement confiée à des sarcleuses, qui s'agenouillent, ou qui se traînent ou rampent pour ainsi dire sur les genoux. Ces femmes ne doivent pas avoir de sabots ou de chaussures ferrées. Dans le Nord, où elles portent des chaussettes de toile, elles ne nuisent nullement à l'avenir du lin.

Il est nécessaire que les *travailleurs agissent contre le vent,* afin que ce dernier aide les plantes affaissées à se relever, et qu'ils évitent d'aller et de venir sans motif.

Les herbes, à mesure que les ouvriers avancent, sont mises en tas sur le champ; le soir, on les enlève pour les déposer en dehors de la pièce.

On répète quelquefois cette opération une ou deux fois, aussi rapidement que possible. Ordinairement un seul sarclage suffit pour enlever toutes les plantes adventices.

Le premier sarclage d'un hectare de lin coûte de 30 à 40 francs, et exige de 30 à 40 journées de femmes. Le deuxième sarclage coûte de 15 à 20 francs, et n'exige que 18 à 20 journées d'ouvrières. A Lokeren, Courtrai, etc., le premier sarclage est payé 50, 60 et même 80 francs.

IRRIGATIONS. — Dans les contrées méridionales, à Palerme par exemple, on arrose les cultures de lin quand les circonstances le permettent. Les arrosements se font alors par infiltration, mais on les cesse plusieurs jours avant la floraison, afin de ne pas ramollir les tiges et nuire à la formation des graines.

En Égypte, le lin est arrosé une fois.

Maladies.

Le lin est sujet à une altération que l'on a appelée *charbon* et *froid feu*. Quand cette affection apparaît, on dit vulgairement que le lin se *chauffourne* ou qu'il est *hongreux*; alors il prend une teinte jaunâtre, il se dessèche prématurément et successivement de la base au sommet; en outre, sa tige noircit inférieurement, devient fragile et se brise facilement; ses feuilles brunissent, ses fleurs se flétrissent et ses graines avortent. On dit alors que le *lin est frisé*. M. Loiset, qui a signalé pour la première fois cette altération, a observé que cet état pathologique, cette sorte de *brûlure*, étaient toujours accompagnés d'un cryptogame, appelé *phoma exiguum*. Il en a tiré cette conclusion, que le lin avait éprouvé un abâtardissement. M. Ladureau attribue cette altération à un petit insecte noir appelé *Thrips lini*.

On a reconnu que le lin de Riga et le lin à fleurs blanches sont moins exposés à cette altération que les autres variétés.

Plantes, animaux et insectes nuisibles.

La *cuscute* (CUSCUTA EUROPEA, L.), que l'on a appelée *teigne* ou *goutte de lin,* cause quelquefois de grands ravages dans les cultures de lin, parce qu'elle frappe de mort toutes les tiges qu'elle enlace et sur lesquelles elle se développe. On doit s'empresser d'arracher toutes les parties qu'elle a envahies, d'incinérer les places sur lesquelles elle s'est développée, ou de les arroser avec une *dissolution de sulfate de fer*.

La *taupe* nuit aussi au lin, par les galeries qu'elle creuse et les taupinières qu'elle forme. On doit la détruire avec soin entre le semis et la germination.

Les *altises* ou *puces de terre* vivent aussi aux dépens du lin lorsqu'il est jeune. On a proposé de répandre sur les plantes, lorsqu'elles sont encore couvertes de rosée, de la poussière de chaux ou des cendres de foyer. Ces moyens sont favorables ; ils obligent les altises à s'éloigner, mais ils ne sont praticables que lorsque le lin est cultivé sur de moyennes superficies.

Le moyen proposé par M. du Trieu est plus pratique et aussi efficace. Il consiste à rouler les champs de lin avec un rouleau en bois ; alors on écrase les mottes qui servent d'abri aux altises et on détruit en même temps un grand nombre de ces insectes.

Les *vers blancs* sont aussi très redoutables.

Agents atmosphériques nuisibles.

Le lin souffre beaucoup dans les années où il survient des *sécheresses prolongées* et des *pluies excessives et conti-nues* ; en outre, les *vents du Nord* suspendent sa végétation, ou le rendent fourchu ou *théon*, suivant l'expression des Flamands. Un lin qui se bifurque se ramifiera très certainement l'année suivante. Celui qui se ramifie ordinairement est désigné dans le Nord sous les noms de *lin chaud, lin têtard*. Un tel lin produit toujours beaucoup de graines.

Les gelées un peu intenses qui apparaissent très tardivement, vers la mi-mai par exemple, causent souvent de grands dommages aux lins d'hiver et de printemps.

Quant à la *grêle*, elle coupe, brise et détruit parfois en une heure les espérances qu'on avait conçues légitimement pendant plusieurs mois. Les désastres qu'elle cause chaque année doivent engager tous les cultivateurs à faire assurer les cultures de lin qu'ils ont entreprises.

Récolte des tiges.

ÉPOQUE. — On doit arracher le lin destiné à fournir principalement de la filasse, avant la formation des graines, c'est-à-dire lorsque celles-ci sont encore laiteuses et lorsque les feuilles du bas des tiges commencent à jaunir. Quand on lui demande et de la filasse et de la graine, on ne peut enlever les tiges que lorsque les semences sont arrivées pour ainsi dire à parfaite maturité.

En général, en France, on *arrache le lin trop tardivement*. En Belgique et en Allemagne, on le récolte aussitôt après la floraison. Lorsqu'on *arrache trop tôt*, la filasse est molle et peu nerveuse ; si on récolte trop tard, on obtient plus de filasse, mais celle-ci est grossière ; quand on *arrache à l'époque de la floraison*, la filasse est douce, soyeuse et d'une plus grande finesse. Dans ce dernier cas, les fleurs d'un beau bleu d'azur donnent au champ un agréable aspect, surtout lorsqu'une brise légère agite le sommet des tiges.

Le *lin d'hiver* se récolte pendant la seconde quinzaine de mai ou au commencement de juin dans les provinces de l'Ouest et du Sud-Ouest.

En Algérie, on le récolte aussi vers la fin de mai.

Le *lin de printemps* est arraché soit en juillet, soit en août, selon qu'on opère la récolte à la floraison ou à la maturité des graines.

En Irlande, on récolte le lin du 20 août au 5 septembre.

En Égypte, la récolte a lieu à la fin de mars.

Quand le lin doit produire de la graine, on commence l'arrachage quand la semence passe du vert au jaune-brun pâle ; alors les tiges sont jaunes jusqu'aux deux tiers de leur hauteur et les capsules commencent à jaunir.

OPÉRATIONS. — L'arrachage du lin se fait avec la main. Quand les plantes ont un mètre environ de hauteur, les ouvriers arrachent à deux mains : la main gauche saisit la poignée de lin à sa partie supérieure, l'autre glisse le long de cette poignée jusqu'à sa base et tire les tiges un peu obliquement ; quand la poignée est arrachée, on en sépare les mauvaises herbes, on secoue la terre des racines et on étend les tiges sur la terre, ou on les lie avec deux ou trois tiges de lin.

Quand on ne lie pas immédiatement les tiges en bottes ou en poignées, on les met quelquefois en croix sur le champ et on les laisse ainsi pendant douze heures ou vingt-quatre heures, selon l'état de l'atmosphère, pour qu'elles se sèchent et qu'on puisse plus tard les dresser plus aisément. Lorsqu'on lie les poignées au fur et à mesure qu'on les arrache, en ayant la précaution de ne pas les serrer fortement, on les jette à terre dès qu'elles sont faites ; alors un enfant les prend, les dresse en ligne ou en *chaîne*, tête contre tête, en marchant à reculons, ou les réunit en tas après avoir écarté leur base. Dans la Flandre orientale, le lin est lié en bottes de 3 kilogrammes.

Les chaînes se composent ordinairement d'une cinquantaine de petites bottes ou poignées et leur longueur excède rarement 3 mètres. Comme les parties inférieures des bottes sont éloignées les unes des autres, il s'ensuit que l'air peut circuler sous les chaînes et sécher les tiges.

On ne doit jamais mêler les pieds avec les têtes.

Le *lin ramé* est plus difficile à récolter, parce qu'il exige beaucoup de soin ; c'est pourquoi on le fait souvent arracher par des journaliers.

Le plus ordinairement, les ouvriers séparent avec précaution, aussitôt après l'arrachage, les tiges les plus belles et les plus fines. Ces pieds sont ensuite réunis en bottes et rouis avec soin. Ce sont ces tiges qui fournissent la filasse avec laquelle on fait le fil de mulquinerie, si remarquable par sa grande finesse.

On compte qu'il faut 20 à 25 journées d'hommes pour récolter un hectare de lin ordinaire ; la même superficie en lin ramé exige 40 à 50 journées de femmes et coûte de 25 à 50 francs.

Un bon ouvrier peut arracher en une journée 350 poignées à deux mains.

L'arrachage des *lins non ramés* se fait souvent à la tâche; dans le Nord, il revient de 20 à 30 francs l'hectare.

La dessiccation du lin dans la Flandre occidentale et le Hainaut dure de 10 à 14 jours.

Le lin ramé ou *lin de fin*, est ordinairement déposé, après l'arrachage, sur les ramures ou les croisures, pour qu'il ne reste pas en contact avec le sol pendant sa première dessiccation, qui dure un jour ou deux.

MISE EN CHAÎNE. — La *mise en chaîne flamande* ou en *chaîne picarde* (1) des poignées exige 10 à 12 journées de femmes et d'enfants par hectare. Cette opération est parfois désignée sous le nom de *cahotage*.

MISE EN BOTTES. — Quand le lin est resté pendant plusieurs jours sur le sol, exposé à l'action de l'air et du soleil, on met les poignées en bottes de 3, 4, 5, 7 ou 10 kilogr., suivant les localités, en employant des liens de paille. Chaque botte porte un ou deux liens, suivant la longueur des tiges.

On compte par hectare, en moyenne, de 1.300 à 1.500 bottes de 4 à 5 kilogr.

En Flandre, on compte dans les bonnes cultures qu'un

____

(1) Souvent on se borne à dresser obliquement deux javelles l'une contre l'autre, en écartant leur base afin qu'elles résistent au vent.

hectare produit, en moyenne, 500 à 600 bottes de 10 kilogrammes chacune.

La mise en bottes est payée de 8 à 10 francs par hectare.

EMMEULAGE DES BOTTES. — Quand les poignées ont été mises en bottes, on rentre celles-ci sous des hangars ou on les entasse dans une grange. Dans les départements du Nord et du Pas-de-Calais, dans le Hainaut, la province de Namur, la Saxe prussienne, etc., où les locaux font défaut, on en forme dans les champs ou près des habitations des meules oblongues ou carrées (fig. 3), soutenues par quatre

Fig. 3. — Meule de lin.

ou six pieux et recouvertes de paillassons. Cette mise en tas a pour but de soustraire les tiges de lin aux fâcheuses influences des brouillards et de la pluie. On place les bottes ou *boujeaux* soit horizontalement, soit verticalement. Dans ce dernier cas, la dernière rangée de bottes repose sur d'autres placées horizontalement dans le sens de la longueur de la meule, et elle est inclinée d'avant en arrière, afin que les eaux pluviales puissent glisser sur les paillassons.

Un hectare de lin permet de faire de 9 à 10 meules de 150 bottes en moyenne chacune; chaque botte pèse alors de 4 à 5 kilogr.

Dans quelques contrées, on donne à ces meules une forme circulaire et conique et on les couvre avec une botte de paille de seigle, comme s'il s'agissait de terminer une moyette de céréale.

Le lin reste ainsi emmeulé pendant trois à quatre semaines, jusqu'à ce qu'il ait acquis sa maturité complète.

On doit le rentrer par un beau temps ou une journée sèche.

Récolte des graines.

Égrenage. — Avant de procéder au rouissage des tiges, on détache les capsules dans lesquelles sont renfermées les graines.

Cette opération se fait à l'aide d'un grand *séran* appelé aussi *drége* ou *égrugeoir*. Cet appareil se place sur une grande toile ou sur une bâche; il se compose d'un peigne à dents de fer carrées, longues de 30 à 35 centimètres et espacées de 15 à 25 millimètres, fixé sur le milieu d'un banc de 30 centimètres de large et 2 mètres à 2^{m},50 de long, aux extrémités duquel deux drégeurs se mettent à cheval (fig. 4).

Chaque ouvrier chargé d'égrener le lin avec un tel appareil saisit une poignée de lin, écarte son sommet en éventail, la projette à moitié dans le peigne et la tire à lui pour que les capsules se détachent et tombent sur la toile. Alors, il retourne la poignée sur elle-même à l'aide d'un demi-tour de main et l'engage une seconde et souvent une troisième fois entre les dents du peigne. Quand toutes les capsules ont été ainsi détachées, l'ouvrier dépose la poignée à terre et prend une nouvelle botte pour l'égrener de la même manière. Il a soin pendant ce travail de croiser diagonalement les poignées égrenées, les unes au-dessus des autres, pour éviter que les tiges s'entre-croisent.

La drège permet d'opérer l'égrenage dans les champs à côté des meules ou des *monts* de lin.

Quand, dans le Nord, on rouit seulement au printemps, on égrène en février ou en mars, parce qu'on a constaté que les semences germaient mieux.

L'égrenage d'un hectare de lin exige de 12 à 15 jour-

Fig. 4. — Ouvriers procédant à l'égrenage du lin.

nées. En Flandre, il est payé 4 francs les 100 bottes, quand il est exécuté à la tâche.

Battage des capsules. — Quand les têtes ou *cap-sules* ont été séparées des tiges, on les bat sur une toile à l'aide d'un fléau léger ou d'une batte.

Dans plusieurs localités, on n'égrène pas le lin, c'est-à-dire on ne détache pas les capsules pour ensuite les briser. Ici, on écrase les capsules sur un billot à l'aide d'un maillet à main ou d'un battoir de blanchisseur. Ailleurs, on étend une botte sur une aire de grange, on la maintient avec le pied et on *mailloche* les capsules avec un battoir ou une batte en bois de 25 à 30 centimètres de longueur sur 12 à 16 centimètres de largeur et munie d'un manche courbe de 80 à 90 centimètres de longueur.

Dans diverses exploitations, en France, en Irlande et en Russie, on opère l'égrenage à l'aide d'un appareil qui se compose de deux rouleaux ou cylindres en bois, unis ou cannelés, tournant sur eux-mêmes en sens inverse, ayant 33 centimètres de diamètre et 45 de longueur. Cet appareil est desservi par sept femmes; il égrène, en dix heures de travail, environ 4.000 kilogr. de lin.

Quand les capsules ont été brisées, on procède au vannage ou au criblage des graines.

S'il survenait de la pluie ou si les graines n'étaient pas parfaitement sèches, il faudrait les déposer en tas dans une grange et les remuer souvent pour qu'elles ne germent pas. On doit se garder de les dessécher dans un four. Quand les circonstances obligent à les faire sécher dans une étuve, comme on le fait souvent dans la Livonie, il faut s'arranger pour que la température ne dépasse pas 18 à 20°.

Conservation des graines.

La graine de lin doit être conservée dans un local sain, à l'abri des rats et des souris.

On doit la mettre dans des barils placés dans un lieu sec et la remuer de temps en temps avec un bâton. Quand elle doit être conservée deux années, on ferme ces barils aussi hermétiquement que possible.

Dans le Wurtemberg, on asperge les graines de lin avec une dissolution de carbonate de potasse, afin que les mites ne les attaquent pas, et on les met ensuite dans des barils. Cette préparation ne nuit pas à la valeur de la graine ; en

Angleterre et aux États-Unis, on répand du sel marin en même temps que la semence, dans le but de hâter sa germination.

En Flandre, on mêle quelquefois la graine de lin à de la menue paille bien nettoyée, et on la met ensuite dans des paniers couverts, ayant la forme d'une ruche. Au mois de janvier suivant, on la retire, on la vanne, on la mêle de nouveau à de la menue paille et on la conserve dans cet état jusqu'au printemps de l'année suivante.

Dans quelques localités, on conserve la graine de lin dans ses capsules. On prétend qu'en agissant ainsi, la graine est de meilleure qualité.

Nonobstant, tous les procédés en usage consistent à priver la graine de l'action de l'air et de la lumière.

Renouvellement des graines de Riga.

Nous avons dit précédemment que le lin de Riga dégénérait facilement en France. Cet amoindrissement de qualité oblige les cultivateurs à acheter tous les deux ou trois ans des graines venant de la Livonie.

Peut-on récolter en Flandre, en Bretagne, etc., des graines de Riga, égales en qualité à celles que nous expédient les ports de la Baltique ? Les faits ne permettent pas de résoudre affirmativement cette question.

Le lin qui alimentait, il y a un siècle, les nombreux métiers à tisser qui étaient alors dans l'ancienne province de Bretagne, provenait en grande partie de graines importées des rives de la Baltique, de la Courlande, de la Livonie et de la Zélande ; ces graines venaient principalement à Roscoff, seul port où elles étaient reçues de Lubeck ou de Libau. L'évêché de Saint-Malo était la seule partie de la province dans laquelle on employait les graines qui venaient de la Zélande.

La quantité de semence que l'on importait annuellement à Roscoff permettait d'ensemencer de 25.000 à 30.000 hectares. Ces graines se vendaient de 30 à 37 fr. 50 les 100 kilogr. et occasionnaient à l'agriculture bretonne une dépense annuelle importante.

On se demanda à cette époque, comme je l'ai dit précédemment, si les graines tirées de la Livonie ne pouvaient pas reprendre en Bretagne, par une culture spéciale, leur vigueur et leur qualité première. Alors on fit de nombreuses expériences, en semant la graine, dans une faible proportion, sur des terres qui n'avaient pas encore porté de culture de lin, et en sacrifiant en grande partie la filasse, mais elles n'eurent aucun résultat.

A Riga, le climat, qui est plus froid, oblige-t-il les plantes à pousser plus vite et à bien mûrir leurs graines ? Le sol, par sa nature, son degré de richesse, exerce-t-il une influence particulière sur la qualité des graines ? Jusqu'à ce jour, ces questions n'ont pas été résolues. On sait seulement que dans la Livonie on regarde la filasse comme un produit secondaire et la graine comme un produit principal. On sait encore que les graines y sont semées dans une faible proportion, que le lin y donne une filasse dure, des semences bien mûres, bien nourries, ayant toutes les qualités désirables, et que la récolte des graines n'a lieu que lorsqu'elles sont arrivées à leur complète maturité. Ainsi, à Libau, à Lubeck, comme dans les autres pays liniers de la Baltique, on fait de la graine de lin en sacrifiant la beauté de la filasse.

En France, le produit en graine a une très faible importance. Aussi arrache-t-on le lin quand on juge qu'on pourra obtenir une filasse de bonne qualité.

C'est donc avec raison que M. Breulin, de Stuttgard, dit qu'on doit opter entre le produit d'une graine de bonne qualité ou une filasse longue, fine, nerveuse et pesante.

On avait cru qu'on pouvait régénérer la graine du lin commun et lui donner les qualités qui distinguent celle du lin de Riga en la desséchant dans un four après la cuisson du pain. M. Ockel a expérimenté ce moyen sans résultat. Voici les faits qu'il a observés :

	Lin de Riga.		Lin commun séché.		Lin commun non séché.	
Hauteur des tiges.....	0^m82		0^m75		0^m78	
Poids des tiges	114^{kg}		100^{kg}		105^{kg}	
Après broyage........	26	080	20	680	22	320
Après espadage	18	090	22	320	15	510
Après sérançage	5	170	4	700	4	750
Étoupe	12	690	11	280	10	810
Pertes	86	640	84	020	89	840

Ainsi, les graines séchées ont donné des tiges moins élevées et moins pesantes que les tiges qui provenaient de graines importées de Riga.

Chaque variété occupait 284 mètres carrés. Les semis eurent lieu le 12 mai avec 13 litres 60 sur chaque partie. Les graines n°s 1 et 2 levèrent le 18 ; celles du n° 3, le 25. Toutes les plantes fleurirent à la même époque. La récolte fut faite le 4 août et toutes les tiges furent rouies à la rosée, du 15 août au 2 octobre.

Toutes choses égales d'ailleurs, les plantes qui proviennent de la graine de lin de Riga nouvellement importée sont plus vigoureuses et produisent plus de filasse que les graines après tonne ; par contre, celles-ci donnent des tiges moins fortes et de la filasse plus fine et plus belle. On s'arrête au troisième ensemencement, parce que le lin se ramifie, et on achète des graines nouvellement importées.

Triage des tiges.

Dans quelques contrées, dès que les tiges ont été égrenées, on procède au triage du lin, opération qui a pour but d'assortir les tiges suivant leur longueur, leur grosseur et leur coloration. Au fur et à mesure qu'on opère l'assortiment des tiges, on met celles-ci en bottes plus ou moins grosses, en ayant le soin de placer la moitié des tiges en sens inverse, de manière que les têtes des unes et des autres reposent sur les racines. Les tiges ainsi disposées sont dites *bajotées*.

Rouissage.

On rouit le lin de six manières différentes.

Ordinairement on exécute cette opération après la récolte.

A Courtrai, Namur, etc., on ne la fait que l'année suivante et quelquefois trois ou quatre années après l'arrachage. On s'accorde à dire que plus le lin en tige est vieux, plus la filasse qu'il fournit a de qualités.

Le lin se rouit à *l'état vert* et à *l'état sec*.

On prétend, en Belgique, et surtout dans la Flandre orientale, que le rouissage en vert permet au lin de donner une filasse plus souple, plus soyeuse et plus douce. Dans les districts de Lokeren, de Bruges, de Saint-Nicolas, on dit généralement que les lins mis à l'eau stagnante aussitôt qu'ils ont été arrachés et égrenés, donnent des fibres plus tenaces, plus fines, et qui blanchissent promptement.

Cette opinion n'est pas admise par tous les liniers. Dans le Nord, on ne rouit à l'état vert que le lin destiné à la mulquinerie. Nonobstant, l'expérience a démontré que le rouissage du lin à l'état vert ne peut être fait qu'à la rosée ou dans une eau stagnante, parce qu'il résiste mal à l'action d'une eau ruisselante.

Le lin vert destiné à la dentelle est roui après avoir séché.

On ne pratique pas toujours un seul rouissage à l'eau dormante ou à l'eau courante. Dans les environs de Courtrai, les lins de qualité supérieure sont rouis deux fois, mais chaque rouissage n'est pas aussi prolongé que la durée moyenne des rouissages qu'on ne pratique qu'une seule fois.

Enfin, le lin roui à l'eau stagnante est en général plus gris, plus doux que celui qu'on met à macérer dans une eau courante ; ce dernier est ordinairement blond ou jaune.

Les lins de Courtrai sont rouis dans la rivière la Lys ; les lins de l'arrondissement de Malines sont rouis dans l'eau stagnante ; ceux des provinces de Namur, du Hainaut, sont rouis à la rosée.

En Algérie, le rouissage est plus difficile qu'en France à cause de la rareté de l'eau.

ROUISSAGE A LA ROSÉE. — Le rouissage à la rosée, qu'on appelle *rosage, rorage, serinage* ou *rouissage à l'air,* consiste à exposer le lin pendant un certain temps à l'action simultanée de la rosée, du soleil et de l'air.

Ce mode de rouissage est en usage en Normandie, dans l'Anjou, le Maine, le Languedoc, etc. On le pratique aussi dans la Bohême, la Moravie, la Souabe supérieure, la Russie et dans le Wurtemberg où le rouissage à l'eau est interdit par mesure de police.

Le lin qu'on rouit à l'air donne une filasse grise plus fine, plus douce et plus moelleuse, mais un peu moins forte.

On le pratique ordinairement en août, septembre et octobre. En Belgique, on l'exécute souvent en février ou mars.

On choisit de préférence une prairie couverte d'une herbe unie, serrée et courte, ou un sol herbu, afin que la terre ne s'attache pas aux tiges et ne nuise pas à la qualité de la filasse. Les tiges doivent être étendues peu serrées et bien parallèlement. De temps à autre, soit tous les jours soit tous les deux ou trois jours, selon l'état de l'atmosphère, on les retourne avec deux baguettes de 2 mètres environ de longueur ; l'une est placée sous le lin, l'autre est posée à sa surface, et c'est en le soulevant qu'on le renverse sans le mêler. Quelquefois, l'ouvrier passe la gaule sous le lin et retourne d'un seul coup toutes les tiges qu'elle supporte. On déplace ainsi les tiges pour que toute leur surface subisse l'action des agents atmosphériques et qu'elles donnent une filasse ayant une nuance uniforme.

Quand les tiges se brisent nettement et que la chènevotte se détache bien, on les enlève pour les dresser en faisceaux et les réunir en bottes aussitôt qu'elles sont sèches.

La durée du rosage est variable. Ordinairement cette opération est complète au bout de 20, 30 à 40 jours.

Le lin qu'on rouit à l'air, rend de 17 à 18 pour 100 de filasse ; celle-ci est grise ou gris argenté et très douce.

Le rouissage à la rosée occasionne par hectare de lin cultivé dans le Brabant wallon, une dépense de 50 à 60 francs ; à Courtrai, on évalue les dépenses qu'il nécessite à 15 francs par chaque 1.000 kilogr. de lin en tige.

Le rouissage sur pré ou sur terre est long et difficile par les temps secs comme par les temps pluvieux.

ROUISSAGE A EAU DORMANTE. — Le rouissage à eau dormante ou à *eau stagnante* a lieu dans des trous remplis d'eau ou dans des mares. On doit rechercher les eaux les plus limpides ou celles qui reposent sur des vases bleues. Il faut éviter d'effectuer ce rouissage dans les eaux chargées de parties calcaires ou de matières ferrugineuses ou dans des trous creusés dans des tourbières. Dans le pays de Waes, les rouisseurs ont reconnu que les parties terreuses de l'argile jaune des routoirs ne permettaient pas au lin de blanchir facilement après le rouissage.

Il est utile aussi de ne pas l'opérer dans les eaux dans lesquelles le vent a chassé des feuilles de chêne, de peuplier ou de châtaignier, car le tanin que contiennent ces feuilles laisse des traces ineffaçables sur la filasse.

Les feuilles d'aune ne sont pas nuisibles. Dans quelques parties de la Belgique et de l'Allemagne, on en jette dans les routoirs 8 à 15 jours avant le rouissage, dans le but de donner à la filasse une belle teinte bleu argenté. On peut remplacer les feuilles d'aune par des fleurs de coquelicot. Ce procédé est surtout très utile dans les routoirs établis dans des sols argileux de couleur jaune ferrugineuse.

Quand on est forcé de rouir dans une eau de source, on doit, si cela est possible, concentrer cette eau dans un réservoir pendant plusieurs jours, pour qu'elle s'échauffe et soit moins crue ou qu'elle soit adoucie par l'air et le soleil.

Ce rouissage est pratiqué en Bretagne, dans la Somme, l'Oise, la Hollande, etc.

On l'opère ordinairement en août, en septembre et en octobre, ou en mars et avril quand la température de l'eau est en moyenne de 16 à 18°. Dans le Nord, on ne rouit le lin ramé qu'au printemps de l'année suivante.

On ne rouit pas de novembre à mars.

On couche les bottes de lin horizontalement, en ayant soin de ne pas les presser très fortement les unes contre les autres, et on les charge ensuite de pierres ou de bois pour qu'elles soient complètement submergées.

On a proposé de mettre les bottes debout. Ce moyen n'a pas toujours donné de bons résultats. Il devait surtout en être ainsi dans les routoirs alimentés par des sources. Dans cette circonstance, la base des bottes placées verticalement est plongée dans une eau plus fraîche que celle qui enveloppe le sommet des tiges de lin ; on comprend dès lors que la fermentation étant plus rapide vers les têtes des bottes et moins prompte à la partie inférieure, le rouissage doit être inégal et la chènevotte de la base des tiges doit se détacher plus difficilement que celle de la partie supérieure. La position horizontale est la meilleure, parce qu'elle se prête mieux au lavage des tiges.

Dans les environs de Lokeren, les bottes de lin sont placées dans les routoirs dans le sens de leur longueur. On met d'abord deux rangées de bottes dans la même direction ; puis une autre rangée, en ayant soin que les bottes qui forment le troisième lit soient placées en sens inverse et que leurs liens posent sur le sommet des bottes inférieures. Lorsque les trois rangées de bottes ont été ainsi disposées, on les *couvre d'une couche de boue* de 6 à 8 centimètres, de manière que cette masse terreuse, qui est destinée à empêcher le lin de devenir noir, soit au niveau de la surface de l'eau, et on continue à remplir le routoir en alternant deux ou trois couches de bottes de lin avec un lit de boue. Lorsque l'eau a laissé à sec le routoir, on divise le limon afin qu'il ne durcisse pas et qu'il puisse être plus aisément utilisé l'année suivante.

En Hollande, on rouit le lin dans la boue, ou on le laisse flotter dans les routoirs. Dans ce dernier cas, on le retourne tous les jours.

La durée du rouissage à eau stagnante varie suivant la température de l'eau et celle de l'atmosphère ; elle dure 6 à 8 jours en août, 10 à 12 jours en septembre, 12 à 15 jours en octobre. En Italie, le lin ne séjourne dans les routoirs que 3 à 5 jours.

Lorsqu'on suit les progrès d'un rouissage, on observe qu'il se dégage des bulles d'air du 2e au 3e jour, de l'acide carbonique du 3e au 5e, et de l'hydrogène carboné du 5e au 7e. Alors l'eau se trouble, devient fétide et perd de son acidité. Il résulte de ces remarques, que le rouissage est la conséquence de trois fermentations successives : 1° fermentation insensible ; 2° fermentation acéteuse ; 3° fermentation alcaline ou putride.

Dans quelques localités, on retourne plusieurs fois les bottes sur elles-mêmes pendant la durée du rouissage.

Quand la chènevotte se détache facilement, on retire le lin du routoir botte à botte, on le lave à eau courante, si cela est possible, et on le place debout sur un terrain gazonné pour qu'il s'égoutte. Quand il est sec, on le rapporte à la ferme et on l'emmagasine dans un lieu sec.

On construit dans la Saxe prussienne des routoirs à eau dormante qui permettent d'obtenir des filasses très belles. On creuse, non loin d'un cours d'eau, une fosse ayant quatre compartiments (fig. 5) qui communiquent à une rigole alimentaire. Chaque compartiment reçoit l'eau nécessaire au moyen d'une éclusette. Cette disposition rend le

Fig. 5. — Routoir à eau stagnante.

lavage du lin très facile, et elle permet de maintenir l'eau dans les compartiments à une hauteur constante.

Le lin ramé doit être roui dans une eau froide.

En général, la filasse qui provient du lin roui à l'eau dormante est un peu plus rude que celle qu'on extrait de tiges ayant été exposées à l'action de la rosée.

Rouissage a eau courante. — Le rouissage à eau courante, ou *à eau coulante*, ou *à eau ruisselante*, est souvent pratiqué en Irlande, en Belgique, sur les bords de l'Escaut, de la Lys et de la Deule. Ce n'est qu'accidentellement qu'on l'adopte en France, de préférence au rouissage à eau dormante.

A Courtrai, à Lokeren, etc., on l'exécute en mai; les

bottes de lin sont entièrement submergées à plat ou debout et maintenues à l'aide de perches ; il dure de 8 à 15 jours, selon la température de l'eau et de l'air.

Quelquefois, on dépose le lin dans des caisses à claire-voie qu'on appelle *ballons*. Ces caisses ont de 3 à 4 mètres carrés et une hauteur de $1^m,20$; elles contiennent chacune environ 120 bottes de lin brut (*bonjeaux*) de 30 centimètres de diamètre et donnant au teillage, en moyenne, 1 kil. 500 de filasse. Avant d'y introduire le lin, on les garnit intérieurement ou extérieurement de paille pour protéger les tiges contre les impuretés transportées par le courant. Quand les caisses sont remplies de bottes placées debout ou verticalement, on les couvre de paille sur laquelle on met des planches ou des pierres, on les descend dans le cours d'eau et on les attache à l'aide de cordes à des poteaux ou des pieux enfoncés sur la berge. Ces caisses sont d'abord, pour ainsi dire, flottantes, mais au bout de quelques jours, lorsque le lin a été détrempé par l'eau, elles ne tardent pas à toucher le fond de la rivière.

Quand le rouissage est terminé ou lorsque la macération est suffisante, ce qui a lieu du 7e au 10e jour, on attire les caisses près du rivage, on enlève les bottes de lin qu'on délie ensuite pour dresser les tiges en petits tas coniques dits *cahots*, sur les prairies et les faire sécher ; quand elles sont sèches, on les met de nouveau *en bottes en les bajotant*.

Ce rouissage coûte de 20 à 30 francs l'hectare. On s'accorde à dire qu'il ne vaut pas l'ancien système qui consiste à mettre les bottes horizontalement et sans les serrer dans les endroits où le courant est faible.

On doit préférer les eaux les plus limpides et celles qui ont un courant modéré. Une eau très ruisselante détruit la souplesse du lin et nuit aussi à sa beauté de couleur. La Lys, dans laquelle a lieu le rouissage à l'aide de *ballons*, n'a qu'un mètre de profondeur sur ses bords, mais les caisses sont dirigées de manière qu'elles soient dominées par une nappe d'eau ayant 1 à 2 mètres de hauteur. Cette rivière a un cours très modéré et très régulier de Commines à Harlebeke.

En Irlande, le lin est placé par couches superposées et légèrement inclinées; on le couvre ensuite d'un lit de jonc, sur lequel on met une rangée de gazon, afin de le priver de l'action de l'air et de la lumière; il reste ainsi dans l'eau pendant 8 à 15 jours. L'inclinaison des bottes part de la base des tiges à leur sommet.

En Flandre, le lin ramé est toujours roui à eau courante. A l'aide de deux liens, on réunit toutes les bottes, qui sont formées de 17 à 18 bottillons de deux poignées, en une seule appelée *roue;* on entoure de paille cette grosse botte pour que les tiges ne touchent pas la terre, on la suspend dans l'eau les racines en haut au moyen de perches, et on la retourne tous les jours pendant les 12 à 15 jours que dure le rouissage.

Le rouissage à eau courante a lieu en Flandre dans la Lys, entre Armentières et Menin.

Dans la Saxe prussienne, les routoirs à eau courante (fig. 6) se composent de trois compartiments munis chacun d'une petite écluse et communiquant à volonté les uns avec les autres, de manière que l'eau y soit sans cesse renouvelée. On les alimente à l'aide d'un courant d'eau A.

Les parois de ces routoirs, ainsi que les séparations, sont en briques ou en maçonnerie.

Si le rouissage exécuté dans de semblables routoirs est plus long que celui qu'on pratique dans une eau dormante, il a l'avantage de donner une filasse moins foncée en couleur et très facile à blanchir.

En Livonie, les routoirs comprennent 5 à 6 fosses disposées en étages; leur fond est sablonneux ou revêtu d'un pavage. Ces routoirs sont alimentés par une eau de source.

Il est essentiel que l'eau qui alimente les routoirs à eau courante, arrivent par le haut de la fosse. Quand elle vient par le bas, le rouissage est toujours irrégulier.

Toutes choses égales d'ailleurs, on retire le lin des cours d'eau ou des routoirs quand, en brisant les tiges en deux endroits, on peut aisément séparer la partie ligneuse et les fibres.

Lorsqu'on veut obtenir du *lin blanc,* on le retire pré-

Fig. 6. — Routoir à eau courante.

maturément des routoirs et on l'étend sur une prairie pendant un temps plus ou moins long. On le retourne tous les 4 ou 5 jours. Quand il a la couleur voulue, on le relève, on le fait sécher et on le conserve dans les bâtiments. Il est très important de surveiller ce blanchissage afin que le lin ne puisse s'altérer.

En Hollande, le rouissage du lin récolté sur un hectare coûte de 18 à 20 francs : 9 à 10 francs pour mettre le lin à l'eau et 8 à 9 francs pour l'en retirer.

Dans le Brabant wallon, on évalue que 14 journées d'ouvriers sont nécessaires pour exécuter le rouissage du lin récolté sur un hectare.

Le rouissage dans la Lys revient à 25 francs les 1.000 kilogr. de lin en tige.

Le rouissage n'est pas toujours pratiqué en une seule fois. Dans quelques localités appartenant à la région du Nord, on le fait *rouir deux fois*, mais le dernier rouissage ne dure que 3 à 4 jours.

ROUISSAGE A LA VAPEUR. — Le rouissage à la vapeur, imaginé par l'Américain Schenck, a été désigné sous le nom de *rouissage américain.*

Pour l'opérer, on entasse, dans un lieu clos, le lin debout dans des bacs ou cuves et on le couvre d'un grillage en bois pour qu'il ne puisse se soulever. Alors, on remplit la cuve d'eau de manière que l'immersion du lin soit complète, et on ouvre le robinet, qui permet à la vapeur d'arriver sous le double fond percé de trous. Au bout de 18 à 20 minutes, lorsque l'eau a atteint une température de 28 à 33°, on ferme le robinet. C'est alors que la fermentation commence pour se continuer pendant 60 heures, si on maintient l'eau à la température précitée. Après ce temps, on retire le lin, ou l'introduit successivement dans une turbine à air ou hydro-extracteur qui lui enlève en 2 ou 3 minutes, sous l'action de la force centrifuge qu'elle possède, toute l'eau qu'il contient. On le met ensuite dans une étuve ou au soleil afin qu'il se sèche complètement.

Les cuves, dit M. Payen, sont elliptiques ; elles ont 4^m,55 de grand diamètre, 3^m,25 de petit diamètre, et 1^m,30 de hauteur, et contiennent environ 1.500 kilogrammes de lin en tige. Quand on fait usage d'eau séléniteuse, le rouissage n'arrive à son terme qu'au bout de 90 heures.

Ce *rouissage manufacturier* a donné des résultats favorables, surtout lorsque le lin était arraché quelques jours après la formation de la graine. Nonobstant, il a été presque partout abandonné eu France. Après la fermentation acidule qui se manifestait au début de l'opération, il se dégagait de l'acide carbonique et plus tard un peu d'hydrogène sulfuré.

En Angleterre, le lin, au sortir des bacs, est soumis à l'action d'un appareil à quatre rouleaux imaginé par l'Irlandais Bride, en même temps qu'il reçoit l'action d'un jet d'eau. Après le laminage et le lavage, à l'aide d'une eau douce chauffée par la vapeur à 15, 16 ou 17°, les tiges sont exposées à l'action d'un courant d'air et placées ensuite dans une étuve pendant 12 heures.

M. Casier a renoncé, en Belgique, au lavage, et ne cylindre les tiges du lin que lorsqu'elles sont sèches. Il donne pour raison que les fibres du lin qu'on a cylindré à l'état humide sont caractérisées par une grande faiblesse.

Rouissage a l'eau de mer. — En Hollande, on rouit souvent le lin à l'eau de mer. La filasse qu'on obtient par ce procédé est bonne, nerveuse, mais elle manque de douceur.

Ce mode de rouissage oblige à laver le lin à sa sortie du routoir.

Rouissage a la gelée. — Ce rouissage, proposé par M. Eberhardt, consiste à mouiller complètement le lin et à l'exposer ensuite en couches minces à l'action du froid. Quand le lin est bien gelé, on le met en petits bottes qu'on dépose dans un local fermé jusqu'au dégel. Quand celui-ci arrive, on ouvre les bottes et on les fait sécher au soleil ou dans une étuve. Les fibres obtenues par ce procédé se distingueraient par une grande finesse.

Rouissage chimique. — On a proposé de remplacer le rouissage à l'eau pure par un rouissage basé sur l'emploi de solutions alcalines et acides, mais les expériences faites jusqu'à ce jour n'ont pas été favorables à ce procédé.

Opérations complémentaires du rouissage.

Halage. — Le lin qu'on a roui à l'eau courante ou dormante reste pendant plusieurs jours, après cette opération, exposé à l'action de l'air. On le place debout dans un endroit aéré et de préférence sur un terrain gazonné. Quand il est sec, on le rentre par un beau temps, et on le conserve dans un local sain, à l'abri des souris et des rats.

BLANCHIMENT DU LIN. — Le blanchiment du lin se fait naturellement ou artificiellement.

Dans le premier cas, on l'étend sur un gazon, comme cela a lieu en Flandre, du 15 février au 15 mai, pendant 15, 20 ou 30 jours. S'il survient de la pluie, on le rentre à la ferme ou on le met en meule pour l'étendre de nouveau. On le retourne de temps à autre au moyen de perches.

Sous l'action de la rosée et du soleil, le lin gris, brun ou jaune, prend une belle couleur blanchâtre et acquiert plus de souplesse.

Dans le second cas, on immerge le lin dans une dissolution de sous-chlorate de magnésie.

Ces procédés évitent le blanchiment de la toile sur les prairies, opération qui dure de 80 à 90 jours et qui lui fait perdre au moins 20 pour 100 de son poids.

Aux environs de Lokeren, un hectare de prairie naturelle se loue de 25 à 30 francs pour toute la durée du blanchiment.

TORRÉFACTION. — Le lin, avant d'être broyé, est mis dans un four pendant 12 heures, après la cuisson du pain, ou dans une pièce chauffée à 30 ou 40 degrés, pour le débarrasser complètement de son humidité et rendre par là le broyage plus facile.

Toutefois, c'est commettre une grande faute que de le faire sécher à l'aide du feu, ainsi qu'on opère souvent en Hollande.

MAILLAGE. — Dans quelques contrées, on fait précéder le broyage par une opération que l'on nomme *maillage, macquage,* et qui consiste à maillocher les poignées de lin sur un billot à l'aide d'un maillet ou d'un battoir de blanchisseur. Quelquefois on l'exécute avec un maillet cannelé.

Alors on pose une botte de lin sur une aire dure et unie, on l'écarte, on la maintient dans cette position avec l'un des pieds et on la bat avec le maillet jusqu'à ce que les tiges soient brisées. Le macquage rend le broyage plus facile et plus prompt. On peut aussi l'exécuter à l'aide d'une machine à deux cylindres cannelés.

BROYAGE. — Le broyage se fait avec l'appareil que l'on nomme *broie* (voy. *Broyage; CHANVRE*). Cette opération a pour but de dégrossir le lin pour l'affiner ensuite, soit avec la broie même soit avec l'écangue, ce qui vaut mieux.

On opère le broyage du lin quand il est encore chaud. Un enfant retire les poignées du four et les présente aux broyeurs. Ces derniers agissent comme s'ils devaient préparer du chanvre. On termine quelquefois la préparation du lin en soumettant les poignées de filasse à l'action d'une petite broie en fer ou en bois, afin de les affiner en faisant bien flotter leurs mèches entre les languettes du levier et les mortaises du chevalet.

Ordinairement on opère le broyage du lin ou du chanvre de très bonne heure le matin.

Les ouvriers doivent se placer de manière que l'air entraîne en dehors du bâtiment ou du hangar sous lequel ils agissent, la poussière très irritante qui se dégage des tiges. C'est cette poussière qui a fait dire que le broyage du lin était une opération malsaine et qu'elle déterminait des toux sèches ou des fièvres inflammatoires.

Un ouvrier peut broyer par jour de 40 à 50 kilogrammes de lin en bois.

A Lokeren, le broyage est payé de 4 à 6 centimes le kilogramme.

TEILLAGE. — On ne teille guère que le lin de fin. L'ouvrier prend une petite poignée de lin, l'entortille autour de l'index de sa main gauche et la pose sur le tablier de cuir qu'il a devant lui; alors il pose sur la poignée de lin un couteau très large et carré du bout, tire la filasse de la main gauche, soulève le couteau, replace le lin qu'il tire une seconde fois, et ainsi de suite, jusqu'à ce que la chènevotte soit détachée.

La filasse ainsi préparée est réunie en bottes et livrée ou vendue ensuite aux peigneurs.

Un bon ouvrier teille, par jour, de 3 kilogr. à 3 kilogr. 500 de filasse fine.

Dans le Nord, le teillage du lin roui à l'eau stagnante se paye 25 centimes le kilogr.; celui du lin roui à l'eau courante est payé 30 centimes.

Les filasses fines se payent quelquefois 50 à 60 centimes.

Écanguage. — Cette opération se fait à l'aide d'un appareil (fig. 7), qui se compose d'une planche haute de 1^m,20 et large de 33 centimètres, munie aux trois quarts de sa hauteur d'une entaille de 20 centimètres de profondeur sur 7 centimètres de hauteur.

L'ouvrier qui écangue tient une poignée de lin dans sa main gauche et la passe dans l'échancrure de la planche, qui est taillée en biseau, puis avec un couteau en bois poli appelé *écangue* ou *écang* (fig. 8) qu'il tient de la main droite, il frappe verticalement sur le lin pour en détacher toute la chènevotte et assouplir la filasse, en ayant soin de rouler la poignée sur elle-même. L'écangue ou palette varie en largeur et en hauteur suivant les localités.

Cette opération exige seulement de l'adresse et de l'habitude; elle permet d'obtenir une filasse plus longue et plus affinée que lorsque les tiges ont été préparées avec la broie.

Un ouvrier peut écanguer par jour 6 à 8 kilogr. de filasse longue, et 5 à 6 kilogr. de filasse ordinaire.

100 kilogr. de lin en tige et roui donnent 25 kilogr. de lin écangué.

En Flandre, on paye de 25 à 30 francs par 100 kilogr. de filasse.

Fig. 7. — Ouvrier écanguant du lin.

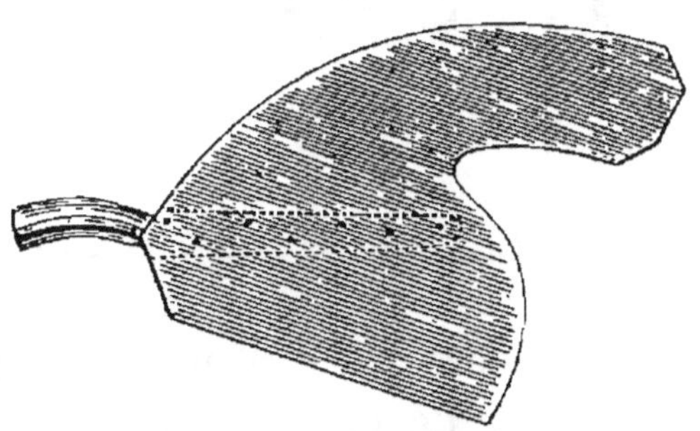

Fig. 8. — Écangue.

M. Bourdon-Quesnay, de Gueure (Seine-Inférieure), a imaginé un appareil (fig. 9) destiné à remplacer l'écangue. Il se compose d'un moulin à 14 ailes en bois, mis en mouvement par une manivelle ou une courroie. La mobilité de

Fig. 9. — Teilleuse Bourdon-Quesnay.

la *paisselle*, planche sur laquelle l'ouvrier appuie la poignée de lin qu'il veut préparer, rend cet appareil supérieur à tous ceux du même genre qui l'ont précédé, en ce qu'elle ne permet pas aux ailes de briser les parties filamenteuses du lin, comme cela a lieu lorsqu'on fait uniquement usage de la broie. Cette machine ne teille que le lin qui a été préalablement broyé.

Pour s'en servir, il faut présenter à l'action des *écouches* ou *battes du moulin,* une poignée de lin et la changer plusieurs fois de position. Le lin reçoit par minute de 1.000 à 1.200 coups d'écouches, car le volant sur lequel elles sont fixées fait 80 à 100 tours par minute.

La filasse préparée à l'aide de cet appareil est belle, longue, et donne très peu d'étoupes. Deux ouvriers peuvent préparer de 20 à 25 kilogr. de filasse par jour.

Espadage. — Dans quelques contrées, on remplace ou on fait suivre l'écanguage par *l'espadage.* Cette opération, qu'on nomme souvent *raclage,* a pour but de détacher la chènevotte qui reste après le broyage et l'écanguage et d'adoucir ou d'affiner la filasse.

L'*Espadon* (fig. 10) se compose d'une planche verticale A

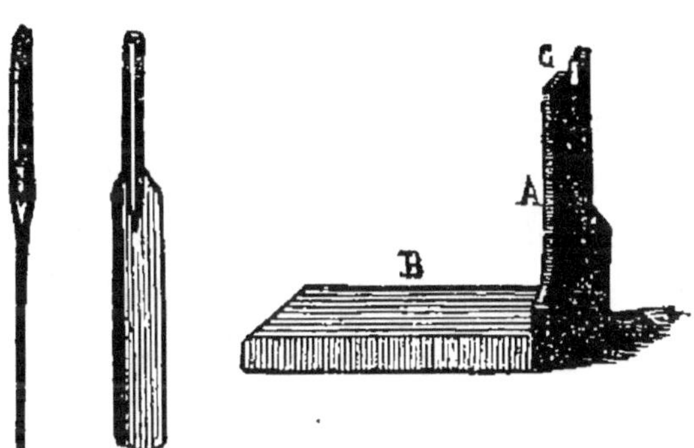

Fig. 10. — Espadon.

fixée à l'extrémité d'un madrier B placé horizontalement sur le sol. La planche verticale a de 1 mètre à 1^m,30 de hauteur sur 30 centimètres environ de largeur; elle présente supérieurement une entaille C demi-circulaire à bords abattus et polis.

L'espadeur prend une poignée de lin broyé, la pose sur le milieu de l'échancrure et frappe la partie qui flotte le long de la planche avec un long couteau de bois appelé *espadon,* en évitant de rompre les fibres. Il enlève ensuite la poignée, la secoue, la retourne et continue son travail. Quand cette poignée a été bien espadée, il la remplace par une autre.

Un ouvrier habile prépare par jour de 4 à 6 kilogr. de filasse. Il reçoit de 40 à 60 centimes par kilogr.

L'espadage fait perdre à la filasse 5 à 8 pour 100 de son poids.

Quelquefois l'espadeur opère d'une manière différente. Ainsi il prend une poignée de lin par les deux extrémités avec les deux mains et la frotte plus ou moins sur le tranchant mousse que présente la planche verticale.

En agissant ainsi, il remplace l'écanguage et peut préparer par jour 25 kilogr. de filasse. Il faut qu'il soit très exercé pour qu'il détache toute la chènevotte et adoucisse la filasse sans rompre ses fils.

Sérançage ou affinage. — On termine la préparation de la filasse en la soumettant à l'action d'un *séran* ou *peigne.* Cette opération est connue en France sous les noms de *peignage, sérançage, ferrage; brossage* et *habillage,* elle a pour but de séparer, de diviser sans les rompre, les fibres en fils très déliés et de les débarrasser de l'étoupe.

Les peignes sont en fer ou en cuivre. M. Agladis emploie des sérans à dents en acier trempé. Ces dents sont carrées à leur base et terminées par une pointe effilée et polie avec soin. Les arêtes inférieures sont bien amorties.

Chaque appareil ou *jeu* se compose de 4 sérans espacés les uns des autres et présentant ensemble 2.466 dents. Le *premier* comprend 490 dents ou 10 rangées de 49 dents, ayant 90 à 93 millimètres de longueur; il a 33 centimètres de longueur sur 10 de largeur.

Le *deuxième* a 13 rangées de 50 dents ou 650. Il a 15 centimètres de largeur sur 55 de longueur. Chaque dent a 47 millimètres de longueur.

Le *troisième* a 13 rangées de 51 dents ou 663. Il a 42 centimètres de longueur sur 12 de largeur. Chaque dent a 5 centimètres de longueur.

Le *quatrième* a aussi 663 dents. Il a 35 centimètres de longueur sur 10 centimètres de largeur. Chaque dent a 47 millimètres de longueur.

Les dents du premier séran sont inclinées à 9° sur la perpendiculaire au plan de base; celles des autres sérans sont perpendiculaires. (Voir *Peignage du chanvre.*)

Ordinairement, chaque peigneur n'a devant lui que trois sérans à dimensions graduées : un pour le *démêlage*, un pour *diviser les filaments*, un pour *affiner la filasse*.

Le séran le plus grossier est placé à la gauche de l'ouvrier et le plus fin à sa droite.

Le peigneur ou *l'affineur* engage d'abord la poignée qu'il veut préparer dans le peigne le plus gros; quand il l'a démêlée, il opère avec le n° 2, puis ensuite avec le n° 3. En d'autres termes, il passe la poignée de séran en séran, en évitant de faire beaucoup d'étoupe. De temps à autre, l'ouvrier peigne une maille de chanvre légèrement imprégnée d'huile pour que la résistance qu'il doit vaincre à chaque poignée soit moins considérable.

Pour agir facilement, il entortille une des extrémités de la poignée qu'il veut peigner autour de sa main droite; alors il l'élève, l'abaisse, en l'engageant à moitié de sa longueur dans le séran, la retire en agitant vigoureusement son avant-bras, l'engage de nouveau, la retire et l'engage encore. De temps en temps, il l'ouvre, la secoue et la divise, et enlève l'étoupe qui reste adhérente aux dents des sérans. Il doit éviter d'agir à petits coups répétés. Quand il opère lentement, il fait beaucoup d'étoupe.

Un homme peut peigner 8 à 10 kilogr. de filasse par jour.

Le sérançage est payé de 25 à 30 centimes le kilogr. de filasse.

Dans le nord de la France et en Belgique, on fait suivre

lè peignage par un brossage. Cette opération augmente l'éclat et la beauté du lin de fin.

Le lin est ensuite disposé en écheveau pour que les fibres ne se mêlent pas. L'ouvrier qui opère, fait une torsade à la tête de la poignée et laisse pendre la partie inférieure.

Filage et tissage du lin.

Les écheveaux sont réunis en paquets carrés contenant, 4, 8 ou 15 poignées, pesant chacune, en moyenne, 500 grammes.

Les paquets sont liés avec deux liens de cordes.

FILAGE. — Le filage du lin se fait à la main, au fuseau, au rouet et à la mécanique.

Une bonne fileuse peut filer par jour, avec un rouet à grande roue, 500 grammes ou 3.500 mètres de fil n° 12.

En général, une femme file par jour de 250 à 750 grammes de fil, selon la finesse ; en moyenne et en filant du fil de bonne qualité, elle en fait 500 grammes par jour.

Une fileuse filant du n° 24 met cinq jours consécutifs pour faire 1 kilogr. ou 24.000 mètres ; elle emploie 1 kil. 500 de filasse.

1 kilogr. de filasse produit environ 800 à 900 grammes de fil.

Il existe des fileuses en France et en Belgique qui filent du fil n° 1.000; on en a vu même qui filaient du n° 1.600. La filature à la mécanique ne produit point au delà du n° 300.

Le numéro du fil correspond à autant de 1.000 mètres de fil que le nombre nécessaire pour peser un kilogramme.

Ainsi :

Le n°	1 comprend	1.000 mètres par kilogramme.		
—	2	—	2.000	—	—
—	10	—	10.000	—	—
—	20	—	20.000	—	—
—	50	—	50.000	—	—
—	100	—	100.000	—	—
—	200	—	200.000	—	—
—	300	—	300.000	—	—

Réciproquement :

1.000 mètres du fil n° 1 pèsent 1 kilogramme.
1.000   —   3   —   333 grammes.
1.000   —   50 —   20   —
1.000   —   100 — 10   —

Le fil n° 45 se vend 5 francs le kilogramme ; le n° 90, 9 francs le kilogramme ; le n° 300, 55 francs.

Dans ces derniers temps, on est parvenu à produire 4.755 mètres de fil avec 32 grammes de filasse.

Le fil écru perd 40 pour 100 de son poids au blanchiment.

Les fils de lin se vendent plus cher que les fils de coton. Voici leur prix :

				Lin.	Coton.
1000 mètres du n°	18	valent	0 fr. 17	0 fr. 14
—	—	—	24	—	0 15	0 11
—	—	—	60	—	0 14	0 06
—	—	—	100	—	0 15	0 05

TISSAGE. — 1 kilogramme de fil ordinaire écru permet de faire 4 mètres carrés de toile d'un mètre de largeur avec une chaîne de 1.000 fils.

1 kilogramme de fil écru d'une bonne finesse sert à fabriquer 3^m,50 carrés de toile d'un mètre de largeur avec une chaîne formée de 2.000 fils.

Dans le premier cas, un tisserand fait par jour 4^m,70 carrés de toile ; dans le second, il en fabrique près de 7^m,80.

Une broche dans une filature mécanique produit par jour de 5.500 à 5.600 mètres de fil du n° 50 et pesant de 140 à 160 grammes.

Produits.

LIN BRUT. — Le lin est plus ou moins productif, selon la nature et la fertilité des terres où il est cultivé et la variété à laquelle il appartient ou la hauteur de ses tiges.

Voici, d'après les résultats acquis à la pratique, les produits qu'on peut espérer obtenir par hectare :

Produit minimum	....	2.000 à 3.000 kilog.
—	moyen	4.000 à 5.000 —
—	maximum	6.000 à 8.000 —

Le plus grand produit obtenu par M. André a atteint 8.265 kilogr. Un lin est très beau quand il produit 6.000 kilogr. de lin brut par hectare.

Filasse. — Le produit en filasse est proportionnel au produit en tiges ; mais il est en raison inverse de la quantité de graines qu'on récolte. Voici les rendements qu'on doit prendre comme bases :

Produit minimum	....	200 à 300 kilog.
—	moyen	500 à 600 —
—	maximum	800 à 900 —

On n'a pas obtenu jusqu'à ce jour au delà de 1.000 kilogr. de filasse par hectare.

Voici la quantité de filasse qu'on obtient en France par hectare dans les départements où la culture du lin a une grande importance :

Pas-de-Calais	....	1.090 kilogr.
Nord	....	880 —
Finistère	....	850 —
Côtes-du-Nord	....	730 —
Manche	....	650 —
Vendée	....	470 —
Moyenne	......	778 kilogr.

La production moyenne de la France est de nos jours de 679 kilogr. de filasse par hectare ; en 1862, elle ne dépassait pas 496 kilogr.

Voici les produits moyens des principaux pays producteurs :

Italie	285 kilog.	
Hollande	500	—
Irlande	450	—
Russie	315	—
Belgique	525	—
Allemagne	360	—

La Grèce n'obtient par hectare que 200 kilogrammes de filasse, mais elle récolte en même temps 1.000 kilogrammes de graines.

GRAINES. — La quantité de graines est toujours en raison inverse de la quantité de filasse qu'on obtient par hectare. Voici les chiffres qui caractérisent ce produit :

Produit minimum	200 à 280 kilog.
— moyen	300 à 400 —
— maximum	600 à 700 —

Le lin cultivé exclusivement pour ses graines peut donner jusqu'à 1.500 kilogr.

Rapports divers.

Dans les circonstances ordinaires, 1 kilogramme de graine confiée à la terre donne 20 kilogr. de lin en bois. Ainsi, si on sème par hectare 200 kilogr. de graines, on pourra compter, si le lin réussit, sur 4.000 kilogr. de lin en bois.

100 kilogr. de tiges, capsules et graines, donnent de 8 à 9 kilog. de semences. Les tiges non égrenées sont donc aux semences :: 100 : 8.

La quantité de filasse, que fournit une quantité donnée de tiges, varie suivant le rouissage adopté et surtout selon la manière dont la filasse a été préparée. En général,

Le lin en bois est à la filasse broyée.....	:: 100 : 16 ou 18.
Le lin en bois est à la filasse espadée....	:: 100 : 10 ou 12.
Le lin en bois est à la filasse peignée....	:: 100 : 5 ou 6.

Ainsi, 4.000 kilogr. de lin brut doivent fournir :

> 600 à 700 kilogr. de filasse broyée.
> 400 à 500   —   —   espadée.
> 200 à 250   —   —   peignée.

La filasse espadée perd au sérançage et au brossage environ 50 pour 100 de son poids.

On obtient souvent 25 kilogr. de filasse de 100 kilogr. de lin brut ayant été roui, mais la filasse alors contient 7 à 8 kilogr. de filaments courts ou étoupes fines. Le plus ordinairement 100 kilogr. de lin en bois donnent 20 kilogr. de filasse et 10 kilogr. d'émouchures.

Les déchets qu'on appelle *étoupes* sont plus ou moins abondants selon les sérans qu'on a employés.

Dans les circonstances ordinaires,

> La filasse est aux étoupes :: 100 : 20 ou 25.

Ainsi, 100 kilogrammes de filasse sérancée doivent laisser de 20 à 25 kilogrammes d'étoupes.

> Les étoupes fines sont aux étoupes grossières :: 33 : 100.

Pertes causées par les opérations.

Le déchet que le lin éprouve pendant sa conversion en filasse est considérable. Ainsi, 100 kilogr. de tiges sèches éprouvent les modifications suivantes :

Après le *rouissage*, ils se réduisent en
moyenne à.......................... 80 kilog. et perdent 20 kilog.
Après le *blanchiment* 70   —   —   30 —
Après le *teillage* 18   —   —   82 —
Après le *peignage*. 9   —   —   91 —

Ainsi, 100 kilogr. de lin brut donnent en moyenne 9 kilogr. de filasse pure et perdent 91 pour 100.

Il reste environ 7 kilogr. d'étoupe.

A la filature, la filasse perd de 5 à 7 pour 100.

100 kilogr. de lin brut préparé par la méthode flamande donnent les résultats suivants :

Lin premier brin................	16 kilog.
Étoupe provenant du teillage.....	8 —
— — du peignage....	13 —
Déchets sans valeur............	2 —

L'étoupe du sérançage est la plus longue; celle du teillage constitue ce qu'on appelle les *peignures* ou *émouchures*, déchets qu'on abandonne aux ouvriers.

Le peignage seul fournit les résultats suivants :

Filasse pure................	48 kilogr.
Étoupe première.............	28 —
— deuxième............	22 —
Déchets....................	2 —
	100 kilogr.

Dans le peignage ordinaire, on sérance les étoupes premières et on les ajoute à la filasse ou on les vend comme filasse de seconde qualité.

En résumé, 100 kilogr. de lin brut donnent :

Lin roui	72 kilogr.
Semences.............	12 —
Menue paille.........	13 —
Perte................	3 —
	100 kilogr.

100 kilogr. de lin roui donnent :

Filasse teillée........	18 à 20 kilogr.
Étoupe de brisage....	5 —
— de spatulage..	10 —
Chènevotte et perte...	60 à 65 —

Valeur commerciale.

Lin sur pied ou lin vert. — Le lin sur pied a une valeur très variable, selon sa beauté et sa destination. Voici les prix auxquels on le vend en Flandre et en Belgique :

Lin ordinaire................	600 à 700 fr. l'hectare.	
— de 1re qualité............	1.100 à 1.300	—
— de 2e qualité............	800 à 1.000	—
— de mars................	1.000 à 1.100	—
— ramé ordinaire...........	2.500 à 5.000	—
— — 1er choix...........	5.000 à 7.000	—

M. Fouquier d'Hérouel a vendu ses lins sur pied pendant quatorze années, de 1826 à 1839 ; le prix a varié entre 720 et 1.850 francs et la moyenne a été de 820 francs.

Ainsi, sauf les lins ramés, qui ont une valeur exceptionnelle quand ils sont fins, très hauts, bien fleuris et jaune clair, les lins ordinaires bien réussis se vendent en moyenne de 800 à 1.000 francs l'hectare.

On vend les lins sur pied en juin, à l'époque de la floraison, aux liniers exploitants, et à leurs risques et périls. Toutefois, le vendeur s'engage à transporter le lin, quand il est sec et qu'il a été mis en bottes, au domicile de l'acquéreur.

Le lin vert se vend quelquefois au poids, à raison de 10 centimes le kilogr.

Lin en bois. — Le lin ordinaire en bois se vend, suivant sa qualité, de 17 à 20 francs les 100 kilogr.

En Algérie, les prix varient entre 15 et 25 francs.

Les lins ramés, dans l'Aisne, se vendent de 35 à 50 francs.

On ne doit pas vendre le lin aussitôt après le rouissage, car deux mois après cette opération, les tiges, ayant soutiré de l'humidité à l'air, pèsent environ 6 pour 100 de plus.

On connaît, dans les environs de Courtrai, trois sortes de lin brut :

1° Le *lin vert*, qui a été roui et séché ;

2° Le *lin à la minute*, qu'on a roui et qu'on a laissé pendant 4 à 5 jours sur un gazon ;

3° Le *lin blanc*, qui a séjourné après le rouissage durant 25 à 35 jours sur un pré.

FILASSE. — La *filasse ordinaire* ou le *lin teillé* vaut de 80 centimes à 1 fr. 20 le kilogr. La *filasse fine* ou *préparée* se vend de 2 à 3 francs. La filasse destinée à faire du fil de mulquinerie se vend jusqu'à 10 et même 15 francs le kilogr.

ÉTOUPE. — Les étoupes se vendent de 10 à 50 centimes le kilogr. selon leur finesse, leur longueur et leur propreté. Les étoupes longues sont celles qui ont le plus de valeur.

GRAINE. — La graine de lin ordinaire vaut communément de 20 à 25 francs l'hectolitre.

La graine de lin ramé se vend de....	40 à 50	fr. l'hectolitre.	
—	de mai.............	60 à 70	—
—	de Riga...........	50 à 60	—
—	après tonne........	25 à 35	—
—	de Zélande.........	35 à 45	—

En Algérie, la graine vaut de 30 à 35 francs les 100 kilogrammes.

Les graines de lin qu'on importe en France comme semences oléagineuses ont des caractères particuliers. Voici, d'après M. Meurin, ces caractères :

		Dimensions.	
Italie, — grosses, ternes..........		6^{mm} sur	3^{mm}
Espagne, — grosses, grisâtres......		5,5	3
Anatolie, — luisantes, rousses.....		4	2,2
Roumélie, — petites, rousses.......		3	2,2
Calcutta, — roussâtres..........		5,5	2,7
Bombay, — roussâtres..........		4,7	2,7

Les plus riches en huile sont celles de l'Inde ; elles en

contiennent 37 à 38 pour 100. Celles de Riga n'en renferment que 31,4 pour 100.

Dépenses par hectare.

La culture du lin engage par hectare un capital assez considérable. Voici les chiffres qu'on a indiqués :

Gomart (Artois)..............	741 fr.
Mareau (Irlande).............	700
Dorey (Normandie)..........	745
Papillon (Seine-et-Marne)......	770
Mareau (Belgique)	727
Lecat-Butin (Flandre)..........	917
Rogé (Flandre)	1.200 (1)

M. Lefebvre porte à 685 francs les frais de culture du lin jusqu'au moment où il est vendu sur pied, à l'état vert. M. Gomart a divisé comme il suit le chiffre qu'il a indiqué : frais de culture, 491 francs, frais de préparation après l'arrachage, 250 francs.

J'ai dit précédemment que le rouissage dans la Lys revenait à 25 francs les 1.000 kilogrammes de lin en paille ; 1.000 kilogr. de lin brut roui dans ce cours d'eau perdent 150 à 175 kilogr.

Produits fournis par la graine.

HUILE. — La graine fournit l'huile qu'on a appelée *huile de lin*. Cette huile est très siccative et ne se congèle qu'à 20° au-dessous de zéro : sa couleur est ambrée et sa densité est de 0,939 à 12°. Elle est employée dans la peinture, l'imprimerie, la médecine, la pharmacie et la fabrication des vernis.

(1) Ce chiffre concerne la culture du lin ramé. La ramure, qui coûte 240 francs, a été déduite.

100 kilogr. de graines donnent de 25 à 30 kilogr. d'huile.

La graine provenant du *lin aprés tonne* est vendue aux huiliers.

L'*huile de lin* se vend, suivant les années, de 50 à 90 francs les 100 kilogr.

Tourteau. — 100 kilogr. de graines laissent 50 à 55 kilogr. de tourteau.

Ce résidu est employé dans l'alimentation des animaux domestiques, ou dans la fertilisation des terres arables.

Les États-Unis exportent chaque année une grande quantité de tourteau.

Le prix du *tourteau de lin* varie entre 18 et 24 francs les 100 kilogr.

Coloration des filasses.

La filasse de lin présente des nuances très diverses. Ainsi, elle est presque blonde, rose-jaune, rousse, gris clair, gris-perle, gris foncé et presque noir.

Le lin qu'on a roui dans les eaux courantes et limpides a une couleur unique blanche, blonde ou jaunâtre.

Celui qu'on prépare à la vapeur est presque blanc.

Celui qui a été immergé dans une eau stagnante est jaune, grisâtre, gris, gris-bleu ou brun.

Enfin, le lin qui a été étendu sur terre est d'un gris-argenté ou argenté-bleu, si le rouissage a été favorisé par un beau temps et des rosées abondantes. Si cette opération a été contrariée par des pluies, le lin aura pris une teinte bleue. Il restera jaune si, au contraire, le temps est resté sec pendant toute la durée du rouissage.

On augmente à volonté, ainsi que nous l'avons dit en parlant du rouissage à eau dormante, la teinte grise des filasses en jetant des feuilles d'aune dans les routoirs.

Les matières ferrugineuses contenues dans les eaux stagnantes ou courantes exercent aussi une influence sur la coloration des filasses. Les eaux de la Lys, rivière si renommée pour ses propriétés rouissantes, contiennent une telle quantité de fer, que Kane les a appelées des *eaux chalybées*. Suivant les remarques de M. Chevreul, la réaction de l'oxyde de fer des eaux sur l'acide gallique ou tannique des tiges de lin produit une couleur bleue qui passe au gris ou au brun-roux, si la combinaison est mêlée de quelques matières de couleur rousse ou orange.

La Hollande produit deux sortes de lin : le *lin jaune* et le *lin bleu*. Le premier vient de la Zélande, de la Frise et du pays de Brielle, contrées où les bottes de lin flottent librement dans les routoirs ; le second vient de la Gueldre, de la Hollande méridionale et de la Hollande septentrionale, pays où le rouissage a lieu à l'eau stagnante. D'après M. Parsy, l'eau acide rend le lin gris ou bleu et l'eau alcaline produit la coloration jaune.

Le lin bleu se conserve assez bien en magasin. Le lin jaune perd de sa nuance avec le temps. La couleur bleu clair ou gris argenté est la plus estimée.

Commerce des lins et de la filasse.

Le commerce divise les lins en deux classes :

1° Les lins bruts ; 2° les lins peignés.

Le *lin brut* est livré en bottes de 1 kilog. 500 à 3 kilogr.

Une balle de lin brut se compose de 50 à 60 bottes et une balle de lin teillé de 70 poignées de 500 grammes.

Le commerce distingue le *lin roui à la rosée* du *lin roui à l'eau stagnante* ou *courante*.

Le *lin peigné* est vendu en paquets de 2 kilogr. 500 à 5 kilogr. comprenant de 6 à 12 cordons ou écheveaux, qu en balles de 50 ou 100 kilogr.

Le commerce divise les filasses, quant à leur finesse, en trois catégories :

1º Le *lin de gros* ou *bâtard,* qui sert à faire de grosses toiles de ménage;

2º Le *lin moyen,* qu'on emploie dans la fabrication des belles toiles et du fil à coudre;

3º Le *lin de fin,* qui sert à faire les dentelles et les batistes les plus fines et les plus belles. On le récolte dans l'arrondissement de Douai, de Valenciennes, et en Belgique, à Lokeren, Courtrai, etc.

Quant à leur coloration, le commerce divise aussi les filasses en trois classes :

1º Le *lin blanc,* qui est souple, doux, nerveux, soyeux, et dont la couleur varie du blanc-blond au jaune; on en récolte à Douai, Tournai, Valenciennes, Courtrai, etc.;

2º Le *lin gris,* qui est plus fin, plus doux, plus souple, plus soyeux que le précédent, et dont la coloration varie du gris-argentin au gris-noir. La Bretagne, la Picardie, etc., en fournissent de très bons; mais ceux de Malines et d'Anvers sont d'une extrême finesse. Les noirs de Furnes et de Bruges sont très fins. Les lins de Waes ont une belle couleur gris-argenté;

3º Le *lin roux-noir,* qui est dur, sec, cassant et peu estimé. On le réserve pour la corderie, la fabrication des toiles à matelas. On en récolte à Fécamp, Dieppe et sur plusieurs points de la Picardie.

Voici les caractères des lins du commerce :

Le *lin d'Anjou* est court et un peu dur;

Le *lin de Normandie* est de belle qualité;

Le *lin de Bretagne* est fin et souple;

Le *lin de Picardie* n'a pas de nerf et n'est pas estimé; il est noir-roux;

Le *lin de Flandre* est blond, doux, souple et nerveux;

Le *lin de Brabant* est gris-argenté, très fin, très soyeux et excellent.

La *filasse du lin d'hiver* est toujours plus nerveuse que

la *filasse du lin de mars*. Celle que fournit *le lin de Riga* est ordinairement la plus longue.

Le commerce désigne souvent sous le nom de *lin de mars* le lin qu'on a conservé pendant l'hiver après l'avoir fait rouir dans la Lys, pour le faire blanchir en l'étendant sur des prairies pendant le mois de mars. Le lin que l'on a roui en mars est toujours plus blanc que le lin que l'on ait rouir pendant l'été ou en automne.

La *filasse du lin à fleur blanche* est quelquefois vendue séparément.

Le n° 1 du commerce est la plus basse qualité; le n° 12 indique la plus belle sous tous les rapports.

En général, les lins de France n'ont ni la finesse ni la qualité des lins de Courtrai. Par exception, les lins cultivés pour la mulquinerie sont très fins et exempts d'étoupe.

J'ai (dit page 46) qu'on rouissait beaucoup de lin dans la rivière dite *la Lys*. Les *ballons* qu'on y a mis à rouir en 1883 sur les rives de 27 communes, entre Astene et Warneton, se sont élevés à 71.525; ils contenaient 85.830.000 kilogr. de lin qui avaient été récoltés sur 20.485 hectares et dont la valeur atteignait 25.135.800 francs. Ces lins appartenaient à Courtrai, Gand, Bruges, Lokeren et Zele.

CHAPITRE II

CHANVRE.

CANNABIS SATIVA, L.

Plante dicotylédone de la famille des Cannabinées.

Anglais. — Hemp.	*Italien.* — Canape.
Allemand. — Hanf.	*Espagnol.* — Canamo.
Russe. — Konaph.	*Grec.* — Kanna.
Polonais. — Konop.	*Arabe.* — Kinnub.
Hongrois. — Kender.	*Sanscrit.* — Bhanga.

Historique. — Pays de production. — Mode de végétation. — Variétés et espèces. — Composition. — Terrain. — Fertilisation. — Semailles. — Recouvrement des graines. — Travaux qui suivent la semaille. — Soins d'entretien. — Plantes, animaux et insectes nuisibles. — Agents atmosphériques nuisibles. — Récolte des tiges. — Récolte des graines. — Opérations qui suivent l'arrachage des tiges. — Rouissage. — Opérations complémentaires du rouissage à l'eau — Rouissage chimique. — Rouissage chinois. — Rouissage à la rosée. — Torréfaction. — Macquage. — Broyage. — Espadage. — Teillage. — Sérançage. — Adoucissage de la filasse. — Produits. — Rapports de la filasse aux tiges sèches. — Emplois des produits. — Prix de revient. — Qualités des filasses. — Emballage. — Valeur commerciale des filasses. — Fils et cordes de chanvres. — Haschish.

Historique.

Le chanvre est originaire de l'Asie et connu depuis les temps les plus anciens. Dioscoride, Hérodote, Théophraste, etc., l'ont mentionné comme plante textile. Les Romains en faisaient des voiles, des cordes, des sangles qui servaient à atteler les bœufs au joug. Les chanvres de la Gaule étaient alors en grande réputation (1). A cette époque, il existait à Vienne, l'ancienne capitale des Allobroges,

____

(1) Hiéron II, roi de Syracuse, achetait les chanvres pour les cordages de ses navires dans la Gaule.

un intendant du linifice. D'après Pline, les plus beaux chanvres se récoltaient dans les environs de Bourges. Les chanvres de la vallée du Grésivaudan sont encore renommés pour leur qualité. A la fin du XVIIe siècle, la vallée de la Limagne produisait chaque année d'immenses quantités de chanvre.

Pays de production.

La culture du chanvre est très répandue en France. On ne connaît que trois départements : les Hautes et Basses-Alpes et la Lozère, dans lesquels elle est pour ainsi dire inconnue. Elle occupe chaque année des surfaces importantes dans l'Anjou, la Touraine, la Picardie, l'Alsace, le Dauphiné, la Mayenne, la Champagne et la Bretagne.

Le chanvre est cultivé très en grand dans la vallée de la Loire, entre la Varenne-sous-Montsoreau et Trélazé, entre les Ponts-de-Cé et Champtoceaux. Il occupe aussi annuellement d'importantes surfaces dans les vallées de la Sarthe, de la Mayenne, du Loir, de la Garonne, de l'Oise et du Rhin.

On le cultive aussi très en grand dans l'Italie, l'Autriche-Hongrie, l'Espagne, l'Ukraine, la Livonie, le Pays de Waes (Belgique), le Grand-Duché de Bade, le Bengale, le Népaul, le Chili, le Pérou, la Bolivie.

La culture du chanvre occupe chaque année en France 64.000 hectares (1). Elle s'étend en Russie sur 550.000 hectares et en Italie sur 130.000 hectares.

Mode de végétation.

Le chanvre est une plante dioïque (fig. 11). Sa racine est

____

(1) En 1840, la culture du chanvre occupait en France 176.000 hectares.

Fig. 11. — Chanvre mâle. — Chanvre femelle.

longue, pivotante, peu fibreuse et blanchâtre. Sa tige est droite, simple ou ramifiée, garnie de poils raides, et s'élève de 1 à 4 et quelquefois 5 mètres; elle est munie de feuilles pétiolées à 5 ou 7 folioles étroites, lancéolées, dentées en scie, vert foncé à leur page supérieure, et vert pâle en dessous. Les fleurs mâles sont disposées en petites grappes : elles présentent un calice à cinq folioles et à cinq étamines, et elles se développent au sommet de la tige, dans les aisselles des feuilles. Les fleurs femelles sont aussi axillaires et presque sessiles; elles offrent une bractée et un calice formé d'un seul sépale disposé en cornet. Le fruit est une sorte de capsule à deux valves unies, recouvertes par le calice et indéhiscentes; il contient une graine sans albumen, blanc-grisâtre rayé de noir, luisante et huileuse.

Toutes les parties du chanvre ont une odeur forte et un goût âcre.

Cette plante accomplit toutes ses phases d'existence en quatre ou cinq mois. Elle est sensible aux froids, mais elle supporte bien, dans le Nord comme dans le Midi, les chaleurs ordinaires des mois de juillet et août. Il est vrai qu'elle se fane le jour, pendant l'été, mais la fraîcheur de la nuit ranime sa végétation et permet aux feuilles de persister dressées jusqu'à 9, 10 ou 11 heures du matin.

Les fibres du *chanvre mâle* sont plus grosses et plus tenaces; celles du *chanvre femelle* sont plus souples et plus fines.

Du Népaul à l'Himalaya, la culture du chanvre s'élève jusqu'à 3.000 mètres d'altitude.

Variétés et espèces.

L'agriculture européenne cultive trois sortes de chanvre : 1° le chanvre ordinaire; 2° le chanvre de Piémont; 3° le chanvre de Chine.

1° *Chanvre ordinaire ou commun*. — Cette espèce est celle que l'on cultive ordinairement.

2° *Chanvre de Piémont*. — On cultive dans le Piémont, mais surtout dans le Bolonais et l'Émilie, une variété de chanvre qui se distingue du chanvre commun par la grande élévation de sa tige. On croit qu'elle a été rapportée d'Orient à l'époque des croisades. On la cultive en France dans les départements de l'Isère, de Maine-et-Loire et des Côtes-du-Nord. A Bréhémont (Anjou), où on la nomme *chanvre de Brémont*, elle atteint communément 3 à 4 mètres de hauteur. Elle est aussi cultivée très en grand sur la rive droite du Pô et aux environs de Naples et d'Ancône.

Le chanvre de Piémont, qu'on appelle quelquefois *chanvre de Bologne* ou *chanvre d'Ancône*, doit son grand développement à la fertilité et à la fraîcheur des terres où il est cultivé. Il fleurit 15 à 20 jours après le chanvre commun, mais il mûrit presque en même temps. S'il donne plus de graines, il fournit moins de filasse. Celle-ci, à volume égal, pèse un quart de plus que la filasse du chanvre ordinaire.

Cette variété dégénère facilement. On doit, quand on a intérêt à la cultiver, renouveler ses semences tous les deux ans.

C'est à tort que M. Rey, de Grenoble, l'a nommée *chanvre gigantesque* (CANNABIS GIGANTEA); elle n'a aucun des caractères botaniques qu'elle doit présenter pour être regardée comme une espèce.

3° *Chanvre de Chine*. — Ce chanvre a été désigné sous les noms scientifiques de CANNABIS GIGANTEA, Del., CANNABIS INDICA, L. Il a été réintroduit en Europe, en 1846, par M. Itier; il diffère très sensiblement par son port du chanvre commun. Ses branches, quand il a été semé clair, sont plus larges, plus diffuses, et retombent un peu des extrémités; ses feuilles, très longues, ont des folioles beaucoup plus souples, qui donnent à l'ensemble de la plante un aspect pleureur. Cette espèce ne mûrit ses graines que dans la région méridionale. A Toulon et en Algérie, elle atteint souvent de 5 à 7 mètres de longueur. Ses fibres sont remarquables par leur grande ténacité, leur finesse et leur aspect soyeux. Les Chinois le nomment *lo-mâ*.

Le chanvre de Chine est cultivé dans la Malaisie, dans l'Inde, à la Réunion, dans le Népaul, etc., pour son suc ou ses sommités florales, qu'on utilise comme produits narcotiques et enivrants sous le nom de *hashish* ou *madjoun*.

Le *chanvre vert de Chine*, que M. J. Bertrand, missionnaire en Chine, a fait connaître, en 1849, est une plante vivace ayant des feuilles cordiformes, blanches et duveteuses en dessous et vertes en dessus. (Voir ORTIE BLANCHE.)

Dans le Népaul, on fait circuler dans les chènevières des hommes revêtus de peaux d'animaux pour que la résine du chanvre s'attache aux poils. Alors on enlève celle-ci, on la met en petites boules qui se vendent 5 à 6 roupies la livre, sous le nom de *churrus*.

Le chanvre des montagnes est plus visqueux et il fournit plus de suc que celui des plaines. Ce suc narcotique est appelé *ganja* dans la Malaisie.

Le churrus est regardé comme une drogue enivrante.

Dans les Indes, les sommités fleuries du chanvre de Chine, séchées à l'ombre pendant trois jours, servent à préparer le *grandja*; le *bhang* est formé de feuilles sèches; les feuilles pilées et mêlées à du poivre constituent le *bhang subzee* ou *sidhee*.

On cultive en Algérie une espèce ou variété de chanvre que les Arabes ont appelé *takrouri* ou *kif*. Ce chanvre est très peu élevé; ses extrémités et ses feuilles fournissent le *bhang*, ou *hashish* ou *hasheesh*, si connu des peuples orientaux, par ses propriétés enivrantes, qui produisent une ivresse particulière, sorte d'extase analogue à celle que procure l'opium lorsqu'on le fume.

Composition.

La tige et surtout la graine du chanvre contiennent une notable quantité de calcaire. La tige renferme, d'après Kane, les principes suivants :

Carbone..................	39,94
Hydrogène...............	5,04
Oxygène.................	48,72
Azote..................	1,74
Acide carbonique.........	1,43
— sulfurique..........	0,08
— phosphorique........	0,15
Chlore.................	0,07
Chaux.................	1,90
Magnésie..............	0,22
Potasse...............	0,34
Soude.................	0,03
Silice................	0,30
Fer et alumine...........	0,04
	100,00

Selon Gueymard, les semences desséchées sont ainsi composées :

Acide phosphorique........	34,96
Chaux.................	26,63
Potasse...............	21,67
Silice................	14,04
Magnésie..............	1,00
Peroxyde de fer..........	0,77
Soude.................	0,66
Sulfate de chaux.........	0,18
Chlorure de sodium........	0,09
	100,00

M. Boussingault a constaté que les graines de chanvre contenaient 2,60 pour 100 d'azote.

La substance résineuse qu'on observe sur les parties vertes du chanvre est produite par des glandes qui existent sur les tiges et les feuilles.

Terrain.

NATURE. — Le chanvre doit être cultivé sur des terres argilo-calaires, argilo-siliceuses, riches, profondes, fraîches et faciles à diviser. Il réussit très bien sur les alluvions fertiles, plutôt siliceuses ou légères qu'argileuses ou compactes. Le plus ordinairement on le cultive dans les vallées recouvertes d'alluvions sablonneuses et riches, sur les étangs desséchés, les marais égouttés, les terrains situés le long des rivières ou des fleuves, et après défrichement de prairies naturelles ou artificielles.

Les bonnes terres à chanvre, dans la vallée de la Loire, ont la composition suivante :

Sable siliceux.............	42
Sable calcaire.............	11
Carbonate de chaux.........	19
Alumine...................	21
Débris végétaux...........	7
	100

Ces terres sont généralement riches en potasse et en azote.

Les terres alluvionnelles de la Garonne, de l'Isère, du Rhin, comme celles de la Limagne, sont très favorables à la culture du chanvre.

Les *terres à chanvre*, dans le Bolonais (Italie), contiennent 72 pour 100 de silice, 14 pour 100 de carbonate de chaux et 5 pour 100 de sels alcalins. Le sous-sol sur lequel elles reposent renferme 85 pour 100 de silice.

Les sols argileux, les terrains froids et humides, les terres pauvres et celles que les pluies battent facilement, sont peu favorables à cette plante textile.

En général, le chanvre qui végète sur des terres compactes ou argileuses produit des fibres plus longues, plus fortes et plus larges. Les terres franches des vallées, les alluvions qui ont peu de consistance fournissent des tiges qui ont des fibres moins longues, moins fortes, mais plus fines et plus belles en qualité.

En résumé, la complète réussite de cette plante textile dans les vallées de la Loire, du Grésivaudan et du Rhin tient à deux causes : 1° au sol qui est sablo-argileux, profond et fertile ; 2° à la température de l'air qui est élevée dans ces vallées depuis le mois de juin jusqu'à la fin de l'été.

Les terres propres à la culture du chanvre, ou aux *chanvrières* ou aux *chènevières*, ont une très grande valeur foncière. Dans le Tarn, on les vend de 6.000 à 7.000 francs l'hectare. Dans l'Anjou, elles se louent jusqu'à 400 et même 450 francs l'hectare.

PRÉPARATION. — Le chanvre demande un sol propre et bien préparé.

Quand la chènevière n'a pas une grande étendue, on la prépare à l'aide de la *bêche*, ou de la *houe pleine*, ou de la *houe fourchue*. Alors, on donne à la terre un ou deux labours, suivant sa nature et sa propreté.

La grande culture prépare les terres qu'elle consacre à la culture du chanvre au moyen de la charrue et de la herse. Ici, elle donne trois labours : le premier en novembre ou décembre, le second en février ou mars, et le troisième à la fin d'avril ou au commencement de mai. Ailleurs, comme dans le Dauphiné et l'Alsace, elle en exécute cinq, et quelquefois six. Plus loin, elle fait exécuter un *pelversage* en hiver et termine la préparation du sol en mars ou avril par un labour suivi de hersages et quelquefois aussi de roulages. Quoi qu'il en soit, dans toutes les localités où la culture du chanvre est pratiquée en grand chaque année, on prépare très bien les terres, afin qu'elles soient très meubles au moment de la semaille. Le plus ordinairement, on termine leur préparation par des hersages ou râtelages, qu'on répète jusqu'à deux et même trois fois sur le même champ.

Généralement on laboure les terres à plat, et on les divise en planches de 2 à 4 mètres de largeur, séparées les unes des autres par un sentier. C'est par exception qu'on les laboure en billons de 2 ou de 4 raies ou bandes de terre. Dans la vallée de l'Authion, les terres sont disposées en billons, mais avant de les ensemencer on les roule, ce qui leur donne l'aspect qu'elles présenteraient si elles eussent été labourées à plat.

Dans le Bolonais, on déchaume en juillet, on fume et on laboure en août et on sème des fèves qui sont enfouies en novembre ou décembre en opérant un labour de défoncement. Quelquefois on associe le colza aux fèves.

Fertilisation.

Le chanvre est épuisant et ne donne de bons produits que lorsqu'il végète sur des sols riches ou bien fumés. En effet, sous toutes les latitudes, la vigueur de sa végétation est toujours en raison directe de la fertilité de la couche arable.

La promptitude avec laquelle il accomplit ses phases d'existence rend nécessaire l'emploi des engrais qui agissent promptement, comme la colombine, la poudrette, le sang desséché, le purin ou les vidanges. On peut, à défaut de ces engrais si remarquables par leur grande solubilité, appliquer des fumiers consommés ou à demi-décomposés. On doit éviter d'employer des fumiers pailleux, des cornes, etc., parce que ces engrais agissent trop lentement. Le goëmon remplace très avantageusement le fumier.

Quand on est forcé de fertiliser les chènevières avec des fumiers frais et pailleux, il faut conduire ces engrais le plus tôt possible sur le premier labour et les enfouir pendant le mois de février.

Le chanvre, suivant M. de Gasparin, n'est pas plus épuisant que le lin. D'après les chiffres qu'il a indiqués, on doit appliquer 12.650 kilogr. de fumier normal par chaque 100 kilogr. de filasse qu'on espère récolter. Ainsi, une chènevière d'un hectare d'étendue, qui produirait 1.000 kilogr. de filasse, devrait être fumée avec 126.000 kilogr. de fumier. Cette donnée est tout à fait théorique.

La pratique applique les fumures suivantes :

Alsace. ...	48.000 kil. de fumier, soit	6.000 par 100 kil. de filasse.			
Flandre...	40.000	—	—	6.000	—	—
Dauphiné..	50.000	—	—	7.000	—	—
Anjou.....	30.000	—	—	5.000	—	—

La quantité de fumier à répandre par hectare et par 100 kilogr. de filasse varie donc entre 5.000 et 7.000 kilogr. Ces chiffres sont plus vrais que les 1.500 kilogr. de fumier que le chanvre absorberait, suivant Crud, par chaque 100 kilogrammes de filasse.

Les chènevières, dans le Bolonais, sont aussi fertilisées avec du fumier ou des plumes de dindons ou des rognures de cornes. Ces derniers engrais sont appliqués, après avoir été divisés, à la dose de 400 kilogr. par hectare. Les plumes sont toujours le complément d'une demi-fumure composée de fumier d'étable.

Dans le département des Côtes-du-Nord, où les terres contiennent très peu de calcaire, on répand 10 hectolitres de cendres par hectare avant la semaille. Dans le pays de Waes et en Suisse, on remplace ces cendres par un arrosage de purin ou de vidanges.

Au Japon, on sème le chanvre en avril, on le fume une fois, quand il commence à végéter, et on l'arrache en septembre ou octobre.

Semailles.

ÉPOQUE. — Il est difficile d'indiquer d'une manière précise l'époque à laquelle on doit exécuter les semis. Cette époque varie suivant la nature des terres et surtout selon les latitudes ou les climats.

Ordinairement, en Europe, on sème le chanvre depuis le mois d'avril jusqu'à la fin de juin. C'est pendant la première quinzaine de mai, après une légère pluie, qu'on opère les semis dans le centre, l'ouest et le nord de la France, lorsque la température a atteint 12 degrés en moyenne, c'est-à-dire lorsque le soleil a échauffé la couche arable et qu'on n'a plus à craindre des gelées printanières.

Dans les parties méridionales, on les exécute pendant la première ou la seconde quinzaine d'avril. En Algérie, on les fait en mars et au Brésil de juillet à septembre.

Les semis, dans le Bolonais, sont exécutés vers la mi-mars. C'est par exception qu'on les opère en février.

En général, les semis sont plus hâtifs dans les terres légères et les vallées, et plus tardifs sur les terres froides et sur les lieux élevés.

QUALITÉ DES SEMENCES. — Les bonnes graines de chanvre sont grises, rayées de noirâtre, lourdes, lisses et brillantes. Les semences brunes ou blanchâtres ou verdâtres, légères et sans marbrures prononcées, germent difficilement.

Un hectolitre contient 4.500.000 graines.

Les graines doivent être de la dernière récolte, ou n'avoir pas plus de deux années d'existence.

QUANTITÉ DE GRAINES A RÉPANDRE. — La quantité de semences qu'il faut projeter par hectare varie suivant la qualité de la filasse qu'on veut obtenir.

Les chènevières destinées à produire du chanvre auquel

on demande une filasse longue, fine, douce, exigent plus de graines que celles qui doivent produire des tiges destinées à fournir une filasse résistante, mais plus grossière.

Plus les semis sont clairs, plus le chanvre se dévoloppe et se ramifie; plus ils sont épais, plus les tiges qu'on récolte sont minces et allongées.

Le chanvre, dans les sols secs et légers, fournit moins de filasse, mais davantage de graines; dans les terres fraîches et fertiles, il produit moins de semences, mais une plus forte proportion de filasse.

En général, les sols fertiles exigent moins de graines que les sols pauvres.

Voici les quantités moyennes qu'on répand habituellement par hectare :

Anjou, vallée de l'Authion.........	150 à 200 litres.
Isère, dans le Grésivaudan.........	100 à 120 —
Flandre......................	220 à 230 —
Haute-Garonne.	250 à 300 —
Tarn.	400 à 500 —

Dans l'Anjou, le chanvre destiné à produire de la *filasse de filature* est semé à raison de 300 litres par hectare. Ainsi cultivé, on compte environ 200 pieds mâles ou femelles par mètre carré.

En moyenne, on répand, en France, de 200 à 250 litres par hectare. Dans le Bolonais, on est dans l'usage, comme le sol est fertile et frais, de ne semer que 125 à 150 litres sur la même superficie.

Les chènevières destinées à fournir une filasse fine et soyeuse doivent présenter de 200 à 250 pieds de chanvre par mètre carré. Les chènevières auxquelles on demande une filasse abondante et grossière n'en offrent sur la même étendue que 100 à 150. Dans le premier cas, les plantes sont éloignées les unes des autres de 6 à 7 centimètres; dans le second, elles sont espacées de 7 à 10 centimètres. Dans la vallée de l'Authion (Anjou), on récolte de 100 à 140 pieds de chanvre par mètre carré.

Exécution. — On répand les graines de chanvre avec la main et à la volée. Cette opération présente des difficultés à cause de la légèreté de la semence. On doit en confier l'exécution à un ouvrier habile, afin que la semence soit uniformément répartie sur toute l'étendue de la chènevière.

Dans l'Anjou, on sème souvent le chanvre dans des rayons très rapprochés les uns des autres et ayant de 3 à 4 centimètres de profondeur. C'est très exceptionnellement qu'on exécute les semis à l'aide d'un semoir.

Il est utile de choisir un temps couvert, afin de rendre aussi prompte que possible la germination des graines. Quelquefois on profite des pluies chaudes qui tombent pendant les mois de mai et de juin. Enfin, il est essentiel d'opérer quand l'air est calme, pour que la graine ne soit pas entraînée çà et là par le vent.

Recouvrement des graines.

La graine doit être enterrée avec soin. On opère tantôt avec le râteau, tantôt au moyen de la herse. Dans ce dernier cas, on herse le champ deux fois : en long et en travers. Dans quelques cantons du Dauphiné, on exécute cette opération à l'aide de la charrue.

Ordinairement, on couvre les semences de 3 à 5 centimètres de terre. Il faut éviter de les placer à une plus grande profondeur dans les sols argileux, car elles y sont sujettes à pourrir quand la température se refroidit après l'exécution de la semaille.

Il faut huit à dix journées de femmes pour couvrir la graine de chanvre avec le râteau sur la surface d'un hectare.

Travaux qui suivent la semaille.

Paillage. — Les agriculteurs qui cultivent le chanvre sur une faible étendue et sur des terres légères et faciles à se dessécher, font répandre des débris de paille ou de fumier sur toute la surface de leurs chènevières. Cette couverture protège le sol des rayons du soleil, de la pluie et des oiseaux, et la terre conserve une fraîcheur qui hâte la germination des graines.

Épouvantails. — Les pigeons, les tourterelles, les grives, les poules, etc., sont avides des graines de chanvre. Quand les chènevières sont abandonnées après les semailles, ces oiseaux y causent souvent de très grands dégâts. C'est pour éviter ces dommages qu'on place çà et là, sur les champs ensemencés en chanvre, des épouvantails : moulins, bonshommes de paille, morceaux d'étoffes blanches et rouges, fixés à des ficelles soutenues à l'aide de baguettes implantées dans des directions diverses.

Quelquefois on renonce aux épouvantails, et on fait surveiller les chènevières par des enfants ou des femmes qui agitent des grelots, des clochettes ou des crécelles, depuis le lever jusqu'au coucher du soleil. On cesse cette surveillance lorsque les graines sont presque toutes levées.

Ratelage ou roulage. — Dans les contrées où les terres consacrées à la culture du chanvre se prennent en croûte après les semailles, parce qu'il survient après celles-ci des pluies battantes et ensuite des vents desséchants, on facilite la germination des graines en brisant cette croûte au moyen du râteau. Ce râtelage, appelé *décitrage* dans l'Anjou, constitue une opération difficile. Il faut agir avec précaution pour ne pas détruire les germes, qui sont délicats et fragiles.

Dans le Bolonais, quand on constate, quelques jours

après le semis, que la superficie du sol a été durcie par l'action simultanée de la pluie et du soleil, on brise la croûte qu'il présente à l'aide d'un petit rouleau à pointes. Cet instrument est traîné par un ouvrier.

Germination des graines. — La graine du chanvre germe ordinairement du cinquième au septième jour, quand il survient après la semaille un temps à la fois chaud et humide.

En germant, elle donne naissance à deux cotylédons ovales, entiers, ayant une belle couleur verte.

Soins d'entretien.

Sarclage. — Le chanvre, par sa vigueur et la rapidité avec laquelle il végète, se défend bien, dans les circonstances ordinaires, de l'envahissement des mauvaises herbes. Toutefois, dans les sols peu fertiles et les printemps secs, et sur les terres qui laissent à désirer quant à leur préparation et à leur propreté, on est souvent forcé de lui donner un ou deux sarclages. Ces opérations se font à la main et elles ont pour but l'enlèvement de la *ravenelle* ou *russe* (Raphanus raphanistrum, L.), de la *moutarde sauvage* (Sinapis arvensis, L.), de la *prêle des champs* ou *queue de rat* (Equisetum arvense, L.), de la *romberge* ou *mercuriale annuelle* (Mercurialis annua, L.). On commence le premier sarclage lorsque les plantes ont de 3 à 4 feuilles. Le second s'exécute, s'il est nécessaire, avant que le chanvre ait atteint 30 à 40 centimètres de hauteur.

Binage. — Dans quelques contrées, on remplace le deuxième sarclage par un binage exécuté à l'aide d'une espèce de serfouette ou au moyen de houes pleines à lame très étroite.

Éclaircissage. — Lorsque les semis sont trop épais, on les éclaircit en arrachant à la main les plantes superflues ou en les détruisant avec une petite binette. Cet éclaircissage se fait plus ou moins sévèrement, suivant la nature et la fertilité du terrain et la qualité de la filasse qu'on veut obtenir.

ARROSAGE. — Dans les sols secs et dans les contrées méridionales de l'Europe, on arrose les chènevières toutes les fois qu'on peut disposer d'un filet d'eau. Cet arrosement se fait par infiltration. On l'opère tous les huit ou quinze jours, au moyen des sentiers que l'on a creusés à 15 ou 20 centimètres aussitôt après la semaille. On doit cesser tout arrosage quinze à vingt jours avant l'épanouissement des fleurs mâles et des fleurs femelles, afin de ne pas amoindrir la force des fibres.

Plantes, animaux et insectes nuisibles.

Deux plantes indigènes parasites nuisent au développement du chanvre : la *cuscute* ou *teigne* (CUSCUTA EUROPŒA, L.) et l'*orobanche rameuse* (OROBANCHE RAMOSA).

La première se fixe sur l'écorce au moyen de petits suçoirs et se développe aux dépens de la tige. On doit l'arracher avec soin avant l'épanouissement de ses fleurs et la brûler. Cette plante parasite se développe rapidement et cause souvent de grands dommages dans les chènevières.

La seconde, que les botanistes ont aussi appelée PHELIPEA RAMOSA, produit des fleurs bleues ou bleu pourpré disposées en épis et vit sur la racine du chanvre. Les graines qu'elle fournit conservent longtemps en terre leur faculté germinative. On doit l'arracher avant la maturité des graines et la brûler avec soin. Les dégâts qu'elle cause dans les cultures de chanvre sont parfois considérables.

Les *rats*, les *mulots* et les *campagnols* sont avides des semences de chanvre. Aussi est-il utile de surveiller les chènevières après les semailles et de prendre toutes les mesures possibles pour les détruire ou les obliger à fuir.

Les *limaces* ou *loches* détruisent beaucoup de jeunes plantes, quand elles sont nombreuses dans les chènevières, après la levée des graines, et lorsqu'une température à la fois chaude et humide les favorise. On prévient en partie les dégâts qu'elles causent en projetant sur les jeunes plantes, le matin à la rosée, de la poudre de chaux vive.

Roberjot a décrit pour la première fois, en 1796, un insecte, la *pyrale du chanvre* ou *cayotte*, qu'il avait observée sur des chènevières dans les environs de Mâcon. Cette pyrale a été signalée de nouveau par P. Ré, en 1805 et 1806. A cette époque, cet insecte fit de grands ravages en Italie. Jusqu'à ce jour, on n'a point encore fait connaître comment on peut le détruire ; il s'introduit à l'intérieur de la tige du chanvre.

La pyrale du chanvre attaque de temps à autre les chanvres dans la vallée de la Garonne.

Agents atmosphériques nuisibles.

Le chanvre redoute les fortes chaleurs et les *grandes sécheresses*, parce qu'elles suspendent sa végétation et le font périr. Il craint aussi les *vents violents* qui brisent ses tiges et ses ramifications. C'est pourquoi, dans la Franche-Comté, on le cultive de préférence à l'abri des haies. Les *vents du Sud-Est* dessèchent presque toujours ses extrémités. Enfin, les *pluies d'orage* et la *grêle* le couchent ou lui font perdre une grande partie de sa valeur commerciale, lorsqu'elles agissent sur les chènevières à une époque tardive.

Observons encore que le chanvre peu développé résiste mal aux inondations. La plupart des chanvres semés au mois de mai, en 1856, ont été détruits par les débordements qui ont causé tant de désastres, dans les premiers jours de juin, dans la vallée de la Loire, depuis Blois jusqu'à Angers.

Récolte des tiges.

CARACTÈRES DE LA MATURITÉ. — On arrache le chanvre aussitôt que les fleurs mâles ou femelles sont fanées. Alors la cime des plantes commence à jaunir et leur base prend une teinte un peu blanc-verdâtre.

Lorsqu'on arrache les pieds avant leur maturité, la filasse est plus blonde et plus douce, mais moins résistante.

Quand le chanvre mâle ou femelle est trop mûr, la filasse a moins de qualité, parce que les fibres ont moins de résistance, et souvent elle présente des couleurs variées.

Enfin, les pieds trop avancés en maturité prennent une teinte noire ; ceux au contraire qui ont été arrachés en temps opportun présentent, après leur dessiccation, une coloration qui rappelle un peu la couleur de la paille de seigle arrachée prématurément.

ÉPOQUE. — On arrache ordinairement le chanvre douze ou quatorze semaines après la semaille.

Le *chanvre mâle*, qui mûrit partout le premier, se récolte vers la fin de juillet ou pendant la première quinzaine d'août.

L'arrachage du *chanvre femelle* a lieu 15, 20 ou 25 jours après l'enlèvement du chanvre mâle, c'est-à-dire vers la fin d'août ou pendant la première quinzaine de septembre, quand la graine est presque mûre (fig. 12).

On a proposé d'imiter les agriculteurs de plusieurs contrées de l'Est et de l'Ouest et d'arracher au même moment et le chanvre mâle et le chanvre femelle. Ce procédé rend la récolte des tiges plus facile, mais il ne permet pas d'obtenir une filasse uniforme.

ARRACHAGE DES PIEDS MALES. — Lorsque le pollen tombe en abondance, on s'occupe de la récolte des pieds mâles, qu'on appelle encore bien à tort *pieds femelles*.

Fig. 12. — Récolte du chanvre femelle sur les bords du Rhin.

Cette opération se fait de plusieurs manières :

1° Quelquefois les ouvriers parcourent les sentiers qui séparent les planches et arrachent les pieds brin à brin, en ayant soin d'agir avec précaution pour ne pas endommager les pieds femelles. De temps à autre, ils frappent les tiges contre leurs sabots pour détacher la terre qui adhère aux racines.

2° Lorsque le chanvre est vigoureux, sa grande fixité dans le sol oblige, si on opère par un temps sec et sur une terre un peu argileuse, de le couper rez terre à l'aide d'une faucille ou d'une petite serpe. Cette manière d'opérer force le cultivateur à n'employer que des ouvriers intelligents et habitués à manier la serpe.

Arrachage des pieds femelles. — On procède à l'enlèvement des pieds femelles lorsque les graines des premières fleurs ont pris une teinte gris-brun, ou quand les feuilles commencent à jaunir et à tomber.

Cette seconde récolte est plus facile à exécuter, parce que l'arrachage ou la coupe se fait en plein et par poignées.

Lorsqu'on arrache le chanvre femelle, on saisit une poignée de 8 à 12 ou 15 tiges, selon la fraîcheur ou la dureté du sol ou la force du chanvre, et on la déracine sans secousse, afin de ne pas faciliter la chute des graines mûres.

Ordinairement les pieds femelles sont toujours moins nombreux que les pieds mâles.

Mise des tiges en bottes. — Au fur et à mesure que l'on opère la récolte des tiges mâles ou femelles, on réunit les poignées en petites bottes, qu'on dresse sur le sol après les avoir écartées du pied. Ces bottes sont liées avec un lien de paille de seigle ; elles ont de 50 centimètres à 1 mètre de circonférence.

Toutes ces opérations se succèdent rapidement et excitent les travailleurs. Quiconque est témoin d'une telle récolte est heureux de constater avec quelle ardeur chacun accomplit sa tâche.

Dans quelques contrées, on laisse les tiges en javelles étendues sur le champ pendant un jour ou deux, après quoi on les réunit en bottes qu'on dresse en faisceaux. Le javelage du chanvre n'est utile que lorsque l'arrachage a été pratiqué très prématurément et par un beau temps.

Les ouvriers doivent, pendant l'arrachage, séparer les pieds qui ont été étiolés et qu'on nomme *triards* et les tiges brisées, auxquelles on donne le nom d'*écobuts*.

Un ouvrier habile arrache par jour, dans la vallée de la Loire, de 6 à 7 ares de chanvre mâle.

En général, il faut de 25 à 30 journées d'hommes ou de femmes, pour arracher complètement un hectare de chanvre.

Récolte des graines.

Le chanvre a une tendance continuelle à dégénérer, à s'abâtardir; le cultivateur doit donc ne récolter des graines que sur des pieds vigoureux qui ont pu mûrir complètement et isolés les uns des autres. On obtient ordinairement de bonnes graines dans l'Anjou; aussi est-ce de cette ancienne province que le Dauphiné fait venir une partie des semences qu'il emploie chaque année.

Les pieds destinés à fournir des semences doivent végéter éloignés les uns des autres. C'est en semant très clair qu'on arrive à récolter des graines de belle qualité et qu'on retarde la dégénérescence du chanvre de Piémont.

Tout agriculteur alsacien qui veut obtenir des belles semences, sème çà et là du chanvre autour des champs occupés par la pomme de terre, le tabac et la betterave. Lorsque les pieds ont 20 à 30 centimètres de hauteur, on les éclaircit, si cela est nécessaire, afin qu'ils soient espacés de $1^m,50$ à 2 mètres et qu'ils puissent bien se ramifier. Soumis sans cesse à l'action de la lumière, de l'air et de la chaleur, les pieds femelles sont facilement fécondés et ils produisent des semences de très belle qualité.

Dans l'Anjou, les graines de chanvre qu'on importe du Piémont sont semées très clair. Les semences que produisent les pieds qui en proviennent constituent le chènevis appelé *fils de Piémont*.

Lorsqu'on demande au chanvre femelle et de la filasse et de la graine, on dispose quelquefois les tiges, après l'arrachage, d'une manière particulière. Ainsi, on creuse çà et là sur la chènevière des fosses profondes de 33 centimètres, dans lesquelles on réunit les poignées en plaçant les tiges la tête en bas, pour que les graines achèvent de mûrir et qu'elles ne soient pas dévastées par les oiseaux. On a soin de bien presser les poignées les unes contre les autres, de relever ensuite la terre autour des faisceaux pour que les extrémités des tiges soient privées d'air, et de réunir toutes les poignées avec un lien de paille. On laisse ainsi le chanvre pendant un certain temps. Dans le Languedoc, on l'abandonne dans cet état pendant 5 à 6 jours; en Flandre, où le sol et l'atmosphère sont plus humides, où l'on a à craindre que les graines s'échauffent ou pourrissent, on le retire au bout de 48 à 72 heures, lorsque les feuilles sont en partie tombées.

ÉGRENAGE DES PIEDS FEMELLES. — Quand les pieds femelles sont secs et les graines mûres, on sépare celles-ci des tiges. Cet égrenage se fait suivant divers procédés, selon les localités :

1° Dans quelques contrées, on bat les tiges en les frappant légèrement sur un *tonneau,* une *échelle* ou une *truie.*

2° Ailleurs, on les bat sur un drap ou une bâche, avec un *fléau* ayant une batte légère ou à l'aide d'une *gaule* flexible, afin de ne pas écraser les graines.

3° Dans d'autres localités, on engage les tiges dans un

fort *séran* ou *égrugeoir*; ce peignage n'est pas aussi expéditif que le battage.

4° Dans quelques contrées, on engage une poignée de tiges à travers une grande pince en bois. Cette manière d'égrainer le chanvre est appelée *érussage*.

5° Enfin, parfois on saisit deux poignées, une dans chaque main, et on frappe leurs extrémités l'une contre l'autre sur une grande toile ou dans un grand cuvier.

NETTOIEMENT DES SEMENCES. — Lorsque l'égrenage est terminé, on expose les graines au soleil sur des draps ou sur des bâches, pour qu'elles sèchent promptement. Quand elles sont sèches, on les crible, on les vanne et on les rentre dans un grenier, dans lequel les rats et les souris n'ont pas accès.

CONSERVATION DES GRAINES. — Les semences de chanvre doivent être déposées dans un local sain et aéré, afin qu'elles ne moisissent pas et pour qu'elles conservent leur aspect brillant. Pendant les premières semaines qui suivent la récolte, on les remue de temps à autre pour éviter qu'elles s'échauffent.

Le cultivateur a intérêt à vendre ces graines le plus tôt possible, parce qu'elles subissent de mois en mois un déchet assez considérable.

POIDS DE L'HECTOLITRE. — Un hectolitre de graines de chanvre de bonne qualité pèse de 50 à 52 kilogrammes.

Opérations qui suivent l'arrachage des tiges.

SÉCHAGE. — Ordinairement, après l'arrachage, on laisse les pieds mâles ou femelles en bottes et en faisceaux dressés sur le sol pour qu'ils puissent bien sécher. Mais cette dessiccation est-elle utile? Duhamel lui refuse l'avantage qu'on lui attribue, celui de rendre le rouissage plus facile et plus prompt, et il recommande de rouir les tiges aussitôt après qu'elles ont été arrachées, si on veut avoir de la filasse blonde. Ce conseil n'a été accepté que par les agriculteurs de l'Anjou. En Flandre, on laisse le chanvre en tas ou *monts* de 10 à 12 bottes recouverts de chapeaux de paille pendant 3 à 4 semaines; les poignées ne restent que 3 à 5 jours exposées à l'action de l'air et de la chaleur.

Cet abandon du chanvre à lui-même, pendant plusieurs jours ou plusieurs semaines, a pour but principal le séchage des tiges; et il est indispensable de l'adopter si le chanvre doit être emmagasiné dans une grange, le rouissage ne devant être pratiqué qu'au printemps suivant.

Dans quelques localités, on fait sécher le chanvre en l'appuyant contre une perche horizontale soutenue par deux pieux, à une hauteur de 75 centimètres à 1 mètre au-dessus du sol (fig. 13). Ce procédé a l'avantage de hâter la dessic-

Fig. 13. — Chanvre mis à sécher.

cation du chanvre, en permettant à l'air d'agir sur tous les brins.

Les feuilles se détachent facilement quand on récolte le chanvre en temps utile.

ASSORTIMENT DES TIGES. — Dès que les tiges sont sèches, on procède à leur assortiment, opération encore peu répandue mais fort utile, puisqu'elle permet d'obtenir des filasses plus régulières. Ainsi, on réunit ensemble toutes les tiges fortes, toutes les tiges de moyenne grosseur et toutes les tiges fines. On a alors trois qualités de chanvre. Pendant ce triage, on sépare les pieds morts, altérés ou noircis.

Cet assortiment se fait aisément : on appuie une poignée de chanvre contre un mur ou une haie ou on l'étend sur le sol ; alors on enlève brin à brin d'abord les grandes tiges et ensuite les tiges moyennes. Les tiges qui restent sur la terre sont les tiges courtes ; on les met en bottes à part, à l'aide de liens de paille. Ces bottes sont plus ou moins grosses, selon la force des ouvriers qui doivent les porter.

On a intérêt à exécuter cette opération parce que le chanvre femelle rouit plus tôt que le chanvre mâle, les grosses tiges plus tôt que les petites, les tiges longues plus tôt que les tiges courtes, le chanvre nouvellement arraché plus facilement que le chanvre sec, celui qui a végété serré dans un sol un peu ombragé plus aisément que le chanvre qui a été semé un peu clair et qui a végété en plein soleil.

DIVISION DES TIGES. — Lorsque les pieds de chanvre ont 3, 4 ou 5 mètres de longueur, on les divise avec une serpe en deux ou trois parties. Cette opération rend le rouissage plus facile et elle permet de réunir toutes les parties inférieures, les parties médianes et les extrémités des tiges.

ENLÈVEMENT DES RACINES. — Aussitôt que le triage des tiges est terminé ou avant qu'il soit exécuté, on procède à l'enlèvement des racines que présentent les pieds qui ont été arrachés. On exécute cette importante opération au moyen d'une serpe et d'un billot, ou d'une hache et d'un madrier. On met ensuite les tiges en bottes.

Les racines, une fois séparées des tiges, sont rapportées à la ferme et déposées sous un hangar. On les emploie comme combustible.

Quand les tiges du chanvre ayant une grande élévation ont été coupées à 5 ou 10 centimètres au-dessus du sol, on arrache les racines pendant le rouissage. Ces tronçons, une fois secs, sont aussi utilisés comme combustible.

Rouissage.

Le rouissage a pour but de faire dissoudre, sous l'influence de la fermentation, le principe gommo-azoté ou gommo-résineux qui enveloppe ou agglutine les fibres, et de rendre la chènevotte cassante, afin de pouvoir aisément la séparer de la filasse.

Cette opération se pratique de diverses manières : à l'eau ordinaire, à la rosée et à l'eau chaude.

Rouissage a l'eau. — Le rouissage à l'eau se fait soit à eau dormante, soit à eau courante. On doit choisir autant que possible une eau qui dissout le savon.

Le *rouissage à eau dormante* ou *stagnante* est très connu en France. On le considère comme inférieur au rouissage à eau vive. En effet, tous les chanvres que l'on rouit dans une eau dormante ne fournissent que des filasses jaune-brunâtre, ayant par conséquent une couleur peu favorable; en outre, ils rouissent plus irrégulièrement et donnent plus de déchet.

Le *rouissage à eau courante* est principalement pratiqué dans la vallée de la Loire, sur les bords du Rhin (fig. 14) et de l'Ill. Le chanvre que l'on rouit ainsi donne toujours une filasse plus blonde, plus blanc-jaunâtre et plus nerveuse, et ses déchets sont bien moins considérables. Les chanvres de l'Anjou et de la Sarthe doivent leurs belles qualités et surtout leurs couleurs si agréables aux eaux courantes dans lesquelles on les fait rouir.

La *qualité des eaux courantes* a autant d'importance que leur renouvellement. Ainsi, il ne suffit pas que l'eau soit belle, limpide comme l'eau de la Loire, du Rhin, etc., il faut aussi qu'elle soit douce et qu'elle puisse dissoudre le

Fig. 14. — Rouissage du chanvre.

savon. Enfin, il est nécessaire que leur température ne soit pas au-dessous de la température de l'air ambiant.

Malheureusement on n'est pas toujours à même de choisir les lieux où l'on peut opérer le rouissage. Dans bien des cas, on l'exécute où l'on peut, à 100 mètres, 1.000 mètres et quelquefois même à 2 et à 3 kilomètres de l'exploitation.

Le rouissage à eau dormante (fig. 15) dans les bons routoirs qu'on alimente à volonté, fournit des filasses qui sont ordinairement grises ou brunes, mais qui donnent des fils ou des toiles qui blanchissent facilement quand on les expose pendant un certain temps à l'action simultanée de la rosée, de la chaleur et de la lumière ; ces filasses sont toujours plus ou moins douces au toucher.

Les *routoirs à eau dormante* ne sont autres, le plus ordinairement, qu'un trou rempli d'eau ou une mare ayant un ou deux mètres de profondeur. De là, ces émanations infectes ou insalubres, qui ont fait de tout temps regarder ce mode de rouissage comme nuisible à l'existence humaine.

PRATIQUE DU ROUISSAGE A L'EAU. — Lorsqu'on rouit le chanvre à *eau stagnante*, un ouvrier se met dans le routoir, reçoit d'un aide les poignées ou bottes et les place horizontalement les unes à côté des autres, par lits successifs. Quand le routoir est plein ou lorsque tout le chanvre a été ainsi placé, il charge les bottes de madriers ou de planches sur lesquelles il met des pierres. Ce chargement est nécessaire pour que les tiges soient bien au-dessous de l'eau, mais c'est commettre une faute que de remplacer ces pierres par des gazons qui perdent successivement de leurs poids et qui troublent l'eau et altèrent la couleur des fils par la terre qui s'en détache. Ces travaux terminés, on abandonne ensuite le chanvre

Les feuilles qui sont encore adhérentes aux tiges corrompent l'eau et la brunissent.

Le rouissage à eau dormante est plus rapide que le rouissage à eau courante.

Le *rouissage à eau courante* est moins simple, parce

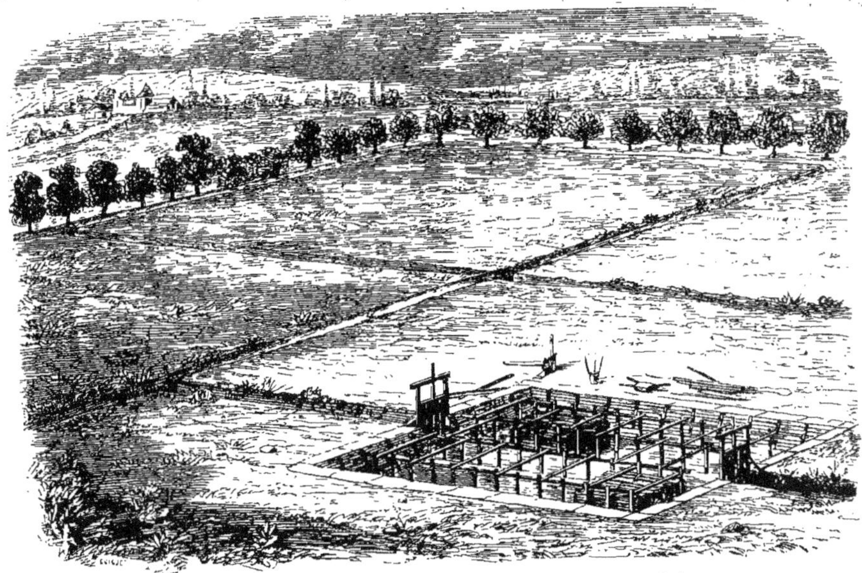

Fig. 15. — Routoir à eau dormante en usage dans le Bolonais (Italie.)

qu'il est utile de garantir les bottes par des travaux particuliers de l'action des courants ou des crues subites.

On doit choisir de préférence les rives d'un accès facile, les plus sablonneuses ou graveleuses, et celles qui sont les moins exposées aux courants, afin que l'eau soit toujours limpide et qu'elle ait une température plus constante, plus régulière.

Quand le lieu a été choisi, on forme, à l'aide de pieux et de fascines ou d'un clayonnage, une enceinte destinée à protéger le chanvre contre les courants. Voici, d'après Leclerc-Thouin, comment on dispose le chanvre dans les routoirs artificiels qu'on établit chaque année sur les rives de la Loire : au fond du fleuve, à 3, 4 ou 5 mètres de distance l'un de l'autre, on enfonce d'abord deux pieux solidement ; le long de ces pieux, on attache horizontalement une perche qui occupe tout l'intervalle existant entre eux et qui est disposée de manière à pouvoir s'enfoncer à mesure qu'on la chargera davantage ; elle flotte d'abord à la surface de l'eau. Outre les deux cordes qui la fixent aux pieux par ses deux extrémités, mais qui sont enroulées de manière qu'on peut les lâcher successivement à mesure que cette perche est poussée plus profondément dans l'eau, il en existe une troisième ayant une destination spéciale. Quand les pieux et les cordes ont été ainsi disposés, on pose les poignées de chanvre les unes à côté des autres sur la perche, en ayant soin de les placer en travers de sa direction ; on en superpose successivement plusieurs couches entre les deux pieux et lorsqu'on a ainsi formé un tas de 100 à 120, on place au-dessus une seconde perche parallèle à la première ; on l'appuie fortement sur le chanvre et on la fixe dans cette position au moyen de trois cordes attachées par leur autre bout, les deux premières aux deux extrémités et la dernière au centre de la perche inférieure ; toutes les poignées forment dès lors une masse compacte que l'on recouvre de paille arrêtée entre les deux pieux, en l'y attachant et en la surchargeant de sable.

Dans le Loir et la Sarthe, les tiges sont placées dans les routoirs suivant une ligne circulaire et dirigées vers le centre.

Le chanvre, en Espagne, est roui à l'eau stagnante.

CARACTÈRES DES CHANVRES ROUIS A L'EAU. — Le rouissage est terminé lorsque la matière gommo-résineuse a été dissoute par l'eau, lorsque la partie verte des tiges a disparu. Alors, si le rouissage a eu lieu dans un routoir à eau stagnante, celle-ci est noirâtre et fétide, et le chanvre a une teinte plus ou moins grise ou foncée. Si on l'a exécuté dans une eau courante et limpide, les tiges présentent une belle couleur blond-jaunâtre. Dans les deux cas, les fibres n'ont pas été altérées et la chènevotte se détache facilement des tiges, si l'on froisse celles-ci entre les mains.

DURÉE DU ROUISSAGE A L'EAU. — La durée du rouissage à l'eau est très variable.

Le chanvre mâle rouit plus tôt que le chanvre femelle : le premier reste dans le routoir de 5 à 10 jours, le second de 8 à 15 jours, selon la température de l'eau. En général, le rouissage dure moins longtemps dans la région méridionale que dans les localités de l'ouest et du nord de la France ; il s'effectue aussi plus promptement dans une eau chaude que dans une eau froide.

L'expérience a aussi permis de constater que le chanvre vert rouit plus tôt que le chanvre jaunâtre, la partie inférieure des tiges plus promptement que la partie supérieure, le chanvre nouvellement récolté moins lentement que le chanvre de la récolte précédente, et les grosses tiges moins facilement que le chanvre fin.

Tout rouisseur doit s'assurer tous les jours, à partir du cinquième jour, de l'état de la macération ou des progrès du rouissage.

Le rouissage est terminé quand, en froissant une tige entre les mains, on constate que toutes les fibres se détachent aisément de la chènevotte.

Il est bien important de retirer les tiges des routoirs en temps opportun. Le chanvre qui a roui trop longtemps est plus difficile à travailler; le chanvre qui n'a pas fermenté suffisamment donne moins de filasse, et les fibres qu'il fournit sont moins nerveuses, moins résistantes.

Les maires, en vertu de l'article 3 de la loi du 24 août 1790, ont le droit d'interdire le rouissage dans les rivières, les étangs et les mares qui avoisinent les habitations, dans l'intérêt de la salubrité publique.

Le décret du 15 octobre 1810 et l'ordonnance du 14 janvier 1816 rangent les routoirs dans la première classe des établissements insalubres.

Opération complémentaire du rouissage à l'eau.

LAVAGE. — Lorsque le rouissage est complet, on enlève les pierres et le bois qui maintenaient le chanvre à 15 ou 25 centimètres au-dessous du niveau de l'eau, et on le retire en évitant de briser les tiges.

Si le rouissage a eu lieu à eau stagnante, on le lave avec soin dans un cours d'eau ou, à défaut d'eau vive, dans le routoir même.

Le rouissage à eau courante n'oblige pas à faire cette opération, à moins que l'eau soit trouble ou boueuse au moment de l'enlèvement du chanvre.

SÉCHAGE OU HALAGE. — Quand le chanvre a été lavé ou aussitôt qu'il a été retiré du routoir, on dresse les poignées ou les bottes en faisceaux sur un terrain uni ou gazonné ou sur une grève, le long d'un cours d'eau, pour qu'elles s'égouttent. Quelques heures suffisent ordinairement pour qu'elles soient presque sèches.

Alors on délie les bottes et on étend les tiges bien parallèlement sur une terre ayant porté une céréale ou sur une prairie qu'on a fauchée depuis peu de temps. Le lendemain, ou deux jours après, on les retourne ; on répète cette opération le troisième et le cinquième jour. Pour retourner les tiges promptement sans les briser, on se sert d'une petite gaule qu'on passe sous le sommet des tiges.

On peut aussi adosser les tiges en les inclinant légèrement le long d'un mur, d'une habitation, d'une haie ou d'une berge de fossé ; quelquefois on les met en bottes plus ou moins grosses et on dresse celles-ci sur une prairie en écartant leur base.

Lorsque le temps est sec et l'air chaud, trois à quatre jours d'exposition suffisent pour que le chanvre soit bien sec, si on a soin de retourner les tiges une ou deux fois, ou de déplacer le lien des bottes ou des faisceaux. Les pluies, les temps brumeux obligent quelquefois de le laisser étendu ou dressé pendant six ou huit jours. Dans l'Anjou, le chanvre qui doit fournir de la filasse pour cordier reste ordinairement en bottes pendant quatre à cinq jours. Dans les contrées du Midi, on ne l'expose à l'action de l'air et du vent que pendant une nuit, et on le met en tas qu'on couvre de paille aussitôt après le lever du soleil.

Dans quelques localités, on abandonne le chanvre étendu sur un gazon pendant quinze jours ou trois semaines, mais on le retourne tous les jours. La filasse brute qu'on obtient, en agissant ainsi, est plus grise, mais elle est plus fine, plus douce et plus soyeuse. Ce procédé ne peut être suivi que lorsque le temps est beau, car s'il survient des pluies continues, les tiges brunissent et donnent une filasse moins recherchée par le commerce et l'industrie.

Quand les tiges sont bien sèches, on les lie en bottes qu'on rapporte à la ferme pour les déposer dans un endroit sec et à l'abri des rats et des souris.

Rouissage chimique.

On a proposé, il y a un demi-siècle, de remplacer le rouissage à l'eau ordinaire par le rouissage à l'eau chaude et alcaline, parce que l'emploi des alcalis rend la filasse plus blanche, plus fine et plus soyeuse. Ce procédé a été imaginé par Bralle, et voici comment on le met en pratique : on verse dans un large cuvier environ 600 litres d'eau chauffée à 72 ou 75 degrés, et on y fait dissoudre 1 kilogr. de savon vert; on y plonge complètement, pendant 2 heures, 50 kilogr. de chanvre. Au bout de ce temps, on retire les tiges, on les met en tas que l'on couvre au moyen d'un paillasson. Le lendemain, on les étend sur une aire planchéiée et on les roule avec un rouleau pour les aplatir. Après cette opération, on les étend sur un gazon et on les laisse ainsi exposées à l'action de l'air, du soleil et des pluies ou des rosées pendant cinq à sept jours. Au bout de ce temps, on les dresse, et, lorsqu'elles sont sèches, on les rentre dans un magasin.

D'après les expériences faites l'an XIII au Conservatoire des Arts et Métiers, par Molard, Tessier, Monge et Berthollet, 100 kilogr. de chanvre préparés suivant le procédé de Bralle donneraient 25 kilogr. de filasse, c'est-à-dire 10 pour 100 de plus que le chanvre roui à l'eau stagnante ou dormante.

Home a expérimenté ce mode de rouissage. Il l'a reconnu supérieur au rouissage ordinaire.

Le prince de Saint-Séver a proposé de remplacer la méthode de Bralle par le rouissage exécuté dans une lessive de soude rendue caustique par la chaux. Il dit que les chanvres que l'on rouit ainsi donnent une filasse aussi belle et aussi fine que la filasse qu'on obtient en Perse. En 1788, Projet, d'Orléans, avait proposé de rouir le chanvre pendant

48 heures dans une eau rendue alcaline par la soude, la potasse et un peu de chaux vive. D'un autre côté, Calvini a soutenu, en 1780, qu'on pouvait rouir le chanvre en deux heures à l'aide de l'eau bouillante, des cendres et de la chaux.

Ces divers procédés ne sont plus en usage.

Rouissage chinois.

Les Chinois exposent le chanvre pendant plusieurs heures à l'action de la vapeur produite par l'eau bouillante.

Dans une large chaudière, ils placent une cage en bambous de $2^m,50$ de hauteur sur un mètre de diamètre et revêtue intérieurement d'une couche d'argile destinée à contenir la vapeur. Alors ils remplissent cette cage de tiges à rouir et ils ferment sa partie supérieure. Ceci terminé, on élève la température du foyer pour que l'eau contenue dans la chaudière entre en ébullition. Quand la matière gommo-résineuse est dissoute, on retire le chanvre de la cage et on le met à sécher. Puis, on racle son écorce, on bat celle-ci dans le but de l'assouplir et on divise les fibres avec un peigne ou à l'aide des doigts.

Ce procédé ne présente aucun avantage sur le rouissage pratiqué soit à eau courante, soit à eau dormante.

Rouissage à la rosée.

Le rouissage à l'air libre, qu'on désigne souvent sous les noms de *rosage*, *sereinage* et *rorage*, consiste à étendre le chanvre, dès qu'il a été arraché et égrené, sur un terrain engazonné ou sur un chaume de céréales pour l'exposer aux effets des rosées, des pluies et du soleil. On le pratique çà et là dans la plupart des régions de la France. Ce rouissage est le seul qu'on puisse adopter quand la rareté de l'eau ne permet pas de rouir le chanvre dans les cours d'eau, les réservoirs ou les mares. Il a l'avantage de ne développer aucune odeur désagréable.

On doit disposer les tiges de manière qu'elles soient bien parallèles et qu'elles forment une couche mince sur le sol. Dans les contrées où les terres sont labourées en billons, on les place en travers des sillons. Quand on étend le chanvre sur des prairies naturelles, il faut préalablement faucher l'herbe si elle est un peu élevée.

Le chanvre que l'on rouit ainsi prend une teinte foncée, et fournit une filasse grise avec laquelle on fait du fil très fin qui devient très blanc au blanchiment, mais que l'on regarde avec raison comme moins durable.

Ce rouissage est plus long que le rouissage à l'eau.

Torréfaction ou hâlage artificiel.

Avant de broyer ou teiller le chanvre, on le dessèche complètement dans un four ou *hâloir* après la cuisson du pain. Ainsi, une heure ou une heure et demie après avoir retiré le pain, on remplit le four de poignées de chanvre, on le bouche, on le laisse ainsi pendant environ 24 heures. Cette dessiccation doit être faite la veille du jour où l'on procédera au broyage, afin d'exécuter cette opération quand le chanvre est encore chaud ou tiède.

En général, le chanvre séché à l'air libre a plus de souplesse que le chanvre séché au four. Il est moins cassant, plus solide.

Dans diverses localités, on exécute la torréfaction dans des trous creusés dans le sol revêtus de maçonnerie et munis d'une porte ou dans de simples anfractuosités du sol à l'abri des grands vents. Ces fours fonctionnent souvent nuit et jour. Ces hâloirs ont de 2 mètres à 3^m,50 de longueur, 2 mètres à 3^m,50 de profondeur et 2 mètres de largeur. Le chanvre repose sur un grillage au-dessus du foyer.

Macquage ou maillochage.

Quand les tiges du chanvre ont été hâlées, on les écrase sur un billot à l'aide d'un maillet en bois de frêne pesant de 2 à 3 kilogr., afin de rendre le broyage plus facile. Cette opération est pénible et se fait lentement.

Un ouvrier mailloche environ cinq douzaines de poignées par jour.

On opère quelquefois le maillochage au moyen d'une meule en pierre verticale. C'est pour ce motif qu'on désigne cette opération sous le nom de *pilage*.

On a imaginé, en Bohême, un appareil (fig. 16) destiné à remplacer le maillochage, et qui se compose d'une table courbe cannelée et d'un rouleau mobile présentant aussi des cannelures. Deux ouvriers sont nécessaires pour servir ce *brisoir*. L'un met en mouvement le rouleau et lui imprime un mouvement de va-et-vient continuel; l'autre tient le chanvre ou le lin, le retourne et le secoue plusieurs fois, afin de faire tomber la chènevotte.

En Italie, on brise les tiges avec un appareil spécial composé de cinq *battes* attachées aux extrémités de cinq membrures fixées sur un arbre de couche qui est en communication avec un manège. Pour se servir de cet appareil, on place sur le banc légèrement incliné près duquel passent successivement toutes les battes, une forte poignée de tiges bien sèches qu'on avance graduellement afin qu'elles reçoivent l'action des battes sur la moitié environ de leur longueur. La chènevotte, que cette opération détache des tiges, tombe en avant du banc. Lorsque les fibres ont été mises à nu sur la moitié de la longueur des tiges, on enlève la poignée pour soumettre la partie qui n'a pas été préparée à l'action des battes. L'opération est terminée quand toute la chènevotte a été détachée. Alors, on retire la filasse de dessus le banc et on la remplace immédiatement par une nouvelle poignée de tiges brutes.

Fig. 16. — Brisoir mécanique.

Broyage ou échinage.

Le broyage a pour but de séparer la chènevotte des parties textiles. On l'exécute au moyen de la broie (fig. 17).

La broie ou *braie*, appareil très ancien et très répandu, se compose d'un madrier en frêne ayant deux ou trois mortaises séparées par des parois à biseau aigu et supporté par quatre pieds ; elle a de 12 à 15 centimètres au carré, et sa longueur varie entre 1ᵐ,50 à 2 mètres. Le madrier est muni, à l'une de ses extrémités, d'un levier à poignée présentant deux ou trois lames en bois ou couteaux, qui s'en-

Fig. 17. — Broie ou braie.

Fig. 18. — Chanvriers teillant à l'aide de la broie.

gagent dans les mortaises. Le levier est réuni au madrier par une charnière ou à l'aide d'une cheville.

Voici comment on opère le broyage (fig. 18) :

L'aide, qui accompagne deux ou trois ouvriers, retire du four une poignée de chanvre et la donne au chanvrier, qui la saisit par la main gauche ou la main droite; alors ce dernier prend de l'autre main l'extrémité du levier, l'élève, engage la poignée entre cette pièce et le madrier, abaisse le levier, le relève et l'abaisse de nouveau, et ainsi jusqu'à ce que la chènevotte soit entièrement séparée. Lorsque la moitié de la poignée a été ainsi préparée, il saisit la filasse, engage sous le levier la partie qu'il tenait précédemment dans la main et opère comme dans le premier cas. Pendant ces opérations, la chènevotte tombe sous la broie à travers les mortaises.

Le chanvrier termine le broyage de chaque poignée en affinant la filasse à l'aide de petits coups répétés de la mâchoire ou du levier. Pendant cette opération, il doit éviter de brouiller les fibres.

Le broyage est une opération assez pénible, parce que la poussière qui se dégage des tiges de chanvre et qui forme une sorte de nuage dans le local où l'on opère, est irritante et détermine parfois des maladies de poitrine. Aussi est-ce avec raison qu'on a recommandé aux ouvriers broyeurs de se couvrir la figure d'un masque de mousseline ou d'agir sous un hangar ou dans un bâtiment muni de deux ouvertures opposées, afin que le vent puisse entraîner la poussière au dehors.

Une femme peut broyer par jour de 25 à 30 poignées de tiges et préparer de 10 à 15 kilogr. de filasse.

Les poignées de filasse obtenues par les chanvriers opérant avec la broie sont ordinairement données à des femmes pour qu'elles les nettoient avant de les sérancer ou de les disposer en ballots, mode d'emballage qui permet de les livrer directement au commerce.

On remplace aujourd'hui en Italie le travail de la broie par des machines particulières. Ces appareils sont munis de deux ou de quatre cylindres cannelés et placés horizontalement.

La machine à deux cylindres (fig. 19) a un bâti à l'intérieur qui supporte les cylindres. Le cylindre inférieur est fixe ; le cylindre supérieur est mobile, mais il presse sur le précédent par son propre poids et par l'intermédiaire

Fig. 19. — Appareil à deux cylindres pour séparer les fibres.

de deux leviers sur lesquels une forte pierre est située en contre-bas du cylindre fixe.

L'appareil imaginé par Bernagozzi (fig. 20) diffère du précédent en ce que la pierre qui exerce une pression sur le cylindre mobile est placée au sommet de la machine et qu'on peut, à l'aide du levier placé sous le cylindre inférieur, éloigner aisément le rouleau mobile du rouleau fixe.

La filasse qui subit l'action de ces appareils acquiert de

Fig. 20. — Appareil à deux cylindres de Bernagozzi.

la douceur, de la souplesse et elle est entièrement débarrassée de la chènevotte qui y était adhérente.

Il est nécessaire que chaque appareil soit desservi par deux ouvriers. L'un engage la filasse entre les deux cylindres et l'autre reçoit celle-ci pour la remettre au premier ouvrier. La filasse qui a subi plusieurs fois l'action des cylindres est plus ou moins ondulée selon la pression qu'elle a éprouvée.

MM. Renaud et Lotz, de Nantes, ont imaginé un appareil destiné à remplacer le broyage à la main. Cette machine, du prix de 600 francs, prépare de 8 à 10 kilogr. de chanvre ou de lin à l'heure. Elle est plus simple que l'appareil proposé en 1818 par Christian, peut être mise en mouvement par un manège à un cheval et dispense du chauffage au four.

Espadage ou spatulage.

Dans diverses localités, on complète le broyage par une opération particulière à laquelle on a donné les noms d'*espadage, râpage, ribage*. Cette opération rend la filasse plus soyeuse, plus argentée et plus propre à être filée avec le rouet. Elle a pour but de séparer les fibres les unes des autres.

Les ouvriers chargés de l'exécuter sont assis et ont devant eux un tablier de cuir; ils étalent sur leurs genoux le chanvre broyé, et avec un couteau en bois qu'ils tiennent dans la main droite, ils enlèvent la chènevotte qui reste après le broyage et détachent les fibres brisées qui constituent alors ce qu'on appelle les *peignures*.

Une femme peut préparer par jour la filasse provenant de 50 à 60 poignées de chanvre.

Teillage ou tillage.

Dans la basse Bretagne, l'Alsace, la Bourgogne, la Champagne, le Dauphiné, en Espagne, etc., quand on cultive le chanvre sur une faible étendue, on remplace le macquage et le broyage par le *teillage*, opération qui consiste, pendant 'automne et l'hiver, à séparer à la main les fibres de la chènevotte. En Flandre, on ne teille que le chanvre femelle.

Le teillage est simple et facile, mais il a l'inconvénient d'être long (fig. 21). On en confie souvent l'exécution à des enfants, des femmes et des vieillards, et, comme au temps de Pline, on l'opère souvent dans les veillées. La filasse que l'on obtient par le teillage est plus nerveuse, plus forte, mais elle n'a pas toute la longueur des tiges, et elle est plus difficile à peigner.

Les gros brins sont ceux qu'on teille le plus aisément.

Voici comment on opère :

Le teilleur prend une tige, brise son extrémité inférieure, saisit la filasse et la détache en l'enroulant sur un de ses doigts, en évitant autant que possible de rompre les fibres. Alors il prend une nouvelle tige et opère de la même manière. Lorsque le doigt est bien garni de fibres, on enlève celles-ci sans les dérouler et on les accroche à une cheville. A la fin de la veillée, on déroule les fibres pour les réunir et les tordre afin qu'elles ne se mêlent pas.

En Anjou, les teilleuses reçoivent 10 à 15 centimes par chaque kilogramme de filasse qu'elles ont préparée.

Le teillage à la main est lent, monotone et même fastidieux, mais il permet d'obtenir des fibres très longues et très propres à la fabrication de très bonnes cordes et d'excellents cordages.

J'ajouterai que ce procédé n'a pas, comme le teillage à la broie, l'inconvénient de dégager une poussière très irritante.

Sérançage ou peignage.

La filasse, séparée de la chènevotte au moyen de la broie

ou par le teillage, est ensuite sérancée ou peignée à l'aide
de peignes en fer ou en acier, fixés sur un chevalet ou sur

Fig. 21. — Alsaciens opérant le teillage du chanvre à la main

une table. Les sérans ont des dents carrées ou coniques
plus ou moins grosses, plus ou moins affilées et plus ou

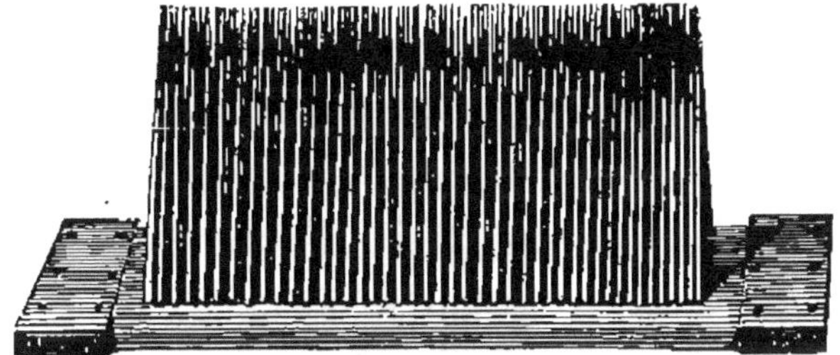

Fig. 22. — Gros séran. (Vue de face.)

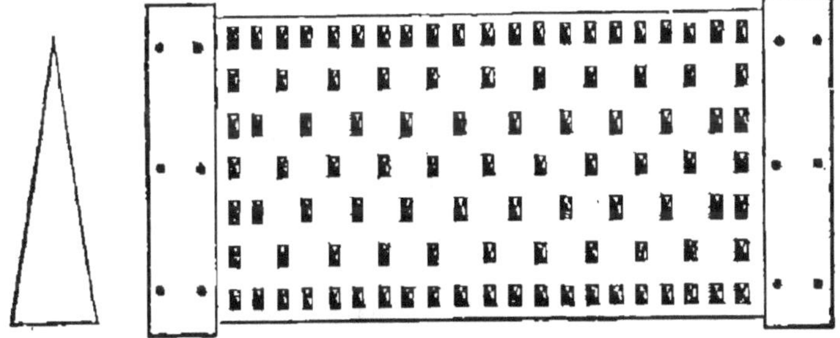

Fig. 22 *bis.* — Gros séran. (Plan.)

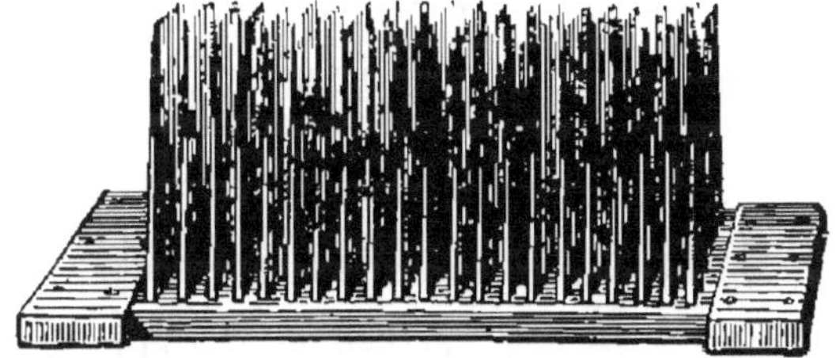

Fig. 23. — Séran moyen. (Vue de face.)

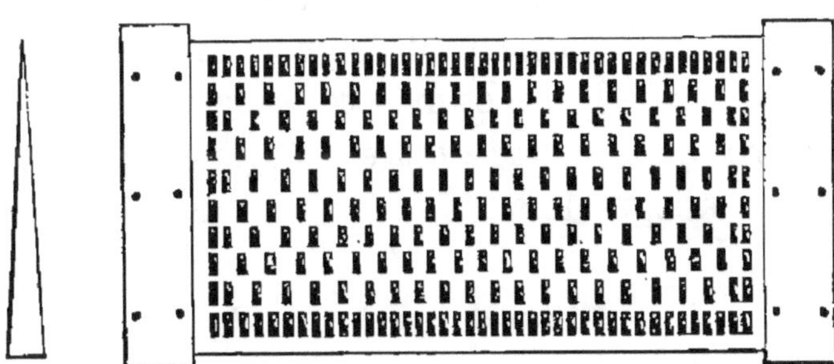

Fig. 23 *bis.* — Séran moyen. (Plan.)

moins espacées. Le séran n° 1 (fig. 22) à grosses dents est celui qu'on utilise tout d'abord pour peigner la filasse qui sort des mains du broyeur. Le séran n° 2 (fig. 23) à dents

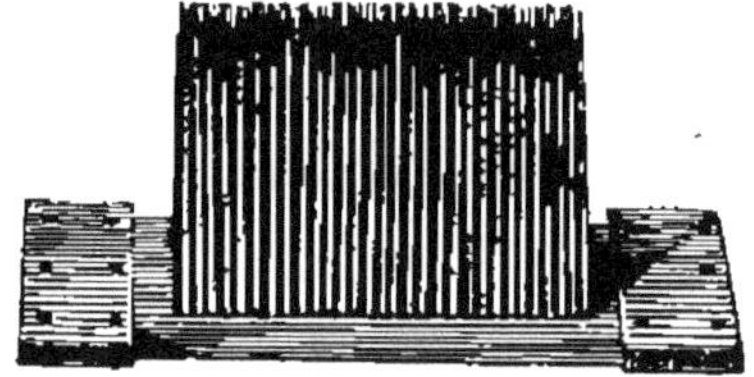

Fig. 24. — Séran fin. (Vue de face.)

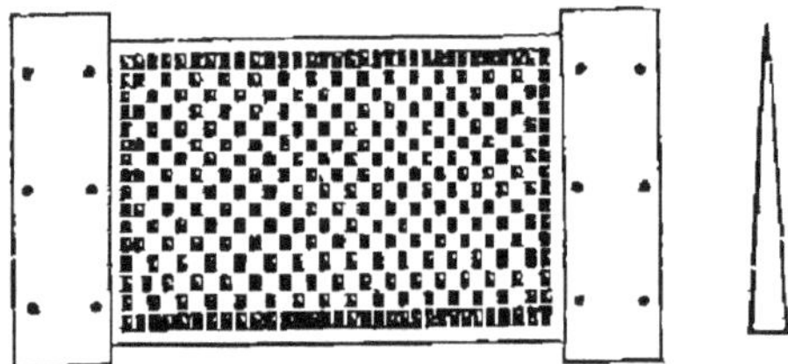

Fig. 24 *bis*. — Séran fin. (Plan.)

plus fines permet de commencer l'affinage de la filasse. Le n° 3 (fig. 24) à dents très fines est le séran qui permet de terminer le peignage.

Le peignage a pour but de désunir les fibres, de refendre les brins, de rétablir leur parallélisme, de les affiner, de les assouplir et de les débarrasser de tout déchet. Les chanvres qui ont été bien sérancés sont longs, brillants, soyeux et exempts d'étoupes et de chènevottes.

Un séranceur habile peut peigner, par jour, de 25 à 35 kilogrammes de filasse et disposer celle-ci en *écheveaux*.

Le prix du sérançage est en moyenne de 10 à 15 centimes par kilogramme.

Adoucissage de la filasse.

En Italie, lorsqu'on veut obtenir une filasse de premier

choix destinée à la fabrication de belles toiles de ménage,
on la soumet, après l'avoir peignée, à l'action d'un rouleau
en fonte cannelée, ayant la forme d'un tronc de cône, dans
le but de l'assouplir et d'augmenter sa valeur commerciale.
Ce tronc de cône (fig. 25) roule sur lui-même dans un
bassin circulaire. Il est mis en mouvement par un arbre
vertical muni d'une lanterne et ayant son pivot soutenu

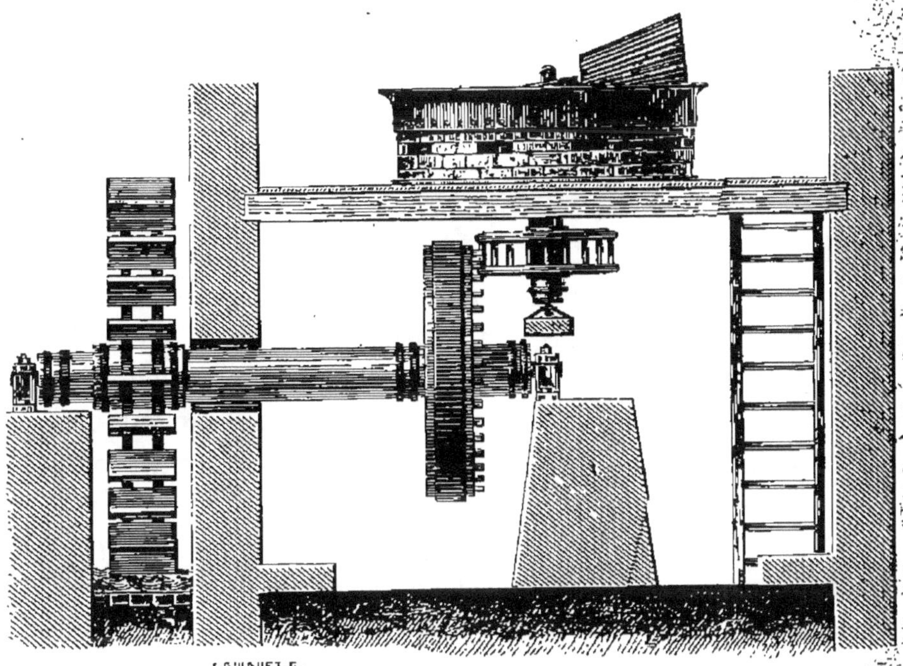

Fig. 25. — Appareil pour adoucir la filasse.

par une poutre. La lanterne est en communication avec
une roue dentée fixée à l'extrémité d'un arbre d'une roue
hydraulique. Le cylindre conique pèse de 450 à 500 kilogr.;
il fait 60 tours par minute.

Lorsqu'on veut se servir d'un tel appareil, on garnit le
fond du bassin (fig. 26), qui est incliné du centre à la circonférence, d'une couche de filasse, en ayant soin de bien

a placer, a fin qu'elle forme une couche uniforme quant à son épaisseur. Puis on met le cylindre en mouvement. Sous l'action continuelle des saillies des cannelures et de la pression qu'elles exercent sur le chanvre, les fibres se séparent les unes des autres, elles s'assouplissent et forment une filasse aussi belle que celle d'un lin de première qualité. Quand cette filasse a été peignée, on la distingue des autres filasses de chanvre par sa belle couleur qui rappelle un peu celle de la

Fig. 26. — Vue horizontale de l'appareil à assouplir.

soie blanche, par la divisibilité de ses fibres, sa grande douceur, son éclat et son extrême finesse.

La filasse reste dans l'auge pendant une demi-heure. On doit la retourner au moins une fois pendant l'opération. Il est utile d'installer cet appareil dans un bâtiment aéré, car la filasse, sous l'action répétée des cannelures, produit une poussière fine un peu irritante.

Après le peignage, le filassier plie en deux les poignées en les tordant grossièrement, mais avec soin. Toutes les poignées ainsi apprêtées doivent avoir la même longueur et être réunies par paquets de 10, 16, 20 ou 24 écheveaux, pesant ensemble 2, 4 ou 6 kilogrammes.

Les filasses peignées dans l'Anjou sont disposées en poignées spéciales dites *demoiselles*. Parfois, après les avoir peignées, on les pile dans un mortier en bois dans le but de les affiner davantage. Cette opération est appelée *mouleager le chanvre*.

Les *chanvres de filature* sont les plus beaux et les plus fins. Les *chanvres de cordiers* sont les plus longs et les plus gros.

Produits.

CHANVRE CRU OU CHANVRE BRUT. — Un hectare de chanvre, cultivé sur un terrain de bonne qualité, fournit en moyenne :

France	2.500 à 3.000 kilog. de tiges sèches
Italie	4.000 à 5.000 — —

On désigne souvent le chanvre brut sous le nom de *chanvre en bois* ou *chanvre en masse*.

Dans le Nord, on le vend souvent dans cet état. Dans le Pays de Waes, un hectare de chanvre sur pied, produisant environ 1.000 kilogrammes de filasse, se vend de 800 à 850 francs.

FILASSE. — Le produit en filasse est très variable. Voici les données qu'on a recueillies :

Chanvre des plaines.

Tarn	400 à 500 kilog.
Haute-Garonne	500 à 600 —
Nord	400 à 900 —
Lombardie	500 à 700 —
Moyenne	450 à 600 kilog.

Chanvre des vallées.

Isère	1.200 à 1.500 kilog.
Alsace	900 à 1.100 —
Limagne	1.000 à 1.500 —
Dauphiné	1.000 à 1.300 —
Anjou	800 à 900 —
Moyenne	960 à 1.350 kilog.

Ainsi, les moyennes de ces divers produits sont :

Chanvre des plaines	500 kilog.
— des vallées	1.000 —

La dernière statistique a fait connaître les rendements suivants obtenus dans les six départements suivants où le chanvre occupe une surface importante :

Indre-et-Loire	1.023	kilog.
Côtes-du-Nord	990	—
Maine-et-Loire	760	—
Morbihan	660	—
Sarthe	626	—
Haute-Vienne	665	—
Moyenne	787	kilog.

La moyenne de la production française est de nos jours de 709 kilog. En 1862, elle ne dépassait pas 574 kilogr.

Les pieds femelles donnent toujours de moins bonne filasse que les pieds mâles.

Le chanvre de Chine a produit en Algérie 3.500 kilogr. de filasse de corderie par hectare.

GRAINE. — Le produit en graine est aussi très variable. Les faits constatés permettent de dire qu'on récolte par hectare, suivant les circonstances, de 6 à 15 hectolitres de graines. Le rendement moyen varie entre 9 et 12 hectolitres.

Rapport de la filasse aux tiges sèches.

Ordinairement on obtient de 25 à 30 kilogrammes de filasse ordinaire de 100 kilogrammes de chanvre brut.

On a constaté que 100 kilogrammes de filasse brute fournissent de 60 à 70 kilogrammes de filasse peignée.

La filasse sérancée abandonne de 30 à 33 pour 100 d'étoupes.

Emplois des produits.

TIGES. — Dans quelques départements, les tiges de chanvre servent, après le rouissage, à fabriquer d'excellentes allumettes au soufre. On coupe les plus belles en fragments de 15 centimètres environ.

FILASSE. — La filasse sert à faire du fil, de la toile de ménage, de la toile à voile, des cordes, des cordages et des ficelles. Elle est aussi employée dans le calfatage des bateaux et des navires. C'est avec du fil de laine et du fil de chanvre qu'on fabrique l'étoffe connue sous le nom de *berlinage* ou *bélinge*.

TIGES TEILLÉES A LA MAIN. — Les fortes tiges qu'on a teillées à la main servent, en Italie, à fabriquer un *charbon spécial* qui est très léger et très recherché pour la fabrication de la poudre de chasse fine.

GRAINE. — La graine du chanvre est employée dans la nourriture des volailles, ou on en extrait l'huile qu'elle contient. On la vend 35 à 45 francs les 100 kilogr.

CHÈNEVOTTE. — La chènevotte sert à chauffer les fours.

HUILE. — L'huile qu'on extrait de la graine de chènevis est très siccative et résiste à plus de 25° au-dessous de zéro. On l'emploie dans l'éclairage et la fabrication du savon ; elle sert aussi dans la peinture.

La graine de chanvre donne de 25 à 30 pour 100 d'huile.

L'huile de chanvre se vend un peu plus cher que l'huile de lin ; son prix varie entre 75 et 85 francs les 100 kilogrammes.

TOURTEAU. — Le tourteau que fournit la graine de chanvre n'est pas employé dans l'alimentation des animaux domestiques. Il sert à fertiliser les terres, ou on l'utilise comme appât dans les pêcheries.

Un hectolitre de graine fournit de 15 à 20 kilogrammes de tourteau.

Le tourteau de chènevis se vend ordinairement de 15 à 18 francs les 100 kilogr.

ÉTOUPES. — Les étoupes servent à rembourrer les meubles, à calfater les navires, etc.

Prix de revient.

La culture du chanvre engage un capital assez élevé, et le bénéfice qu'elle fournit est toujours en raison directe du produit brut qu'on obtient par hectare.

Voici quelques chiffres comme exemples :

	Filasse brute.		Filasse pure.	
	(Penautier, 1842, Limagne.)		(Leclerc-Thouin, 1843, Anjou.)	
Dépenses..............	600 fr.	»	658 fr.	80 c.
Bénéfices.............	120	»	62	40
Prix de revient des 100 kil.	50	»[1]	83	»[1]

Crud porte le bénéfice net d'une culture de chanvre à 77 fr. 50 par hectare.

Qualités des filasses.

Les filasses peignées ou sérancées varient entre elles, suivant leur longueur, leur coloration et leur finesse.

1° *Chanvre d'Anjou.* — Les filasses de l'Anjou ont une belle couleur blonde ou claire, parce qu'elles proviennent de chanvre roui dans la Loire. Les plus belles viennent des environs d'Angers, des Ponts-de-Cé, de Chalonnes et de Briollay ; les plus grossières proviennent du chanvre qu'on récolte à Corné et Daguenières ; elles sont un peu verdâtres et servent à faire des voiles ou des cordages de marine.

Les chanvres d'Anjou ont 1^m,30 à 2 mètres de longueur ; on les désigne souvent sous le nom de *chanvres de la vallée* ou *chanvre de première qualité.* Le canton de Blaison four-

---

(1) La valeur de la graine a été déduite des dépenses à raison de 15 francs l'hectolitre.

nit des chanvres inférieurs en qualité. On les connaît sous le nom de *chanvre de deuxième qualité.*

Les filasses de l'Anjou servent à faire des toiles diverses, des fils de cordonnerie, des fils de caret, des fils d'étoupes, des ficelles, des cordes, des cordages et des fils retors.

Le chanvre de la vallée de la Loire dit *de cordier* est blanc-jaunâtre ; celui du val du Loir dit Briollay est tantôt jaunâtre, tantôt gris.

La filasse provenant des chanvres de l'Anjou est disposée en paquets de 6 kilog. 500 ; ces bottes sont appelées *poids.*

2° *Chanvre de Touraine.* — Les filasses de la Touraine, que l'on appelle aussi *chanvre de Loire*, sont longues, grossières et blondes. Les chanvres qui les fournissent sont cultivés à Tours, Chinon, Saumur et Bourgueil. Leurs points rougeâtres permettent de les distinguer des filasses de l'Anjou.

3° *Chanvre de Picardie.* — Les filasses de Picardie ont été divisées en deux classes : 1° les filasses de La Fère, Chauny, Abbeville, qui sont longues, à reflet doré, blondes, douces, soyeuses et très fines ; on leur reproche de manquer de force ; 2° les filasses des autres localités, qui sont vert cendré, cotonneuses et très chargées d'étoupes.

Les premières servent à faire de très belles toiles ; on emploie les secondes dans la fabrication des ficelles ou des toiles d'emballage.

4° *Chanvre de l'Alsace.* — Les filasses d'Alsace manquent de douceur, ont une couleur jaune ou grise et une très grande force. Celles qu'on a obtenues par le broyage contiennent toujours beaucoup de chènevottes. Leur longueur varie entre 1^m,30 et 2^m,50.

On les emploie pour fabriquer d'excellents filets de pêche.

5° *Chanvre de Champagne.* — Les filasses de la Champagne sont belles, leurs fibres sont nerveuses, égales et d'une bonne longueur. On les divise en cinq catégories : le chanvre fin femelle ; demi-fin ; le chanvre 1er moyen ; le chanvre 2e moyen ; le chanvre marin. Les trois premières filasses sont blondes ou fines ; les autres sont vertes ou brunes.

On emploie les filasses blondes pour faire des ficelles très fines ; les autres servent à fabriquer des ficelles grossières.

6º *Chanvre de Bourgogne.* — Les filasses de la Bourgogne sont fortes et grossières ; leur couleur est très variable. On les récolte dans les environs de Semur, d'Époisses et de Vitteaux. Les filasses de seconde qualité sont plus grossières encore ; elles sont brun-verdâtre et ont jusqu'à 3 mètres de longueur. Elles proviennent des chanvres qu'on cultive dans les environs de Chalon-sur-Saône.

Les unes et les autres servent à fabriquer des cordages ou des câbles d'excellente qualité.

7º *Chanvres étrangers.* — Les beaux chanvres de Russie, viennent de l'Ukraine et de la Lithuanie : ils sont remarquables par leur longueur, leur souplesse et leur élasticité. Avant de les livrer au commerce, on les fait classer par l'expert du Gouvernement.

Ces chanvres sont souvent livrés au commerce sous les noms de *chanvre de Saint-Pétersbourg, chanvre de Memel, chanvre de Kœnigsberg, chanvre de la Finlande, chanvre de la Courlande, chanvre de la Livonie.* Ceux de première qualité sont désignés par un R ; les autres portent la lettre P.

Le *chanvre de Bologne* est recherché des tisserands ; on le divise en deux catégories : 1º le *Hondrina,* qui sert à fabriquer des toiles ; 2º le *Gornene,* qu'on emploie dans la fabrication des ficelles et des cordes. Ils sont blancs et très longs. En général, les autres chanvres d'Italie, ceux de Naples, de Sicile, de Sardaigne, manquent de ténacité.

Les *chanvres du duché de Bade* sont jaunâtres et presque toujours un peu humides. Leur longueur varie entre 2 mètres et 2^m,50.

Les *chanvres d'Allemagne* ont été divisés en deux classes : le chanvre blanc dit *chanvre de cordonnier;* le chanvre blond dit *chanvre à filer.* Ces chanvres se récoltent dans divers États de la Confédération germanique.

Les meilleurs *chanvres de Hongrie* viennent de l'Esclavonie.

Les *chanvres à cordages* se composent de fibres nerveuses, longues et solides. Les belles filasses de l'Anjou ont souvent 3 à 4 mètres de longueur.

Les filasses nouvelles ont une odeur pénétrante qui s'amoindrit avec le temps.

Emballage.

Voici comment on emballe les filasses de chanvre avant de les livrer au commerce.

Les *chanvres d'Anjou et de Touraine* sont expédiés en ballots de 50 à 100 kilogrammes sans enveloppe. Ces chanvres n'ont pas été sérancés ou *peignés.*

Les *chanvres de Picardie* étaient autrefois disposés en paquets de 2 kilog., 2 kilogr. 500 ou 3 kilog. 500. De là, les poids de 4, 5 ou 7 livres en usage alors dans le commerce.

Les *chanvres de l'Alsace* sont expédiés de deux manières. Lorsqu'ils sont *bruts,* on en forme des balles de 90 à 120 kilogr.; quand ils ont été *peignés,* on les expédie dans des tonneaux de 400 à 500 kilogr.

Les *chanvres de Champagne* qui ont été classés, sont livrés en balles de 50 à 100 kilogr. Les chanvres non classés sont expédiés en paquets de 15 à 30 kilogr.

Les *chanvres de Bourgogne* sont livrés en balles de 120 à 130 kilog.

Les *chanvres de Russie* sont expédiés en balles de 1.000 à 1.105 kilogr. Les balles de chanvre de 1re qualité portent 10 liens sur le travers et 2 clefs croisées, avec un R sur le côté; celles de chanvre de 2e qualité n'ont que 8 liens, et elles portent 2 clefs avec un A d'un côté et un S de l'autre.

Valeur commerciale des filasses.

Le prix des filasses est très variable. Il est plus ou moins élevé, selon leur qualité et la manière dont elles ont été préparées. Les filasses que fournissent le chanvre femelle ou le chanvre teillé ont moins de valeur que les filasses qui proviennent du chanvre broyé. Les filasses brutes ou non sérancées ont aussi moins de valeur que les filasses peignées.

Les belles filasses sérancées se vendent de 80 centimes à 1 franc le kilogr.

Les filasses brutes sont vendues de 50 à 60 centimes le kilogr.

Fils et cordes de chanvre.

Les fils de filasse ou d'étoupe de chanvre sont plus ou moins fins selon leurs numéros. Chaque numéro correspond à 1.000 mètres. Le n° 3 donne 3.000 mètres au kilogr.; le n° 6, 6.000 mètres; le n° 12, 12.000 mètres.

Les cordes faites avec de belles filasses de chanvre sont très solides, très régulières.

Les cordages varient entre eux suivant leur manière d'être. Le *cordage rond pour palan* à 4 torons et ayant 9 centimètres de circonférence pèse 66 kilogr. les 100 mètres. Le *cordage rond pour gréement* de navire à 3 torons et ayant 16 centimètres de circonférence pèse 220 kilogr. Le *cordage rond pour hauban* à 4 torons de 12 centimètres de circonférence ne pèse que 113 kilogrammes les 100 mètres de longueur. Enfin, les 100 mètres de longueur du cordage rond pour *dormant* ayant 9 centimètres de circonférence, ne pèsent que 72 kilogrammes.

Un cordier peut faire par jour 30 à 35 kilogr. de caret; lorsqu'il emploie du chanvre de bonne qualité, le déchet ne dépasse pas 4 pour 100, mais il s'élève à 10 pour 100 quand il utilise du chanvre de basse qualité.

Hashish.

Le hashish donne lieu, en Asie et en Afrique, à un commerce important. (Voir *Chanvre de Chine* ou *indien*.)

D'après le sanscrit, *hashish* vient de *hashishin*, mangeur de chanvre. Au onzième siècle, on enivrait les *fedavi*, hommes appartenant à une infâme secte d'assassins qui existait en Perse, en Syrie et au Malabar, avec du hashish avant de les envoyer accomplir leurs missions sanguinaires.

De nos jours, le hashish est fumé par les peuples orientaux et par ceux de l'Afrique, uniquement dans le but de jouir d'une ivresse pleine d'extase et de félicités.

CHAPITRE III

COTONNIER.

GOSSYPIUM HERBACEUM, L.

Plante dicotylédone de la famille des Malvacées.

Anglais. — Cotton.	*Espagnol.* — Algodon.
Allemand. — Baumwolle.	*Portugais.* — Algodâo.
Hollandais. — Boomwol.	*Égyptien.* — Kotn.
Danois. — Bomuld.	*Arabe.* — Kootn.
Italien. — Cotone.	*Persan.* — Punbah.

Historique. — Mode de végétation. — Espèces et variétés. — Climat. — Terrain. — Quantité d'engrais nécessaire. — Semis. — Soins d'entretien. — Arrosage. — Taille et étêtage. — Plantes, agents et insectes nuisibles. — Récolte. — Égrenage. — Rendement. — Emballage des cotons. — Emplois des produits. — Valeur commerciale des cotons. — Compte financier.

Historique.

Le cotonnier a une origine très ancienne (1). De nos jours on le trouve à l'état indigène à la Guinée. Les Égyptiens et les Assyriens le connaissaient depuis la plus haute antiquité; mais leurs prêtres avaient seuls autrefois le droit de se couvrir de tissus fabriqués avec du coton. Hérodote rapporte que les Indiens portaient des vêtements de coton et Strabon fait connaître que le cotonnier était cultivé à l'entrée du golfe Persique. Pline dit (livre XIX, chap. I) que le cotonnier végétait dans la haute Égypte, c'est-à-dire dans la partie voisine de l'Arabie, et il observe que cette plante est appelée *gossypium* par les uns et *xylon* par les autres.

______

(1) La Bible (Esther, I, 6) fait mention des étoffes de coton.

Il ajoute que le fil appelé *xylinum* sert à faire l'étoffe que portent les sacrificateurs égyptiens. Arrien, qui vivait dans le premier siècle de l'ère actuelle, signale, dans son ouvrage sur la mer Érythrée, les tissus de coton fabriqués dans l'Inde et apportés par le commerce arabe dans les ports de la mer Rouge. Ces tissus étaient déjà connus en Arabie et en Perse. Masulipatam jouissait déjà d'une grande renommée pour ses étoffes de coton et les mousselines de l'Inde appelées *gangétiki* étaient recherchées pour la parure des femmes.

La culture du cotonnier n'est devenue générale en Chine qu'après la conquête de ce grand empire par les Tartares. Il est vrai que cette plante y était connue en 502 sous le règne de l'empereur Wan-ti, mais c'est Gengiskan et ses successeurs qui y répandirent l'usage du coton et la culture de cette plante textile.

La culture du cotonnier a été introduite en Italie au onzième siècle par les Sarrasins. Les premiers essais furent faits sur les bords de la mer Adriatique. En 1050, les prêtres d'Adueno le cultivaient à Bisceglia, dans la terre de Barri.

Eben-El-Awan, qui vivait au septième siècle et qui cultivait aux environs de Séville, a décrit longuement la culture de cette plante textile. Il avait puisé ses renseignements dans les anciens auteurs égyptiens, grecs, persans et arabes. Au treizième siècle, il y avait à Maroc, à Fez, à Grenade, à Cordoue et à Séville des manufactures très florissantes dans lesquelles on tissait le coton. En 1493, Christophe Colomb'en fit la base du tribut qu'il imposa aux Caraïbes. On sait du reste que Fernand Cortès envoya comme présents à Charles-Quint des tissus de coton teints de diverses couleurs et d'une grande finesse. A cette époque, le coton était cultivé par les Maures, les Cafres et les habitants de la côte de Guinée.

Le coton fut trouvé cultivé en Amérique en 1492 par

Christophe Colomb, en 1519, au Mexique par Cortès, en 1522, au Pérou par Pizarre, et en 1536, à la Louisiane par de Vacca.

C'est en 1664 qu'eut lieu, sur la côte de la Floride, aux États-Unis, le premier essai de la culture du cotonnier. Cette culture fit peu de progrès, puisque huit balles seulement de coton purent être expédiées à Liverpool en 1784. C'est à partir seulement de 1786, époque où fut introduit des îles Bahama le cotonnier longue soie, que cette culture prit un développement considérable dans la Louisiane, la Géorgie, etc.

En 1668, le Levant importa à Marseille 700.000 kilogrammes de fils de coton. De Quiqueron de Beaujeu dit dans son ouvrage intitulé *De Laudibus provinciæ*, imprimé en 1539, qu'on a cultivé autrefois le cotonnier en Provence. Ce fait n'est pas exact. Abel Jouan a reconnu, en 1566, que cette plante végétait dans les jardins d'Hyères où croissaient en pleine terre de magnifiques orangers, mais il ne parle pas du cotonnier comme plante textile appartenant à la culture provençale. Nonobstant, on l'a expérimenté, il y a bientôt un siècle, dans la Provence, le Dauphiné, le Roussillon, dans le Piémont, en Suisse, en Autriche, en Saxe, etc., M. Mourgues l'a cultivé en 1790 aux environs d'Arles, M. Dupoy, en 1806, près de Dax, et M. Perrot, en 1807, aux environs de Toulon. Les bons résultats obtenus par M. Dupoy engagèrent à expérimenter la culture de cette plante dans les départements des Basses-Alpes, des Basses-Pyrénées, des Pyrénées-Orientales, etc. A cette époque, le Gouvernement accordait une prime d'un franc par chaque kilogramme de coton récolté en France, nettoyé et prêt à être filé. Tous ces essais démontrèrent que la culture du cotonnier n'est possible que sur des terres situées en deçà du 41ᵉ degré de latitude ; aussi est-ce bien à tort que de Candolle avait indiqué comme propre au cotonnier, le sud des Cévennes, le Roussillon et la Gascogne. De nouveaux essais entrepris en 1861, dans le bas Languedoc, n'ont pas donné des résultats plus heureux.

L'*Algérie* cultive le cotonnier, mais cette plante, qui occupait 1.925 hectares en 1856 et 4.487 hectares en 1868, ne s'étend maintenant que sur 300 hectares. Cette décadence tient à diverses causes ; à la charté de la main-d'œuvre, à la difficulté souvent des arrosages et aussi à ce que les planteurs n'ont pas su choisir les graines qui leur étaient nécessaires. On oublie trop, généralement, qu'il faut impérieusement renoncer aux races communes pour cultiver exclusivement le coton longue soie, c'est-à-dire le *coton de luxe*.

C'est principalement dans la province d'Oran que cette plante textile est cultivée. En 1876, la France a reçu de l'Algérie 38.000 kilogrammes de coton, quantité insignifiante si on la compare aux 157.859.000 kilogrammes qu'elle a reçus la même année de divers pays.

Quelques écrivains ont avancé que la lenteur avec laquelle la culture du cotonnier se propageait en Algérie ne permettait pas de croire qu'elle y serait conservée. Ces auteurs oublient que soixante-dix années ont été nécessaires aux États-Unis d'Amérique pour propager cette culture.

Le cotonnier est cultivé sur des étendues variables en Espagne, en Italie, au Maroc, aux îles de Malte et de Goze, dans la Nubie, en Grèce, en Égypte, en Syrie, en Perse, au Japon, en Cochinchine, au Cambodge, au Tonkin, en Chine, au Brésil, dans les Indes, la Bolivie, dans l'Amérique du Nord, la Colombie, le Chili, la Guinée, au Pérou, au Cap-Vert, au Sénégal, en Australie, dans les îles de la Polynésie et de la Malaisie.

Les *États-Unis d'Amérique* constituent le principal centre de la production du coton. Les États qui en produisent le plus sont le Mississipi, l'Alabama, la Géorgie, le Texas et la Louisiane (1).

En 1876, le cotonnier y occupait 4.724.400 hectares, et en 1884, 6.870.000 hectares. En 1876, les États-Unis ont exporté 3.788.120 balles de 168 à 181 kilogrammes ; sur ce nombre le *coton longue soie* n'occupait que 66.120 balles. La même année, la France avait reçu de la même provenance 102.350.000 kilogrammes de coton.

On avait pensé que l'abolition de l'esclavage nuirait à la culture du cotonnier dans les États-Unis. Les faits n'ont pas justifié ces craintes. Au contraire, cette émancipation a conduit les agriculteurs à améliorer leurs procédés culturaux et à perfectionner les machines ou *gins*, afin de rendre le nettoyage du coton plus parfait et plus économique.

L'*Inde*, depuis la guerre de Sécession, a donné une grande extension à cette culture, mais les progrès qui y ont pris naissance n'ont pas persisté. En ce moment, le coton qui arrive en Europe de la province de Madras est de moins belle qualité que les cotons américains. Il y est cultivé sur cinq millions d'hectares.

L'*Italie* est revenue avec assez de succès à la culture du cotonnier. Cette plante y est principalement cultivée dans les vallées basses de la Sicile et de la Sardaigne, dans les plaines de Salerne et de la Calabre et dans la vallée du Tronto, sur l'Adriatique. Les races qu'on y cultive de préférence, avec ou sans arrosage, sont dérivées du coton de la Louisiane ; le coton de Géorgie est trop tardif pour pouvoir

---

(1) L'*Alabama* a un délicieux climat. On y subit agréablement l'influence de la mer. La partie du sud du *Mississipi* et de la *Caroline du Sud* jouissent des mêmes avantages ; les pluies y cessent en août. La *Géorgie* a un climat tempéré et sain ; les chaleurs y sont fortes de juillet à septembre. Le climat de la *Louisiane* est moins chaud. On y redoute des vents violents, des orages, au moment de la maturité du coton.

y accomplir facilement toutes ses phases d'existence. Le coton nankin réussit bien dans l'ancien royaume de Naples, où le climat est aussi sec que celui de la Sicile. Nonobstant, les planteurs italiens ont un grand intérêt à récolter moins tardivement le coton et à mieux le préparer. Ils ne peuvent oublier que le cotonnier n'occupe aujourd'hui que 30.000 hectares alors que la culture, en 1864, s'étendait sur 88.000 hectares.

L'Italie produisait-elle du coton au temps des Romains? Au dire de Pline, la culture du cotonnier aurait existé dans cette partie de l'Europe, mais elle y avait disparu quand il écrivit son *Histoire naturelle*.

Le *Brésil* produit de beaux cotons. En 1876, les exportations se sont élevées à 53.000.000 de kilogr. C'est vers le milieu du dix-septième siècle que la culture du cotonnier y a pris une grande extension, lorsqu'on commença à expédier du coton dans l'Inde.

La Guyane, la Guadeloupe, les Antilles, etc., produisaient autrefois beaucoup de coton. En 1803, la Guadeloupe seule en avait exporté 700.000 kilogr. De nos jours, la canne à sucre a remplacé en grande partie cette plante textile dans la plupart de nos colonies.

L'*Espagne* cultive le cotonnier dans le royaume de Valence, le royaume de Grenade et aux îles Baléares. Cette culture y est ancienne. Suivant Martin de Rosa, elle avait une certaine importance à Malaga à la fin du siècle dernier. En 1805, le *Portugal* a exporté en Angleterre 52.141 balles de coton.

L'*Égypte* a bien perfectionné la culture du cotonnier. De plus, elle a modifié son mode d'égrenage en utilisant les appareils modernes. Nonobstant, le coton qu'elle produit sur 400.000 hectares laisse encore à désirer au point de vue de la qualité.

Le cotonnier prospère très bien en Syrie. On en admire

de très belles cultures aux environs de Damas et de Saint-Jean-d'Acre. Cette plante textile est aussi la parure de l'île de Chypre pendant l'été.

Le climat de la Guadeloupe et de la Martinique ne lui sont pas favorables.

Les importations de coton en France dépassent annuellement en ce moment 155.000.000 de kilogr.

La première balle de coton est arrivée en Angleterre en 1569, mais c'est seulement en 1641 que la fabrication des étoffes de coton prit naissance à Manchester. En 1678, on filait et tissait en Angleterre 900.000 kilogrammes de coton. En 1790, l'Angleterre utilisa 12.000.000 de kilogr. de coton; la France, à la même époque, n'en employa que 4.000.000 de kilogr. (1). La quantité de coton mise en œuvre par le Royaume-Uni, en 1856, s'est élevée à 403.000.000 de kilogrammes (2)!

Mode de végétation.

Le cotonnier (fig. 27) a une racine fibreuse, longue et pivotante, et une tige rameuse, quelquefois rougeâtre dans la partie inférieure et velue dans sa partie supérieure; cette tige s'élève depuis 1 mètre jusqu'à 4 mètres, suivant les espèces, mais ce ne sont pas les tiges les plus élevées qui produisent le plus de coques. Ses rameaux sont pyramidaux, portant des feuilles pédonculées et présentant de 3 à 5 lobes plus ou moins aigus ou arrondis. Les fleurs naissent à l'aisselle des feuilles et sont portées par des pédoncules plus ou moins longs; elles se composent d'un petit

(1) En 1814, alors qu'un droit frappait le coton à son entrée en France, Richard Lenoir possédait sept filatures qui occupaient 11.000 ouvriers.

(2) De nos jours, l'Angleterre possède dans ses filatures de coton 34.000.000 de broches, la France 7.000.000 et les États-Unis 8.000.000.

Fig. 27. — Cotonnier.

calice à 5 dents obtuses et d'une corolle composée de 5 pétales; ces fleurs sont jaunes ou rouges. Le fruit est une capsule ovoïde, à 3, 4 ou 5 loges, contenant de 7 à 11 graines ovales, grosses, pointues, lisses ou feutrées, noires, vertes ou rousses, auxquelles adhèrent des filaments d'une grande finesse, blancs ou roux. La soie ou la bourre soyeuse contenue dans chaque capsule pèse de 3 à 4 grammes après qu'elle a été séparée des semences.

La durée de la végétation annuelle du cotonnier est de 5 à 8 mois après la levée des semences ou lorsque les sujets ligneux poussent de nouveau. On a constaté qu'il s'écoulait :

Entre les *semis* et la *floraison* :

Cotonnier de la Louisiane	80 à 90 jours.
— de Siam...............	90 à 100 —
— des Barbades	100 à 110 —

La floraison a généralement lieu du 15 juin à la fin de juillet.

Entre la *germination* et la *maturité* :

Cotonnier de la Louisiane........	150 à 170 jours.
— de Siam...............	170 à 190 —
— des Barbades..........	180 à 190 —

La température moyenne et journalière doit varier comme suit :

De la germination à la floraison, entre 16 et 20°.
De la floraison à la maturité, — 20 et 25°.

Le cotonnier a besoin d'air et de chaleur; il mûrit mal si la *température minima* ne se maintient pas, pendant le mois d'octobre, à 16 ou 17°.

En général, le coton herbacé exige une somme totale de chaleur variant de 3.200 à 3.600°. Le coton en arbre ne réussit que dans les contrées où la température moyenne varie entre 20 et 21°.

Dans l'Inde, où les fleurs s'épanouissent en novembre, 5 jours suffisent pour qu'elles s'ouvrent, 4 jours pour qu'elles tombent et 2 mois pour que la coque arrive à maturité. C'est lorsque la coque est mûre qu'elle s'ouvre en trois endroits et qu'on voit apparaître les filaments. En Chine, le cotonnier fleurit depuis août jusqu'en octobre.

A la maturité, le poids total des capsules, qui s'élève parfois jusqu'à 300 et même 500 grammes sur un seul pied, avec un poids moyen de 30 grammes par capsule, fait incliner les rameaux vers le sol, ce qui donne aux cotonniers un aspect tout différent de celui qu'ils présentent jusqu'à la floraison.

Espèces et variétés.

Les cotonniers se divisent en deux classes ;
1° *Les cotonniers herbacés ou annuels* ;
2° *Les cotonniers ligneux ou vivaces.*

Les premiers sont ceux qui réussissent le mieux en Espagne, en Italie, en Algérie, aux États-Unis, etc.; les seconds sont répandus en Syrie, dans l'Inde, au Brésil, etc., c'est-à-dire dans les contrées tropicales. En général, les cotonniers sont herbacés et annuels dans les climats tempérés, ligneux, bisannuels, trisannuels ou vivaces dans les contrées équatoriales.

On cultive dans les deux hémisphères un très grand nombre d'espèces ou de variétés qui ont pris naissance sous l'influence du climat, de la nature du sol et des procédés culturaux. Les principaux cotonniers sont au nombre de sept, savoir :

COTONNIER DES BARBADES.

Gossypium barbadense, Gossypium maritimum.

Son arbrisseau a de 1^m,50 à 2 mètres de hauteur suivant les contrées; tiges lisses; rameaux et pétioles marqués de points noirs; feuilles à 3 lobes; fleurs grandes jaunâtres passant à la lie de vin clair; les filaments sont remarquables par leur longueur, leur finesse et leur blancheur éclatante; *graines noires, lisses et libres.*

Cette espèce est indigène aux Antilles; elle a été introduite de Fernambouc ou des îles Bahama aux États-Unis d'Amérique en 1786; elle fut cultivée d'abord dans la Géorgie. Vers la même époque, la même espèce fut importée de la Guadeloupe à la Caroline du Sud. C'est cette espèce qui a produit le beau *coton de Géorgie* ou *coton à longue soie* que le commerce américain désigne sous les noms de *sea Island* de la Caroline du Sud, *long staple, long silk, fine cotton,* ou *black seed cotton.*

Le coton *sea Island* est le plus beau, le plus fin et le plus nerveux des cotons des États-Unis.

La terre natale du coton longue soie est aux Antilles.

Le coton des Barbades est principalement cultivé dans la Caroline du Sud, à la Floride, dans la Géorgie, dans la province de Maranham (au Brésil), en Abyssinie, etc. Il produit des filaments très longs, élastiques, très soyeux et brillants, d'une extrême finesse et d'une blancheur éclatante.

Cette espèce est tardive.

Le *cotonnier de Fernambouc,* le *cotonnier du Brésil,* le *cotonnier de Bourbon,* le *cotonnier Jumel,* le *cotonnier Bamiech,* sont dérivés du cotonnier des Barbades. Leurs graines sont noires. (Voir *Cotonnier du Brésil.*)

Le cotonnier à graines vertes feutrées que l'on nomme aussi *cotonnier Jumel* appartient au cotonnier velu. Le vrai cotonnier Jumel cultivé en Égypte, celui que le Français Jumel y a apporté des États-Unis, a des semences noires et nues et il appartient bien à la classe qui comprend les cotonniers longue soie. Il en est de même du *cotonnier Bahmia* qu'on cultive aussi en Égypte.

COTONNIER VELU.

Gossypium hirsutum.

Plante buissonneuse; tige de 1 mètre à 1^m,30; rameaux et pétioles velus; feuilles inférieures à 3 ou 5 lobes; feuilles supérieures cordiformes; pétioles assez longs; fleurs jaunes passant au rouge pâle, solitaires à l'aisselle des feuilles; *semences vertes feutrées.*

Cette espèce est originaire de la Jamaïque et des parties chaudes de l'Amérique du Sud. Elle a donné naissance à la variété dite *coton de la Louisiane, coton courte soie, coton de la Nouvelle-Orléans, coton de la Caroline.* Les Américains la désignent souvent sous le nom de *green seed cotton* ou cotonnier à graines vertes.

Cette espèce est précoce.

Ce cotonnier est aussi désigné aux États-Unis sous le nom de *upland cotton, coton des hautes terres, short staple* ou *short silk;* il produit presque tout le coton blanc que l'Amérique expédie en Europe. Si ses filaments sont courts, par contre ils sont fins, soyeux, très blancs et de belle qualité. On le cultive aussi à Malte, Iviça, etc.

Avant l'introduction du coton longue soie, les États-Unis cultivaient trois variétés à *graines vertes* et une à *graines noires.*

COTONNIER HERBACÉ.

Gossypium herbaceum, Gossypium indicum.

Tige élevée de 1 à 2 mètres, rougeâtre dans sa partie inférieure, velue et marquée de points noirs dans la partie supérieure et pouvant devenir ligneuse dans les climats tropicaux; feuilles à 5 lobes courts et arrondis; pétioles assez longs; fleurs jaunâtres ou rosées avec l'onglet des pétales souvent maculé de pourpre et pédonculées à l'aisselle des feuilles; capsule à trois loges; *graines verdâtres.*

Cette espèce appelée, en Chine *mie wha*, est connue sous les noms de *coton de la Floride, coton de Malte, coton des Calabres, coton de l'Inde, coton de Siam blanc*. Les Égyptiens l'appelent *coton balady*. Le coton qu'elle fournit est court, de qualité secondaire et un peu grisâtre.

Cette race est annuelle en Europe et trisannuelle en Asie, mais elle est moins productive que le coton de la Louisiane. Elle croît spontanément en Syrie, en Perse et dans le Turkestan. Elle est cultivée en Espagne, en Italie, au Japon, dans la basse Égypte, au Brésil, dans l'île de Chypre, en Cochinchine, aux îles Philippines, dans les plaines de Shanghaï, etc. Le cotonnier herbacé est appelé *gwron* par les Brmians. Il a produit un grand nombre de variétés secondaires dans les îles de la Malaisie et de la Polynésie.

Cette espèce est précoce.

Le *cotonnier de Malte*, le *cotonnier d'Iviça* ont des graines feutrées grisâtres ; à part cette particularité, qu'ils ont une grande analogie avec le cotonnier de la Floride. Je dois rappeler que les cotonniers dégénèrent facilement et qu'ils se modifient en s'hybridant mutuellement.

Le cotonnier herbacé produit dans l'Inde trois variétés : le *dacca*, dont la tige est droite et rougeâtre et la soie longue et fine ; le *bérar*, qui est plus élevé et dont la soie est recherchée à Madras pour sa qualité ; le *china*, qui est plus petit et qui a des branches plus courtes.

COTONNIER A FEUILLES DE VIGNE.

Gossypium vitifolium, Gossypium glabrum, Gossypium nigrum, Gossypium acuminatum, Gossypium punctatum.

Arbrisseau peu rameux, de 2 à 4 mètres de hauteur ; tige glabre et ponctuée ; feuilles inférieures palmées à 5 lobes profonds, les supérieures à 3 lobes, fleurs grandes, jaune-taché de pourpre ; capsule ovoïde à 3 loges ; *graines noires lanugineuses.*

Cette espèce est originaire de l'Inde. On la désigne souvent sous les noms de *cotonnier du Sénégal, cotonnier de Chine, cotonnier des Indes*. Elle a été introduite en Égypte par Jumel. Elle fournit un coton fin, très blanc et qui se détache facilement des semences. Les Arabes la nomment *hoïn el chagar*.

Le cotonnier de Chine est précoce, mais il n'est pas très productif et ses filaments sont de moyenne longueur. Il est répandu dans l'Amérique du Sud et dans les Indes orientales.

COTONNIER DU BRÉSIL.

Gossypium religiosum.

Arbrisseau de 1ᵐ,50 à 2 mètres de haut, indigène à la Nouvelle-Calédonie sur le bord de la mer; tige un peu velue; feuilles inférieures à 5 lobes et supérieures à 3 lobes; rameaux légèrement velus *ponctués de noir;* calice velu, fleurs jaune pâle, solitaires et pédonculées; capsules à trois loges; *semences noires lisses.*

Cette espèce est productive, mais elle exige un climat intertropical. Elle ne commence à fructifier abondamment que dans sa deuxième année. Son coton est d'une blancheur éclatante, à fibres régulières et très estimé. Elle est très cultivée dans l'Empire birman et au Cap.

Il est très probable qu'elle a donné naissance au *cotonnier des Barbades,* qui a produit le *cotonnier de Fernambouc,* le *cotonnier de Bahia,* le *cotonnier de Maranham,* le *cotonnier de Java.* Elle est cultivée aussi dans l'Océanie, la Guinée et au Sénégal.

COTONNIER DE SIAM.

Gossypium siamense.

Plante rameuse de 1 mètre à 1ᵐ20; feuilles à lobes prononcés, recouvertes d'une légère villosité; fleur grande, jaune pâle; capsules grosses terminées par une pointe; coton court; *semences rousses duveteuses.*

Cette espèce a un grand rapport avec le cotonnier herbacé, mais elle en diffère par les filaments, qui ont une couleur jaune-brunâtre plus ou moins foncée et par ses *graines rousses feutrées.* Le coton qu'elle fournit est d'une moyenne longueur et d'une grande finesse. Elle est moins difficile sur la nature du sol que bien d'autres variétés. On la désigne souvent sous les noms de *coton Nankin*, *coton jaune*, *coton isabelle*, *coton jaune de Chine*, *coton jaune d'Amérique* (1).

Cette espèce est productive; elle a été acclimatée dans les Antilles; le coton qu'elle y produit est vendu plus cher que la laine et la soie. Elle a une grande valeur en Chine, où on la nomme *tze mie wha*, sur les bords du *Yang tse Kiang.* Elle a produit au Brésil une variété à graine noire appelée *black seed Nankin* ou *dark coloured cotton.* Cette variété est très cultivée dans les provinces de Para et des Amazones. On la cultive aussi au Cap-Vert et à Malte.

COTONNIER ARBORESCENT.

Gossypium arboreum.

Arbrisseau de 2 à 5 mètres de hauteur, indigène au Cap-Vert; tige ligneuse par le bas; feuilles à cinq lobes profondément découpés, obtus et légèrement mucronés, pétioles allongés; fleurs rouges avec une tache jaune à la base de chaque pétale; capsule à trois loges, ovales, plus grandes que les autres.

Cette espèce à racines profondes et que l'on désigne souvent sous le nom de *cotonnier rouge* ou *gossypium rubrum,* est assez répandue dans la haute Égypte, en Perse,

(1) Le coton Nankin est cultivé depuis la plus haute antiquité dans le Koïmbatour (Inde). Il y sert pour confectionner les cordons sacrés que les brahmanes portent comme insignes de leur caste.

au Brésil, en Syrie, dans la Bolivie, aux îles Célèbes, dans la Malaisie, à la Guyane, dans l'Indoustan, la Chine, au Japon, au Gabon, à l'île de Santorin, etc. Elle a produit deux variétés : l'une à *graines lisses*, l'autre à *graines feutrées* ou *duveteuses*. Elle est commune dans les Indes Orientales depuis les temps les plus anciens. Le coton qu'elle produit est beau et plus abondant que le coton fourni par le cotonnier herbacé. Elle exige un climat plus chaud que les autres cotonniers.

Le *cotonnier en arbre* est vivace dans la zone torride et bisannuel dans les Indes Orientales. Les Nubiens le nomment *kôtn beanabouk*.

Les cotonniers ligneux sont souvent de petits arbres sur lesquels on voit des feuilles, des boutons, des fleurs et des capsules ou fruits. Cette espèce végète très bien au Brésil dans les provinces de Pernambuco, de Maranham, etc., jusqu'au 30e degré de latitude, parce qu'il se plaît dans les régions non pluvieuses et qu'il y vit de dix à douze ans. Par exception, les cotonniers en arbre ne durent à Minos Novas que cinq à six ans.

En général, les *cotonniers longue soie* sont plus délicats que les autres variétés ; c'est pourquoi on les regarde souvent comme des races de luxe. Leurs fibres ont, en moyenne, de 4 à 6 centimètres de longueur. Les *cotonniers courte soie* fournissent, il est vrai, des filaments moins beaux, mais ils produisent davantage et arrivent plus tôt et plus aisément à maturité ; la longueur de leurs filaments varie de 3 à 4 centimètres.

La plupart des *cotons asiatiques* et des *cotons américains* appartiennent à la classe qui comprend les cotons courte soie.

La Guyane cultive trois variétés de cotonnier courte soie à graines feutrées :

1. Le *cotonnier dargon,* qui est très répandu et qu'on

cultive avec succès sur les terres argilo-siliceuses. Il fournit une soie douce, fine et blanche ;

2. Le *cotonnier mokho*, dont la soie, très blanche et très courte, est rude au toucher. Cette race végète bien sur les sols sablonneux ;

3. Le *cotonnier N'guinée*, qui fournit une soie Nankin, courte et rude. Il est peu répandu. On le cultive aussi sur les terrains sablonneux.

Les *cotonniers ligneux* ont une forme pyramidale ; leur durée est très variable selon le climat et les terrains où ils ont été plantés. Aux Antilles, ils vivent quatre à cinq ans ; au Brésil, trois à quatre ans ; dans la haute Égypte, deux à trois ans ; en Perse, dix à quinze ans. C'est pourquoi on peut les diviser en deux classes : les *cotonniers arbustes* et les *cotonniers en arbre.*

Souvent ces cotonniers périssent soit par le froid, soit par l'humidité. Dans l'Inde, les cotons ligneux ne vivent pas toujours très longtemps sur les terres noires riches en matières organiques, terrains que l'on nomme *black cotton soil*, parce qu'ils sont souvent trop humides pendant les saisons pluvieuses. Les *cotonniers annuels* ou *herbacés* ont une *forme buissonneuse.*

Les cotonniers ligneux ou *cotonniers frutescents,* sont, comme beaucoup d'autres, exposés à des maladies qui abrègent leur durée d'existence. Ainsi, ils végètent mal quand leurs feuilles présentent de nombreuses taches de rouille, lorsque leurs feuilles blanchissent et leurs capsules se rident, quand leurs capsules pourrissent. Toutes ces maladies sont dues à des végétations cryptogamiques, à des uredo ou des mucédinées. Les planteurs américains désignent la première altération sous le nom de *rust*, ou de *blight* et la seconde sous celui de *rot*. Les agents atmosphériques contribuent dans une large mesure à l'apparition et au développement de ces maladies.

Les cotonniers dégénèrent facilement. C'est pourquoi, en Égypte, on arrache tous les cotonniers ligneux quand ils ont donné trois récoltes.

Climat.

Le cotonnier demande un climat chaud, à température uniforme et une contrée maritime.

La zone qu'il occupe, c'est-à-dire dans laquelle il végète et mûrit facilement ses filaments, est comprise, d'une part, entre le 35e et le 41e degré de latitude sur l'hémisphère nord, et, de l'autre, entre le 30e et le 35e degré de latitude sur l'hémisphère sud. Au delà de ces limites climatériques extrêmes, sa réussite est très incertaine. Il ne faut pas oublier que les hivers à la Caroline du Sud durent seulement de décembre à février.

Il est vrai que le cotonnier végète très bien depuis Toulon jusqu'à Gênes, dans les lieux abrités des vents du Nord, mais il n'y mûrit pas toujours ses fruits. Si sa culture est étendue au Cap de Bonne-Espérance, ou dans l'État de l'Ohio, dans l'Amérique du Nord, contrées assez analogues à notre climat méridional, c'est qu'on n'y redoute pas en automne des froids semblables à ceux qu'on observe intempestivement en septembre et surtout en octobre et novembre, dans la Provence, et qui dessèchent les fleurs du cotonnier, ou nuisent à la parfaite maturité de ses fruits. Ceci explique pourquoi on a dû renoncer à sa culture en France, dans les contrées où il avait réussi pendant les premières années de ce siècle.

L'Espagne, le Maroc, l'Italie, l'Algérie sont incontestablement les seules contrées les plus septentrionales dans lesquelles la culture du cotonnier est possible, exécutée en grand.

Les contrées les plus favorables au cotonnier sont celles qui ont un printemps doux et pendant lequel on n'a point à craindre des gelées tardives, qui ont des étés chauds et des automnes à température presque régulière et exempts de pluies abondantes ou prolongées.

Les pluies fortes pendant l'été sont peu nuisibles lorsqu'elles ne sont pas persistantes, mais elles contribuent à la chute des fleurs quand elles sont fréquentes. La sécheresse du climat de l'Italie, de l'Algérie et de l'Espagne pendant l'été est la principale cause de la réussite imparfaite du cotonnier dans ces contrées, et elle explique clairement les avantages que présentent les arrosages quand ceux-ci sont possibles. Dans l'île de Chypre, les vents du Nord dessèchent les fleurs du cotonnier et les font tomber.

En Égypte, le cotonnier est cultivé, entre le 29e et le 31e degré de latitude, depuis la mer jusqu'au-dessus du Caire. Dans l'Inde, la culture s'étend depuis le cap Comorin jusqu'aux monts Himalaya, dans les vallées comme sur les hauteurs. Le coton le plus commun est récolté entre le 5e et le 15e degré de latitude Sud ; il est rude et présente une nuance très foncée ; on le nomme coton du Bengale. Le plus beau, le *sea Island* de la Caroline du Sud, est récolté à 10° au-dessus du tropique du Cancer. Le beau coton de l'Amérique du Sud est récolté dans les parties les plus chaudes ; il est supérieur au coton du Levant. Celui qu'on récolte depuis la mer jusqu'à la rivière Rouge est très blanc et remarquable par la force de ses filaments. Celui des Indes Orientales a une couleur crème. En général, les cotons de Madras, de Surate, de Smyrne et de Chypre sont incolores. Le coton récolté à l'Ile de France (20° 9′ Sud) a une supériorité incontestable sur ceux de Dacca (23°55′ Sud), d'Égypte (30° Sud) et de la Guyane (5° Équateur). Le plus commun est celui de Java (5° Sud).

L'automne, sans contredit, est la saison qui exerce la plus grande influence sur le succès des cultures de cotonniers. S'il est froid ou pluvieux, il retarde la maturité des capsules ou altère la bourre soyeuse qu'elles contiennent ; c'est la beauté de l'automne et la régularité de sa température et de sa manière d'être qui, dans la Géorgie, la Louisiane, le Texas, etc., assurent la réussite complète des cotonniers qu'on y cultive.

Je dois ajouter que le cotonnier mûrit mal ses fruits dans la partie méridionale de l'Europe, en Afrique et en Asie, si on le cultive au delà de 400 à 500 mètres d'altitude. Au-dessus de cette limite, la somme de chaleur est insuffisante pour qu'il puisse végéter avec rapidité et bien épanouir ses fleurs pendant les mois de juillet et août.

La mer exerce aussi une très grande influence sur la réussite du cotonnier. Est-ce parce que cette plante textile a besoin de l'air salin ou est-ce parce que la brise de mer tempère heureusement pendant la nuit le refroidissement de l'air et du sol? Quoi qu'il en soit, à Malte, à la Guyane, à la Caroline, à la Géorgie, en Italie, etc., c'est dans la zône voisine de la mer que sont établies les grandes cultures de cette plante textile.

Des observations faites dans diverses contrées prouvent qu'on doit éviter, autant que possible, de cultiver le coton au delà de 50 à 100 kilomètres du rivage de l'Océan ou de la Méditerranée, distance au delà de laquelle on ne subit plus l'influence bienfaisante de la mer et de ses émanations salines. On ne doit pas oublier que les cultures cotonnières dans la Caroline du Sud, la Floride, la Guyane, etc., sont situées à une faible distance de l'Océan. Du reste, il a été partout reconnu que les rivages maritimes produisaient du coton à longue soie et que les terres intérieures ne fournissaient presque exclusivement que du coton courte soie.

Partout aussi, on a constaté que le cotonnier fleurit mieux sur le bord de la mer et qu'il y produit du coton plus fin et plus nerveux.

En résumé, les races asiatiques doivent être cultivées sous un climat tropical, et les races américaines dans les contrées de l'Europe où le climat est très tempéré et surtout très régulier pendant l'automne.

Terrain.

NATURE. — Les terres profondes, les sols sablonneux, les terrains de consistance moyenne, ni trop secs, ni trop humides, et d'une bonne fertilité, sont ceux qui conviennent le mieux au cotonnier, lorsqu'ils sont exposés au Sud et à l'Est et abrités du Nord par des élévations ou par de hautes plantations forestières.

Les sols d'alluvion, les terres calcaires siliceuses, calcaires-argileuses contenant quelques pierres, un peu de fer et des sels alcalins et reposant sur un *sous-sol perméable*, permettent au cotonnier herbacé d'atteindre facilement 1 mètre à 1^m,20 d'élévation.

Les terrains les plus favorables aux cotonniers en Égypte, sont situés le long des canaux du Nil, dans le voisinage des marais et des lacs salins alimentés par la Méditerranée. Ces terrains sont frais pendant l'été.

Voici quelques analyses des terrains sur lesquels on cultive le coton aux États-Unis d'Amérique :

1° *Coton longue soie.*

		Géorgie.	Mississipi.
Silice........... pour 100		92,040	90,000
Alumine..........	—	1,500	2,000
Chaux...........	—	0,280	0,280
Magnésie.........	—	0,360	0,300
Potasse..........	—	1,000	0,290
Soude	—	0,500	2,014
Peroxyde de fer....	—	1,500	1,000
Acide phosphorique.	—	0,040	0,600
— sulfurique...	—	0,009	0,007
Chlore..........	—	0,010	0,005
Matières organiques.	—	2,760	3,500
Perte...........	—	0,001	0,004
		100,000	100,000

2° *Coton courte soie.*

		Caroline du Sud.	Mississipi.
Silice............pour 100		78,000	81,000
Alumine..........	—	10,060	6,800
Chaux...........	—	0,260	0,570
Potasse..........	—	1,000	0,580
Magnésie.........	—	0,200	1,600
Soude	—	0,710	1,290
Peroxyde de fer....	—	4,850	4,160
Acide phosphorique.	—	0,310	0,380
— sulfurique...	—	0,000	0,070
Chlore...........	—	0,050	0,050
Matières organiques.	—	4,400	3,300
Perte...........	—	0,160	0,200
		100,000	100,000

On a constaté en Angleterre que le coton *sea Island* contenait, sur 100 parties, 64 de sels de potasse solubles et 36 de chaux, magnésie, fer, etc., insolubles.

Les terrains consacrés à la culture du coton courte soie sont donc moins sablonneux que les sols sur lesquels on cultive le coton longue soie.

Les terrains très argileux, argilo-calcaires et très calcaires, en général, ne sont pas favorables au cotonnier ; les uns sont trop compactes en été et trop humides et froids en automne ; les autres sont trop secs pendant l'été.

En général, les cotons longue soie exigent plus d'arrosages ou plus de fraîcheur que les cotons courte soie.

Dans toutes les contrées où le climat est tempéré, comme en Espagne, en Italie, etc., on a constaté qu'on devait choisir de préférence les terrains qui s'échauffent de bonne heure au printemps, qui se refroidissent très lentement en automne, qui ne sont pas exposés à l'action de vents violents et sur lesquels les eaux pluviales disparaissent facilement.

Ajoutons que le cotonnier redoute les plantes nuisibles, à racines vivaces et traçantes.

PRÉPARATION. — Les terres qu'on consacre à la culture du cotonnier doivent être préparées à l'aide de trois ou quatre labours. Dans l'île de Malte, on les laboure cinq ou six fois. Le premier labour doit être pratiqué à la fin de l'automne.

On laboure les terres à plat ou en billons éloignés de 80 centimètres à 1ᵐ,20 de milieu en milieu. La disposition du sol en ados est indispensable si le sol doit être irrigué pendant la végétation du cotonnier.

En Algérie, on divise souvent les champs en petites planches de 1ᵐ,20 à 1ᵐ,70 de largeur. Les dérayures qui séparent ces planches servent de rigoles d'arrosement quand les irrigations sont possibles.

On rend la préparation plus parfaite quand on peut faire suivre la charrue ordinaire au premier ou au second labour par une *charrue fouilleuse*.

On termine l'appropriation du sol, en divisant bien et en aplanissant sa surface avec la herse et le rouleau.

Dans les petites cultures, on prépare les terres à bras, soit avec la bêche, soit à l'aide de la houe fourchue.

Quantité d'engrais nécessaire.

Le cotonnier est une plante à la fois exigeante et épuisante. Il convient d'appliquer par hectare 20.000 kilogr. de fumier de ferme, ou 2.000 kilogrammes de tourteau de coton. On peut remplacer cette fumure par 1.500 kilogr. de tourteau de sésame ou 1.400 kilogr. de tourteau d'arachide.

Les fumiers d'étables et de bergeries ont l'avantage, quand, ils ont été bien appliqués, de faire naître un grand nombre de fleurs et par conséquent un grand nombre de capsules bien soyeuses.

Les terres pauvres et non susceptibles d'être irriguées réclament impérieusement des engrais.

Au Japon, on fume les cotonniers avec des engrais humains, d'abord après la semaille, et ensuite, après l'écimage, qui a lieu en juin et juillet.

Les vases salées (*salt mud*) sont très utilisées dans l'Inde et en Amérique.

Les substances calcaires, appliquées sur des terres qui ne contiennent pas de carbonate de chaux, exercent une heureuse influence sur le développement des cotonniers. Les vases de mer sont aussi très bonnes, parce que le cotonnier est très avide de sels alcalins. Les cendres de ces plantes, d'après le docteur Ure, contiennent 64 pour 100 de sels potassiques et 20 pour 100 de phosphate et carbonate de chaux.

Si le cotonnier fleurit mal sur les terrains pauvres et trop secs, par contre il végète assez irrégulièrement sur les terres fortement fumées. Ainsi, sur les terrains riches en humus, il se développe avec une grande vigueur, fleurit bien, mais un grand nombre de ses fleurs tombent sans produire de capsules. Le même fait a lieu quand on arrose trop abondamment. Autrefois, en Syrie, on fumait une année à l'avance les terres sur lesquelles on voulait cultiver le cotonnier.

Semis.

ÉPOQUE. — Les semis se font à des époques variables suivant les contrées.

Aux *États-Unis*, on les exécute vers la fin de mars, pendant le mois d'avril ou en mai quand le temps est froid et pluvieux.

En *Algérie*, on les fait du 15 avril au 15 mai; dans la province d'Oran, par exception, on les exécute quelquefois dans la première quinzaine d'avril.

En *Égypte*, à la *Guyane*, on les exécute en mars ou avril.

A *Malte*, on les fait en avril et mai.

En *Chine*, on les exécute à la fin d'avril ou dans le courant de mai.

Dans l'*Inde*, on les fait à des époques variables, suivant les localités, en s'arrangeant de manière qu'on puisse faire la récolte des coques pendant la saison sèche, après les pluies, depuis avril jusqu'en septembre.

En *Grèce* et en *Syrie*, les semis se font en avril.

Au *Japon*, on les fait en mai, comme dans les *Iles Ioniennes*.

Au *Brésil*, les semis sont faits en octobre.

On ne doit les exécuter que lorsque la température moyenne s'est élevée à 15 et 16°, c'est-à-dire quand on ne redoute plus aucune gelée.

QUALITÉ DES GRAINES. — On ne doit confier à la terre que des graines d'excellente qualité et récoltées sur des pieds choisis.

On doit aussi rejeter toute graine feutrée, quand il s'agit d'obtenir du coton longue soie.

La graine de bonne qualité a un embryon blanc pointillé de noir; celle qui ne germe plus a un embryon jaunâtre.

La semence du cotonnier conserve en Europe sa faculté germinative pendant deux ou trois ans; dans les Indes Orientales, elle la perd après une année.

PRÉPARATION DES SEMENCES. — On sème souvent les graines du cotonnier sans leur faire subir préalablement aucune préparation; mais quelquefois on les débarrasse de leur duvet lorsqu'elles ne sont pas lisses, afin qu'elles glissent mieux entre les mains du semeur.

En Égypte, on les fait tremper pendant 24 heures dans une bouillie faite avec des excréments d'animaux et de l'eau; au Japon, on les praline avec de la cendre. Ebn-El-

Arvan recommande de les praliner, après le trempage, avec du fumier réduit en poudre ou un engrais pulvérulent.

Dans l'Inde, le pralinage se fait avec de la bouse de bêtes bovines.

Le trempage n'est utile que lorsque la semaille est faite par un temps sec et lorsqu'on confie les graines à des terres desséchées par le soleil. Cette opération fait presque toujours pourrir les graines quand la terre est fraîche ou lorsqu'il survient des pluies continuelles après la semaille.

Exécution. — On sème les graines de cotonnier en *poquets*, en *lignes*, ou à la *volée*. Quand on opère avec le plantoir, on rayonne le terrain et on met dans chaque trou de 3 à 5 graines. Si on sème par poquets, on se sert de la pioche ou de la binette. Les semis en lignes se font dans des rayons ; on recouvre les graines avec un râteau.

Les Chinois enterrent les graines en piétinant le sol qu'ils ont ensemencé.

Lorsqu'on opère sur des terres compactes, on recouvre les graines avec du sable pur ou du terreau.

La semaille à la volée n'est en usage que dans la basse Égypte.

Espacement des lignes et des plants. — La distance qui doit exister entre les lignes et les plants varie suivant la fertilité et la fraîcheur du sol et selon la variété qu'on cultive. Le plus ordinairement, on espace les plants, qui atteignent 1 mètre de hauteur, de 1 mètre en tous sens. Les limites extrêmes varient ainsi :

Écartement des lignes : 1 mètre, 1^m,20, 1^m,30 et 1^m,50 ; espacement des pieds sur les lignes : 60, 80 centimètres, 1 mètre et 1^m,20.

Les cotonniers doivent végéter isolément, parce qu'ils demandent beaucoup d'air pour bien mûrir leurs coques.

Un hectare comprend 12.000 pieds quand les plants sont espacés de 80 centimètres sur des lignes distantes les unes des autres de 1 mètre. Les cotonniers ligneux ne dépassent pas ordinairement 1.200 pieds par hectare. On les arrose pendant les grandes chaleurs.

QUANTITÉ DE GRAINES. — L'espacement des graines à 1 mètre de distance exige de 60, 80 à 100 litres de semences par hectare.

Les mulots et les rats sont friands des graines du cotonnier.

POIDS DE L'HECTOLITRE. — Un hectolitre de graines de cotonnier pèse de 38 à 42 kilogr.

PROFONDEUR A LAQUELLE LES GRAINES DOIVENT ÊTRE PLACÉES. — Les graines ne doivent pas être enterrées trop profondément. Dans les sols légers et par les printemps secs, on peut les enfouir à 5 ou 8 centimètres de profondeur; dans les années ordinaires, on les enterre seulement à 3 ou 5 centimètres.

Il est très utile de rouler le sol aussitôt que la semaille est terminée. Ce plombage serre la terre contre les semences et favorise leur germination.

La graine pourrit quand le sol est humide et lorsque le thermomètre ne s'élève pas en moyenne à plus de 10°.

Dans l'Inde, on sème quelquefois du maïs en lignes entre les rayons de cotonniers dans le but de les garantir du soleil.

Dans cette partie de l'Asie, la culture du cotonnier a lieu par transplantation.

GERMINATION. — Les graines germent 8 à 10 jours après la semaille si la température se maintient à 16°. Les semences du cotonnier d'Iviça sont celles qui germent le plus promptement.

Quand la terre est fraîche et lorsque la température s'élève à 18 ou 20°, la germination se fait en sept jours; elle n'a lieu que vers le dix-septième jour si elle s'abaisse à 12 ou 13°.

Soins d'entretien.

PREMIER BINAGE. — On donne un premier binage 8 à 12 jours après la germination, soit à la fin de mai ou dans le courant de juin.

DEUXIÈME BINAGE. — On répète le binage quand les cotonniers ont 3 à 5 feuilles, ou plus tôt si la terre s'est durcie superficiellement.

ÉCLAIRCISSAGE. — Si toutes les graines ont levé, ou si les jeunes plants sont trop nombreux, on les éclaircit en laissant les pieds les plus vigoureux et en agissant de manière qu'ils soient espacés sur les lignes de 60 centimètres à 1^m,20 suivant les localités.

TROISIÈME BINAGE. — On donne un troisième binage avant la formation des boutons. On peut facilement exécuter cette opération avec la houe à cheval.

QUATRIÈME BINAGE. — Dans diverses cultures, on donne un quatrième et dernier binage. Cette dernière culture d'entretien a lieu avant l'épanouissement des fleurs; si on l'opérait pendant la floraison, on nuirait à la fécondation ou on occasionnerait la chute d'un certain nombre de corolles. Ce dernier binage peut être aussi exécuté avec une houe à cheval.

Le premier sarclage a lieu, en Égypte, quand les cotons herbacés ont 10 centimètres de hauteur. On émonde les troncs des cotonniers frutescents, quand ils ont 1^m,50 de hauteur.

Au Brésil, pendant les binages et les sarclages, on tue souvent des serpents à sonnettes, reptiles qui sont dangereux pour les travailleurs.

Arrosage.

Les irrigations ont une grande influence sur le dévelop-

pement du cotonnier. On les commence en juin, c'est-à-dire
après le développement des premières feuilles, et on les continue, si cela est possible, jusqu'à l'apparition des filaments. Toutefois, il est nécessaire, à partir de la floraison,
de les rendre moins copieux et moins fréquents. A Malte,
on les cesse quand la coque commence à se former.

En Égypte, on arrose avant la semaille, après la levée
des graines, après le premier sarclage et ensuite tous les
10 ou 15 jours jusqu'à la cueillette.

En Algérie, suivant les circonstances, on les répète 3, 4
ou 6 fois, depuis le mois de juin jusqu'au mois d'août.

Chaque arrosage pratiqué sur une étendue d'un hectare
exige environ 800 à 1.000 mètres cubes d'eau.

Les arrosements trop copieux et trop répétés ont de
graves inconvénients, ainsi que l'ont démontré en 1856
les cultures de M. Pérès à l'Habra (Algérie).

Le cotonnier d'Iviça exige moins d'eau que les autres
variétés.

Taille et étêtage.

On opère deux sortes de taille dans la culture du cotonnier : 1° celle qu'on pratique sur les cotonniers en arbre et
que l'on opère chaque année avant le développement des
pousses ; 2° celle qu'on exécute sur les cotonniers herbacés.

Dans le premier cas, on enlève les branches mortes et
on rabat tous les rameaux sur le vieux bois. A l'île de Santorin, on coupe rez terre en automne, avant l'arrivée des
froids, tous les cotonniers ligneux, on les butte comme s'il
était question de câpriers cultivés dans le midi de la
France et on les découvre au commencement du printemps
suivant.

Dans le second cas, on rabat les cotonniers à 40 centimètres au-dessus du sol, afin d'obtenir des plantes plus basses et

plus ramifiées et conséquemment plus de fleurs et des capsules plus développées. Ce mode de culture a été pratiqué en 1854, en Algérie, par M. Sibour. Les cotonniers soumis à cette taille ont fleuri en août et ont mûri leurs graines vingt jours avant tous les autres. Ils formaient des touffes chargées de branches vigoureuses.

Dans diverses cultures, on écime avant la floraison. Cette opération arrête le développement des pousses et favorise la fécondation et le développement des capsules. Aux États-Unis, les cotonniers ne sont pas écimés.

Quand le cotonnier ligneux a atteint, au Brésil, 80 centimètres de hauteur, on pince la pousse terminale dans le but de le faire ramifier et pour l'empêcher d'atteindre 5 à 6 mètres d'élévation ; on répète ce pincement deux ou trois fois. Après trois ou quatre années de végétation, on le recèpe pour qu'il développe de nouvelles pousses plus vigoureuses.

On a proposé d'étêter les cotonniers annuels au moment où ils commencent à fleurir, afin de les empêcher de monter et pour les forcer à développer des jets latéraux. L'utilité de cette opération a été contestée par divers planteurs.

On a aussi recommandé de ne laisser sur chaque cotonnier que les douze plus belles capsules et de retrancher les autres. Cette opération a été pratiquée en Algérie avec succès sur des cotonniers longue soie. Elle n'est pas en usage dans les Indes et en Amérique.

Plantes, agents atmosphériques et insectes nuisibles.

Le *liseron* (CONVOLVULUS ARVENSIS, L.) et le *chiendent d'Afrique* (CYNODON DACTYLON, L.) sont des plantes très nuisibles parce qu'elles sont vivaces et très envahissantes. Le liseron, en s'enroulant jusqu'aux sommets des cotonniers, détruit un grand nombre de fleurs ou de capsules.

Le cotonnier est sujet à la *rouille* et à une maladie cryptogamique qui apparaît sur les pieds les plus vigoureux, quand leur végétation se ralentit et que leurs feuilles prennent une nuance bleuâtre. Les *cotons bleus* arrivent difficilement à maturité.

Les cotonniers souffrent, en Algérie, du *vent brûlant du désert* qu'on nomme *Simoun*, du *vent d'ouest* parce qu'il est glacial, des *longues sécheresses* qui compromettent souvent l'avenir des cultures, lorsqu'on ne peut exécuter des arrosages, et des *pluies d'automne* parce qu'elles font pourrir les filaments soyeux ou diminuent l'éclat du coton et le rendent gris.

Sous tous les climats, les pluies de juillet et d'août, lorsqu'elles sont persistantes, font avorter les fleurs. Par exception, au Pérou, les sécheresses et les pluies n'arrêtent pas, comme aux États-Unis, la végétation des cotonniers.

Les *insectes* qui attaquent les cotonniers sont nombreux. Les plus redoutables sont au nombre de six, savoir :

1. La *courtilière* (GRYLLOTALPA) est le *cut worm* des Américains; elle détruit les jeunes cotonniers par les galeries qu'elle creuse en avril et mai. Elle a causé de grands dommages en Algérie en 1856 et 1857.

2. Le *criquet voyageur* (ACRIDIUM MIGRATORIUM), improprement appelé *sauterelle*, occasionne toujours d'importants dommages en ce qu'il s'attaque aux parties vertes.

3. La *chenille* ou *ver du coton*, ou *noctuelle à coton* (NOCTUA GOSSYPII ou NOCTUA XYLIMIA), est très vorace et cause très souvent des ravages considérables dans les cultures de la Caroline, de la Géorgie, etc. Elle s'attaque principalement aux cotonniers qui sont rapprochés les uns des autres, parce qu'elle recherche l'ombre et qu'elle redoute le soleil, la pluie et le vent. Il n'est pas rare d'en voir un grand nombre sur un seul pied. Autrefois, au Brésil, le commandeur qui surveillait les esclaves chargés de détruire ces insec-

tes était armé d'un fouet et il punissait toute négligence.

Cette chenille détruit en août et septembre les feuilles, les fleurs et les capsules, qui, à cette époque, sont encore vertes. Les Américains l'appellent *cotton army worm*.

3. La *punaise rouge* (Lygœus) est le *cotton strainer* des planteurs américains et le *red bug* des Géorgiens; munie d'une longue trompe, cette punaise s'attaque aux graines lorsqu'elles sont encore vertes et dès que la capsule s'ouvre. Les semences ayant été ainsi en grande partie détruites sont écrasées par les cylindres des machines qui égrènent le coton et salissent ce dernier, ce qui diminue sa valeur commerciale.

Les *punaises noires* commettent les mêmes dégâts. Comme les précédentes, leur multiplication est prodigieuse.

4. L'*apate moine* (Apata monachus) cause des dommages aux cotonniers par la larve blanche et transparente qu'elle produit. Cet insecte s'introduit à l'intérieur de la tige en s'avançant en spirale et vit au détriment de la moëlle. Pendant ce temps, il passe au brun, au gris ou au rouge. C'est en mai ou juin qu'il commet ses ravages.

5. Le *puceron* ou *cochenille* (Coccus) est très redouté, parce qu'il nuit beaucoup aux cotonniers en enfonçant sa trompe dans leur écorce pour s'en nourrir. Il n'est pas rare d'en voir en mai et juin des milliers sur un seul pied.

Cet insecte est appelé aux États-Unis *cotton louse*.

6. L'*érodie bossue* (Erodius gibbosus) est un coléoptère noir qui détruit les jeunes cotonniers.

Tous ces insectes sont d'une destruction assez difficile. Cependant, souvent on en détruit un grand nombre en répandant sur les cotonniers qu'ils attaquent du plâtre, de la chaux vive en poudre ou des substances arsenicales.

On peut encore signaler le *papillon à ailes noires*, la *chenille tarentelle*, la *mygale aviculaire*, le *hanneton à foulon*, le *perce-oreille noir*, la *punaise de bois*, l'*eumolpe de la vigne*.

Récolte.

Époque. — La cueillette des coques commence en août ou septembre et se continue jusqu'à la fin de novembre, suivant les contrées.

Aux États-Unis, où le temps est beau pendant les mois d'octobre, novembre et décembre, la récolte des capsules dure trois à quatre mois. Il n'en est pas de même dans l'Inde et en Algérie. Dans ces contrées, la cueillette dure seulement deux à trois mois au plus.

En général, elle commence six semaines ou deux mois après l'apparition des premières fleurs.

La maturité des capsules est, en général, plus tardive sur les élévations que dans les plaines voisines de la mer.

Il est très important de bien saisir le moment où la récolte doit être faite.

Le coton récolté trop tardivement est toujours cassant.

En *Amérique,* la récolte a lieu généralement depuis le 1er octobre jusqu'au 30 novembre.

En *Égypte,* on l'opère de juillet à janvier ; au *Brésil* et à Cayenne, la récolte commence en mai et se termine en août. Lorsqu'on exécute deux récoltes par an sur les cotonniers ligneux, on opère la première de décembre à janvier.

A *Malte,* dans l'île de Chypre, en Syrie et aux Antilles, on effectue la cueillette en octobre.

Dans l'*Inde centrale*, on la fait depuis la mi-avril jusqu'à la fin de mai.

On opère donc la récolte des coques à des époques variables suivant les latitudes, quand elles ont pris une teinte jaunâtre et qu'on peut facilement enlever le coton en le pinçant avec les doigts. On opère sur chaque pied de 10 en 10 jours. Les gousses situées au sommet des ramifications sont celles qui contiennent le plus beau coton.

En général, la cueillette des coques dure de 70 à 80 jours.

J'ai dit qu'une coque pèse, en moyenne, 30 grammes et renferme le double de son poids en graine.

On doit éviter d'agir quand les capsules sont humides ou encore mouillées par une rosée abondante.

EXÉCUTION. — Les ouvriers, hommes, femmes et enfants, ont devant eux un sac ayant plusieurs compartiments et se placent sur une seule ligne, ou deux cueilleurs suivent la même rangée en se tenant à droite et à gauche. Alors chaque ouvrier coupe une capsule avec des ciseaux, détache les sépales formant le calice, la prend dans la main gauche et saisit avec les doigts de la main droite tous les filaments, enlève ces derniers avec les graines et les dépose dans une des poches que présente le sac qu'il porte. Quand la coque n'est pas suffisamment ouverte, il la presse avec le pouce de la main gauche, alors elle s'entr'ouvre et laisse apercevoir la soie.

Chaque ouvrier doit éviter de mêler les diverses qualités. Le plus ordinairement, on en distingue trois : la première comprend les filaments les plus longs et les plus fins ; la seconde, les filaments plus gros et moins longs ; la troisième, les filaments qui présentent des altérations.

Les ouvriers doivent aussi éviter d'y mêler des folioles caliculaires parce qu'elles sont difficiles à séparer des soies.

On n'exécute pas la cueillette des capsules en un seul jour ; on l'opère en plusieurs fois, au fur et à mesure de la maturité des graines et des filaments.

A Oran, on paye de 20 à 30 centimes par kilogr. bien récolté.

Aux États-Unis, un enfant ramasse par jour 15 à 20 kilogr. de coton brut et un homme de 35 à 40 kilogr. ; en Égypte, un fellah n'en récolte que 7 à 9 kilogr.

SÉCHAGE DE LA SOIE. — Le coton, après avoir été séparé des capsules, doit être étendu au soleil, sur des claies, pendant 4 à 6 heures durant plusieurs jours. On ne doit le mettre en tas que lorsque les graines sont entièrement sèches. Si on le rentrait aussitôt après la récolte, il s'altérerait et prendrait une teinte jaunâtre ou roussâtre; en outre, il perdrait de son éclat et de sa force. A l'île de Chypre, on l'étend au soleil sur des terrasses.

Dès qu'il est sec et avant de l'égrener, on l'assortit, c'est-à-dire on sépare les qualités. Cette opération est faite par des *assortisseuses*.

Égrenage ou émondage.

Quand le coton est sec et qu'on n'a point à craindre que, réuni en masse, il fermente, on procède à la séparation des graines. Cette opération se fait de deux manières : 1° à la main; 2° à l'aide d'une machine.

1° L'*égrenage à la main* est parfait, mais il est très long et très coûteux. On a constaté qu'une femme n'égrenait à la main que 200 à 500 grammes de coton par jour.

2° L'*égrenage à la mécanique* se fait avec une machine *roller-gin*, qui se compose de deux cylindres horizontaux en bois ou en fer et polis ou cannelés. On emploie de préférence les cylindres en fer quand le coton est adhérent aux graines. Les deux rouleaux sont très rapprochés et tournent l'un et l'autre en sens contraire. Un ouvrier met l'appareil en mouvement à l'aide d'une manivelle et un second distribue le coton entre les cylindres; ceux-ci, en ne laissant pas passer les graines, les séparent de la soie.

Au Brésil, deux nègres, avec un appareil à deux cylindres de 33 centimètres de long sur 2 de diamètre, égrènent par jour environ 30 kilogr. de coton brut et obtiennent de 6 à 7 kilogr. de soie.

On possède en Amérique des machines construites sur le même principe, qui sont mues par des chevaux ou par la

vapeur. La plus ancienne est celle qu'a imaginée Élie With-
ney, de Massachusett, en 1793, et que les Américains ont
appelée *saw-gin*. Elle est de la force d'un cheval-vapeur et
peut préparer en un jour de 120 à 150 kilogr. de coton;
elle est desservie par neuf personnes. On ne l'emploie que

Fig. 98. — Machine Carthy pour égrener le coton.

pour égrener le *coton courte soie*. Le prix de revient du
coton égrené varie entre 13 et 15 centimes le kilogr.

Les Américains égrènent le coton longue soie :

1° Au moyen du fléau. Chaque ouvrier bat 2 kilogr.
250 gr. de coton pour 3 kilogr. 400 gr. de blé. Ce procédé
rend le nettoyage difficile.

2° Avec un appareil appelé *roller-gin* (moulin à coton)

(fig. 28), perfectionné par Carthy et mû par une manivelle fixée sur un volant A, qui met en mouvement la poulie B ; celle-ci imprime un mouvement aux tiges *dd*, portant des aiguilles mobiles qui font avancer le coton à égrener sous un rouleau recouvert de cuir. Le coton égrené tombe dans la caisse E et les graines dans le réservoir I. Un ouvrier accompagné d'un enfant égrène par jour en moyenne, 30 kilogr. de coton.

En général, aux États-Unis, le coton longue soie est égrené à l'aide de la machine *roller-gin* ou la machine dite *foot-gin*, et le coton courte soie au moyen de la machine *saw-gin*.

Une machine mise en mouvement par un cheval égrène par jour de 140 à 180 kilogr. de coton nettoyé. Le plus ordinairement, l'égrenage a lieu chez le planteur.

Lorsque le coton a été égrené, on le bat avec des baguettes après l'avoir étendu sur une toile, et on enlève ensuite les ordures, les débris de coques ou de graines. Ce battage lui donne du lustre et le rend propre à être filé. Quelquefois on remplace le battage par un peignage fait avec des cardes en acier.

Après avoir été égrené, le coton est exposé au soleil et non sous des hangars. On doit éviter toute humidité. En Chine, où le nettoyage se fait à l'aide de la machine dite *roller-gin,* on fait sécher au soleil le coton après l'avoir étendu sur des claies de bambous.

Rendement.

Le rendement du cotonnier est variable suivant la latitude, la variété cultivée, la nature du sol et les procédés culturaux.

Voici les produits moyens qu'on obtient dans les circonstances ordinaires :

	Coton net.
États-Unis............	400 kilog.
Guadeloupe..........	350 —
Réunion............	450 —
Grèce...............	250 —
Antilles............	600 —
Moyenne.............................	400 kilog.

La production moyenne dans les Calabres (Italie) varie de 290 à 300 kilogr. par hectare.

Le plus généralement le coton brut donne :

Coton net............	20 à 30 pour 100
Graines..............	60 à 70 —
Déchet..............	5 à 8 —

Et, sur 100 de coton net :

50 pour 100	de qualité ordinaire.
30 —	de qualité intermédiaire.
20 —	de qualité fine.

Ainsi, un hectare produisant 1.200 kilogr. de coton brut donnerait environ 350 à 400 kilogr. de coton nettoyé. Ce résultat est celui qu'on obtient, en moyenne, aux États-Unis et au Vénézuela dans la culture du coton courte soie.

Dans les meilleures années, on ne récolte pas par hectare, en moyenne, au delà de 500 kilogrammes de coton nettoyé.

Le coton brut est au coton nettoyé comme 4 : 1 ou 3 : 1.

Il faut des années tout à fait exceptionnelles pour que ce rendement s'élève à 600 kilogr. par hectare dans les terres les plus favorables au cotonnier. Les terres de qualité médiocre ne produisent pas, en moyenne, au delà de 200 à 250 kilogrammes de coton nettoyé.

En Amérique, dans les circonstances ordinaires, un cotonnier en pleine végétation donne 40 à 50 grammes de coton nettoyé. Les cotonniers en arbre en produisent parfois jusqu'à 3 et même 5 kilogr. dans la Bolivie et au Pérou.

Les cotons bien récoltés et de bonne qualité donnent au triage :

        Coton extra fin............ 20 pour 100
        Coton fin................ 25   —
        Commun................. 55   —

Un hectare qui donne, en moyenne, 400 kilogr. de coton net produit 700 à 800 kilogr. de graines ou 38 à 40 hecto-litres.

Le coton longue soie est toujours moins productif que le coton courte soie.

En résumé, les graines, qui sont ordinairement très nom-breuses, sont au moins deux fois plus pesantes que le coton.

On doit conserver les graines du cotonnier dans un local à l'abri des rats.

Les cotonniers frutescents donnent par an et par arbre, en moyenne, de 600 grammes à 1 kilogr. de coton nettoyé.

Emballage des cotons.

Aux États-Unis, le *coton longue soie* est emballé dans des toiles de chanvre ou de jute.

Le sac, plus ou moins long, est suspendu à quatre cordes; un ouvrier y descend et foule le coton avec ses pieds et ses mains aussi fortement que possible. De temps à autre, on mouille très légèrement la toile en dehors afin qu'elle prête plus facilement.

En Amérique, un inspecteur préside toujours à l'embal-lage des cotons, afin de s'assurer de leur propreté et de la qualité qu'on met en balles.

Les balles sont ordinairement rondes.

Le coton longue soie récolté en Égypte est emballé dans une toile blanche de lin. Les balles sont rondes ou carrées. Le coton du Brésil arrive en Europe en balles carrées enve-loppées d'une toile de coton et liées avec des écorces.

Le *coton courte soie*, aux États-Unis, est emballé dans une toile de chanvre à l'aide de presses hydrauliques. Les balles sont carrées et maintenues par 4 à 6 cordes.

Le même coton venant du Bengale, de Madras, etc., est emballé dans des toiles faites avec des fibres d'écorces. Les balles sont aussi carrées.

Les balles de coton livrées au commerce ont les poids suivants : coton de la Louisiane, 198 kilogr.; coton long de Géorgie, 220 kilogr.; coton du Brésil, 81 kilogr.; coton d'Égypte, 195 kilogr,; coton des Indes, 178 kilogr. Les balles des Indes dites *soja* ne pèsent que 118 kilogr.

Emplois des produits.

COTON. — Le coton sert à faire des fils plus ou moins fins qu'on emploie dans la couture, le tissage des étoffes, et la fabrication de dentelles. On l'utilise aussi pour rembourrer des vêtements, à cause de sa propriété spéciale, celle d'être mauvais conducteur de la chaleur.

Les cotons longue soie sont les plus propres à la filature des numéros fins, c'est-à-dire au-dessus de 100. En général, on ne file guère au delà du n° 300. Le plus ordinairement, les besoins de l'industrie ne dépassent pas le n° 250.

Le coton de la Caroline du Sud, filé à Manchester, fournit par kilogramme 850 à 1.000 écheveaux ayant ensemble près de 800.000 mètres de longueur. Le fil qui sert à fabriquer la mousseline donne 500 écheveaux au kilogramme, ayant ensemble environ 400.000 mètres de longueur.

Les numéros anglais ne correspondent pas aux numéros français. En voici la comparaison :

	Français.	Anglais.
N° 350	350.000 mètres	268.084 mètres.
N° 500	500.000 —	384.000 —

Le fil de première qualité se vend 416 à 800 francs le kilogramme suivant sa finesse. Les fils avec lesquels on fabrique de la dentelle de prix se vendent jusqu'à 5.000 francs le kilogramme.

GRAINES. — Les graines de coton bien dépouillées servent depuis longtemps, dans l'Inde et en Égypte, à la nourriture des bêtes bovines et ovines.

On en extrait, en Amérique et en Europe, une huile épaisse, noire, lorsqu'elle est très impure ; rougâtre d'ordinaire, d'un goût âcre et qu'on utilise pour l'éclairage et le graissage des machines. Mais cette même huile, bien épurée, convient pour les usages de la table. Comme elle se congèle à la même température que l'huile d'olive, on l'emploie beaucoup pour falsifier cette dernière et il est très difficile de la reconnaître dans les mélanges.

La densité de l'huile de coton épurée est, à $+ 15$ degrés, de 0,9306.

Un hectolitre de graines de coton pèse de 20 à 22 kilogr. 100 kilogr. de graines valant de 10 à 12 francs donnent dans les usines les produits suivants :

Huile épurée.............	18 à 20 kilog.
Tourteau................	70 à 75 —
Résidu gras.............	3 à 5 —

Les graines sont vendues 10 à 12 francs les 100 kilogr. Normalement, elles contiennent 31 à 32 pour 100 d'huile.

Le *tourteau de coton* contient de 4 à 6,50 pour 100 d'azote. On l'emploie avec succès dans l'alimentation des animaux domestiques.

Valeur commerciale des cotons.

Les *cotons courte soie* et *longue soie* sont réputés marchands quand leur finesse, leur élasticité, leur ténacité et leur couleur sont remarquables par leur *complète homogénéité*.

Les *cotons longue soie* nous arrivent principalement de la Géorgie, de l'Alabama, du Mississipi, de l'Égypte, du Brésil, de Cuba, et les *cotons courte soie* de la Louisiane, de l'Arkansas, de la Caroline dans les États-Unis, de l'Inde et du Levant, c'est-à-dire de la Turquie d'Europe, de la Grèce, de l'Ile de Chypre, etc.

Le COTON LONGUE SOIE qui arrive en Europe des *États-Unis* est le plus beau coton du monde. Il se distingue de tous les autres cotons par sa finesse, sa force, sa longueur, et sa propreté. Il a une nuance blanc d'argent et il est très brillant. On le récolte dans la partie basse de la côte des États-Unis, entre Savannah et la Caroline du Sud. Sa production annuelle n'excède pas 50.000 balles : Géorgie 8 à 10.000 ; Caroline 15 à 16.000 ; Floride 24 à 25.000.

Le *coton Jumel* récolté en Égypte est mieux préparé maintenant qu'autrefois, mais il est moins long que le coton longue soie américain ; de plus, il est un peu dur et sa nuance est un peu terne, trop jaunâtre. Ces défauts tiennent à sa préparation.

Le *coton du Brésil* ou de Fernambouc est nerveux et a une belle nuance, mais sa soie est un peu dure et un peu grosse. Le coton de Bahia est irrégulier au point de vue de sa nuance et de sa propreté.

Le COTON COURTE SOIE qui vient de la Louisiane est propre ; sa soie, d'une belle nuance blanche, est fine, douce et régulière. Le coton d'Alabama est beau, mais il est moins fin, moins uni ; il est d'un beau blanc. Le coton Géorgie (Upland) est nerveux, assez fin, propre et régulier. Le coton de la Caroline a une jolie nuance, mais sa fibre est moins fine que celle du coton de la Louisiane. Enfin, le coton de la Floride est irrégulier au point de vue de la nuance, de la propreté et de la qualité.

Le *coton des Indes* importé du Bengale, de Madras, etc., a des fibres courtes et des nuances diverses ; il est inférieur sous tous les rapports au coton courte soie récolté aux États-Unis.

Le *coton de Syrie* a des filaments courts, mais il est très blanc. Le coton Nankin y est peu cultivé. Le coton de Grèce se distingue par beaucoup de finesse et une belle nuance blanche.

Le *coton de Java* est inférieur au coton d'Égypte.

Les cotons sont classés comme suit par le commerce :

1. Amérique.
2. Brésil.
3. Égypte.
4. Antilles.
5. Indes.

Le coton en Amérique se divise en trois catégories : le *middling*, le *low middling* et le *good ordinary*. En France, on le classe comme suit : très bas, bas, très ordinaire, ordinaire, bon ordinaire et bon marchand.

Les principaux centres producteurs de l'Amérique septentrionale sont les districts ci-après :

Caroline du Sud, Géorgie, Alabama, Louisiane, Tennessee.

La culture du cotonnier n'a pas une très grande importance à la Caroline du Nord et dans la Floride.

En 1850, les cotons étaient cotés au Havre comme suit :

Louisiane	2 à 2 fr.	65 le kilog.
Géorgie	2 à 2	40	—
Fernambouc	2 à 2	70	—

De nos jours, le coton de la Louisiane est coté de 90 à 105 francs les 100 kilogr. sur le marché américain.

Le coton récolté en Italie, dans la terre d'Otrante et la terre de Bari, est blanc et de qualité très ordinaire.

Compte financier.

La culture du cotonnier engage un capital assez élevé, mais quand elle est bien conduite et qu'elle donne de bons rendements moyens, elle permet de réaliser un bénéfice satisfaisant.

D'après les comptes publiés soit aux États-Unis, soit en Europe, la culture d'un hectare nécessiterait une avance qui varierait entre 600 et 900 francs. Ce capital, dans les années favorables, permettrait d'obtenir par hectare un bénéfice qui oscillerait entre 250 et 500 francs. Aux États-Unis, on compte généralement que la culture du cotonnier donne un bénéfice net par hectare de 400 francs.

En moyenne, en Amérique, 150 kilogrammes de coton coûtent 135 francs, après avoir été préparés et emballés. Voici les détails de cette dépense : 1 journée de sécheur, 1 journée d'un batteur et de son aide, 24 journées d'assortisseurs, 20 journées de cylindreurs, 6 journées de trieurs, 1 journée d'emballeur, 1 journée d'inspecteur; total 54 journées à 2 fr. 50.

Les assortisseurs séparent les diverses qualités dans des boîtes. Chaque ouvrier prépare ainsi par jour 25 kilogrammes de coton.

Les 150 kilogr. de coton ainsi préparé proviennent de 750 kilogr. de coton brut.

CHAPITRE IV

CORÈTES TEXTILES.

CORCHORUS OLITORIUS ET CAPSULARIS.

Plantes dicotylédones de la famille des Tiliacées

Historique. — Espèces. — Climat et terrain. — Multiplication. — Récolte. Emplois.

Historique.

Les Chinois utilisent plusieurs corètes comme plantes filamenteuses. Ces espèces, qu'ils désignent sous le nom de *tsing-mâ,* existent à l'état indigène dans les montagnes de la Chine, de l'Inde et de l'Himalaya.

La filasse fournie par ces plantes est celle que le commerce nomme *jute* et que les Indiens appellent *jhote paharea* et les Bengalais *pat.*

Les Anglais en reçoivent annuellement de l'Inde et de l'Australie des quantités considérables. Ils la mêlent avec le chanvre et le lin dans la confection des étoffes.

Les importations en Angleterre se sont élevées, en 1876, à 200.000.000 de kilogrammes, alors que les importations en France ne dépassaient pas la même année 25.000.000 de kilogr. Le jute se travaille avec une grande facilité. Les étoffes fabriquées avec les fils qu'il fournit sont d'une vente courante.

La culture des corètes vient d'être introduite dans les rizières de la Caroline du Sud après la récolte du riz.

Ces plantes sont principalement cultivées au Japon et dans le Bengale, sur les bords des cours d'eau.

Dans les parties de l'Inde où la température est à la fois chaude et humide, les tiges des corètes atteignent souvent trois et quatre mètres de hauteur.

Espèces.

Les corètes véritablement filamenteuses sont au nombre de deux :

1° La *corète comestible* (CORCHORUS OLITORIUS, L. ou CORCHORUS DECEMANGULATUS. *Roxb.*) est herbacée, annuelle et indigène dans les Indes orientales et l'Afrique tropicale. Ses tiges, à épiderme rougeâtre, sont simples, cylindriques, droites et hautes de 65 centimètres à 1ᵐ,30 ; ses feuilles sont alternes, longues, lancéolées, échancrées à leur base et à trois lobes ; les fleurs sont petites, géminées, sessiles et jaune-orange ; les fruits sont siliquiformes et à cinq loges ; ils contiennent des graines triangulaires parsemées de points noirs.

Cette belle espèce est appelée *mauve des Juifs, mauve de Judée,* parce qu'elle est cultivée à Alep comme plante alimentaire. En sanscrit on la nomme *putta,* et en bengalais *pat.* Les feuilles développent une odeur agréable. Elle est d'une magnifique venue dans l'Inde française, quand elle est cultivée sur des sols profonds et frais. Les fibres textiles qu'elle fournit dans les climats tempérés chauds sont longues, souples, soyeuses et se divisent en fibrilles brillantes, très fines et faciles à filer. Elle est moins exigeante au point de vue de la température et du climat que les autres espèces. Elle fournit le fil appelé *jute.*

Cette corète est originaire de l'Asie méridionale ; elle a été introduite en France en 1640. Les Japonais l'appellent *ichibi* et les Indiens *kowria.* Elle est cultivée dans les districts de Cuttak, de Lahore, d'Assam, dans l'Inde, en Égypte et dans la Palestine. Ses fibres n'ont pas une très grande ténacité, mais elles servent à fabriquer des toiles ou sacs d'emballage. On utilise aussi ses fibres à la Martinique et à la Réunion. Au Sénégal, les fibres sont appelées *peat*.

2° La *corète capsulaire* (CORCHORUS CAPSULARIS, L.), est aussi annuelle. Ses tiges sont dressées, glabres et rameuses ; les feuilles sont ovales, lancéolées et dentées; les fleurs sont jaunes et les capsules glabres et globuleuses.

Ce textile est originaire des Indes orientales ; il fournit une grande partie du *jute des Indes ;* il est répandu en Chine et au Japon. Les Malaisiens le nomment *rami tsjina,* les Indiens *isbund* et les Bengalais *ghinalita pat.*

La corète capsulaire est commune de l'Inde au Japon. Elle a été importée en France en 1725. A Ceylan, on la nomme *herbe d'Amboine.* Ses tiges atteignent, en Chine et dans la Cochinchine, de 2 à 4 mètres de hauteur. Leurs filaments servent à faire des cordes et surtout les tissus grossiers que les Indiens appellent *megila, chotee, gunny* et *tat.*

Le CORCHORUS ACUTANGULUS et le CORCHORUS TRILO CULARIS fournissent aussi des fibres textiles.

Les graines des corètes arrivent à maturité au commencement de l'automne.

Climat et terrain.

Les corètes textiles ne peuvent être cultivées avec succès que dans les contrées où le climat est chaud pendant la belle saison, et dans les terrains où la couche arable conserve une certaine fraîcheur pendant l'été. Les terrains de consistance moyenne, profonds et fertiles, leur permettent de développer des tiges ayant de $1^m,50$ à 2 mètres.

Multiplication.

Au Japon, on sème le *Corchorus capsularis* au commencement de juin pour récolter ses tiges en septembre.

Les semis dans l'Inde se font à la volée et un peu dru, en avril ou mai, suivant les contrées. Les graines confiées à de bonnes terres vers la fin d'avril, sous le climat de Marseille, lèvent au bout de 8 jours. Pendant la végétation, on opère les sarclages nécessaires. Au Japon, on fume trois fois le sol pendant la végétation de ces plantes textiles.

On répand par hectare de 18 à 20 kilogrammes de graines.

Récolte.

Les corètes doivent être récoltées quand elles sont bien fleuries, c'est-à-dire 3 à 4 mois après le semis. Lorsqu'on attend la maturité des semences, qui a lieu vers la fin de septembre, les tiges fournissent des fibres plus grossières, plus foncées en couleur. C'est vers le 15 septembre que la récolte a lieu au Japon ; dans l'Inde, on l'exécute en août ou au commencement de septembre. Les semis exécutés un peu dru produisent des tiges mieux élancées et très peu ramifiées.

Les tiges, à la récolte, sont mises en petites bottes, et quand elles sont sèches et qu'elles ont perdu leurs feuilles, on les fait rouir dans l'eau pendant 15 à 20 jours, c'est-à-dire pendant plus longtemps que dure le rouissage du chanvre. Alors on les retire du routoir, on les fait sécher, on coupe leurs parties inférieures et on procède au teillage.

Selon M. Itier, les Chinois préparent les tiges des corètes en les plaçant verticalement au-dessus d'une chaudière peu profonde et remplie d'eau bouillante. Au bout de quelques heures, on les retire pour les faire sécher au soleil. Quand elles sont sèches, on les trempe dans l'eau froide pendant 24 heures et on détache ensuite et immédiatement 'écorce, qu'on divise aussitôt à l'aide de peignes.

Dans les deux cas, la matière filamenteuse est très raide ou rude. Dans l'Inde, pour l'assouplir, après avoir divisé les fibres, on met celles-ci à tremper pendant plusieurs jours dans un mélange bien battu d'eau et d'huile de baleine. On compte qu'il faut de 25 à 30 litres d'huile pour donner de la souplesse à 1.000 kilogrammes de jute. Les plus belles filasses sont expédiées en Europe.

On a obtenu à Alger 2.000 kilogr. de filasse par hectare en cultivant la corète textile. L'Inde n'en produit que 600 à 800 kilogr. sur la même superficie.

Le *jute de Saïgon* est remarquable par sa grande ténacité.

Emplois.

La filasse produite par les corètes donne lieu à un grand commerce dans l'Inde et en Europe ; elle sert à faire des sacs dits *gunny bags* ou *gunny chuts*, dans lesquels on expédie le sucre, le café, le poivre, le riz, etc.; on l'utilise aussi dans la fabrication des cordages et des tapis. En Amérique, on l'emploie pour tisser les toiles dans lesquelles on emballe le coton. En France et en Angleterre, elle sert à faire des bâches, des toiles à voiles, des tissus, des torchons, etc. Elle y est importée de l'Inde sous le nom de *jute de l'Inde.*

Le jute bien préparé et de belle qualité est très propre à la fabrication de la batiste. Celui qui nous arrive de Canton est d'une beauté remarquable au point de vue de la blancheur, de la finesse et de la ténacité. Dans l'Inde, on le file à l'aide de deux fuseaux appelés *kakur* et *hara.*

L'étoffe appelée *megili*, ou *magila*, ou *choti*, que fabriquent les Hindous et les Bengalais, est faite avec des fils de corète. Cette étoffe, assez grossière, est tissée par les femmes, mais elle a plus de durée que la toile de coton et la toile de chanvre. Le tissage de la corète constitue la principale industrie de Chandernagor.

Les fibres des corètes donnent lieu à un commerce important dans l'Inde française, principalement à Chandernagor et au Sénégal. L'Inde anglaise expédie en Europe et en Amérique, chaque année, de très grandes quantités de jute.

C'est dans la région du Nord que le jute est tissé, en France.

Dundee, en Écosse, est le principal centre de la fabrication des tissus de jute par les Anglais.

En Europe, le jute sert principalement à fabriquer des toiles d'emballage, des toiles cirées et la trame pour des moquettes d'un prix peu élevé. On l'associe souvent soit au chanvre, soit au lin dans diverses fabrications.

A la Martinique, il sert à fabriquer des tapis, de la passementerie, des cordages et du papier. A la Réunion, on l'emploie pour faire des sacs d'emballage. Ces sacs sont, comme dans l'Inde, fabriqués à la main par les indigènes.

Le jute est trop sec pour être travaillé à l'état normal ou naturel. Pour le filer mécaniquement, on l'arrose avec de l'eau et de l'huile et on le laisse ainsi fermenter pendant 24 heures.

Les fibres du jute sont altérées par l'humidité.

CHAPITRE V

CROTALAIRE EFFILÉE.

CROTALARIA JUNCEA, L., CROTALARIA BENGALENSIS, Lam.

CROTALARIA TENUIFOLIA, CROTALARIA SERICEA.

Plante dicotylédone de la famille des Légumineuses.

Cette légumineuse, le *sunn* du Bengale, est herbacée et annuelle ; elle est cultivée dans le Bengale, comme plante textile. Le produit qu'elle fournit remplace la filasse de chanvre et est désigné sous les noms de *chanvre indien, chanvre des Indes, chanvre de Madras, chanvre brun.*

Les tiges atteignent jusqu'à 2 et 3 mètres de hauteur dans les Indes. Les feuilles sont petites, à trois folioles et presque sessiles. Les fleurs sont jaunes et en grappes terminales ; elles produisent des gousses oblongues, bivalves, renflées ou vésiculeuses, qui contiennent plusieurs graines réniformes.

La crotalaire effilée est originaire des Indes orientales. On la connaît en France depuis 1700. Son écorce est grisâtre. Elle est cultivée dans l'Inde près des rivières et des cités. Sa culture est importante dans l'Oude. Elle végète assez rapidement quand elle occupe des terrains frais et fertiles.

On la propage par ses graines, qu'on répand à la dose de 90 à 120 kilogrammes par hectare. Les semis se font à la volée pendant la saison des pluies, suivant les localités, soit en mai ou juin, soit en octobre ou novembre. On enterre les graines avec la herse. Dans le premier cas, on récolte les tiges en août et septembre et dans le second, en mars ou avril.

On coupe les tiges près de leurs racines, quand les fleurs sont bien épanouies. Lorsqu'elles sont sèches et qu'elles ont perdu leurs feuilles, on les fait rouir, puis on les teille. La macération dure de 3 à 8 jours, selon la température de l'eau.

Dans quelques localités, principalement dans le Combatore et à Rajad-Mundy, la crotalaire est cultivée dans les rizières après la récolte du riz.

La filasse du Bengale est plus blanche que celle de Bombay.

A Lucknow, la filasse est appelée *chumese* ou *chuniput.* Dans le district de Lahore, où elle est aussi très cultivée, on la connaît sous le nom de *sirki* et *sunn paper*. A Queensland, elle est appelée *sunn hemp* (chanvre de sunn). Dans l'Inde, on la nomme aussi *chanvre de Malabar, chanvre de Bombay, chanvre de Iubalpore,* suivant les localités où elle est récoltée et vendue.

La filasse qu'elle fournit à l'aide du rouissage est très blanche et d'une bonne résistance. On l'emploie pour faire des vêtements, du papier, des toiles d'emballage, des cordages et des filets qui sont très estimés.

La filasse de crotalaire est aussi importée en Angleterre sous le nom de *jute*. Elle a un mètre environ de longueur.

On peut encore mentionner trois autres légumineuses herbacées et textiles :

Le PACHYRHIZUS MONTANUS, appelé *quechot* à la Nouvelle-Calédonie, et les PUERARIA ANGULATUS et THUMBERGIANA, qui produisent de longues tiges sarmenteuses. Cette dernière espèce est le *koudzou* des Japonais.

CHAPITRE VI

MÉLILOT BLANC DE SIBÉRIE.

MELILOTUS ALBA, Lam., M. VULGARIS, Willd., M. LEUCANTHA, Koch.

Plante dicotylédone de la famille des Légumineuses.

M. Bailly, de Château-Renard (Loiret), a proposé, il y a quelques années, de cultiver le mélilot blanc de Sibérie comme plante textile. Il a présenté, au concours général d'Orléans de 1853 et à l'Exposition universelle de 1855, de la filasse, du fil et de la toile qui paraissait, quoique un peu grossière, de très bonne qualité. J'ai admiré, au concours régional de Cahors, des filasses fort belles exposées par M. Montely, à Saint-Georges de Lunençais (Aveyron). Le temps et l'expérience peuvent seuls faire connaître quel sera l'avenir de cette plante textile.

Le mélilot blanc est originaire de la Sibérie, c'est pourquoi on le désigne souvent sous le nom de *mélilot de Sibérie.* On l'appelle aussi *trèfle de Bokhara* parce qu'il serait originaire de Bokhara, dans le Turkestan. Sa racine est pivotante; ses tiges sont dressées et hautes de 1 mètre à 2$^\text{m}$,50; ses feuilles sont pennées à 3 paires de folioles, oblongues et dentées; ses fleurs sont blanches et disposées en grappes plus longues que les feuilles; ses graines sont renfermées dans des gousses glabres.

Cette plante bisannuelle se sème au printemps, sur une terre emblavée en avoine ou en orge de mars. On répand de 15 à 20 kilogr. de graines à l'hectare. On lui destine ordinairement des sols calcaires perméables.

Au mois de juillet de l'année suivante, lorsqu'elle est en fleur et non quand les graines sont mûres, on la coupe à la faux; on met les tiges à sécher pour opérer ensuite leur rouissage. Après cette opération et lorsque les tiges sont sèches, on procède au teillage et au sérançage.

Le rouissage des grosses tiges doit être plus prolongé que le rouissage des petites. En général, cette macération est plus longue que celle du lin et du chanvre.

Un hectare peut donner de 7 à 9.000 kilogr. de tiges sèches et 13 à 1.500 kilogr. de filasse.

La filasse du mélilot blanc est grise, avec un reflet légèrement argenté, un peu rude au toucher et d'une moyenne finesse. Elle sert à faire du gros fil, de la toile commune et des cordages.

D'après les observations de M. Bailly, 1.000 kilogrammes de tiges sèches reviendraient à 10 francs.

La rusticité du mélilot de Sibérie, la facilité et la promptitude avec lesquelles il végète sur les terres calcaires de médiocre qualité et le produit en fibres qu'il fournit par hectare, doivent engager à l'expérimenter comme plante textile.

La toile qu'on fait avec les fibres de cette légumineuse, égale en qualité la toile fabriquée avec les fibres qu'on extrait des pousses du genêt d'Espagne et qui est presque imperméable à la pluie. (Voir *Genêt d'Espagne*.)

CHAPITRE VII

SESBANIE.

SESBANIA ACULEATA, HEDYSARUM LAGENARIA, ÆSCHYNOMENE ASPERA,

ÆSCHYNOMENE CANNABINA OU INDICA.

Plante dicotylédone de la famille des Légumineuses.

Cette plante herbacée et annuelle est originaire du Malabar; elle est cultivée au Bengale, où elle est connue sous les noms de *dhanchee, dhanicha, dhunsha* ou *juyenti*. Sa tige est droite et ramifiée seulement dans sa partie supérieure. Ses feuilles pinnées sont à 30 ou 40 paires de folioles. Ses fleurs, peu nombreuses, sont en grappes.

La sesbanie est cultivée durant la saison des pluies et à l'arrosage. On la sème à la volée en mars ou avril, à raison de 75 à 80 kilogr. de graines par hectare. Elle demande des sols frais de bonne qualité. On la récolte en septembre ou octobre. Ses graines arrivent à maturité en novembre.

On sépare les fibres des tiges en suivant le procédé en usage pour la crotalaire. Ses tiges, à Calcutta, atteignent 2 à 3 mètres de hauteur; les fibres qu'elles fournissent sont plus grossières que celles du chanvre, mais elles résistent très longtemps à l'humidité.

Les chapeaux ou *sola* fabriqués avec la tige spongieuse de la sesbanie sont d'une remarquable légèreté. Ils garantissent très bien du soleil, car ils sont mauvais conducteurs de la chaleur. Les Indiens en expédient à Malte et en Égypte.

Les fibres de cette légumineuse servent aussi à fabriquer le papier connu sous le nom de *papier de riz*.

La sesbanie est la *selene* des Sénégaliens.

CHAPITRE VIII

RIÉDLEIA A FEUILLES DE CORÈTE.

RIÉDLEIA CORCHORIFOLIA, MELOCHIA CORCHORIFOLIA.

Plante dicotylédone de la famille des Bittnériacées.

Cette plante est herbacée et annuelle ; elle est commune dans l'Inde sur la côte de Coromandel. En Cochinchine, on la nomme *caybay-giei.*

Sa tige est droite, grêle et rameuse ; ses feuilles sont glabres, ovales, dentelées ; ses fleurs jaunes sont en capitules sessiles et terminaux.

La Riédleia a été dédiée à Riédlé, jardinier attaché à l'expédition du capitaine Baudin, aux terres australes. Elle n'est pas très élevée. On la cultive exactement comme le lin. Elle est originaire des Indes orientales. Elle a été importée en Europe en 1733.

Ce textile, dans les bonnes terres un peu fraîches, atteint $1^m,50$ de hauteur, on sème la graine à la volée comme la sesbanie, on le récolte quand les fleurs jaunes commencent à s'épanouir.

On extrait de ses tiges, par une macération de quatre à cinq jours, une filasse ayant une grande ténacité et qui est très blanche quand elle a été lavée. Cette filasse sert à faire des tissus, des cordages et des ficelles.

DEUXIÈME DIVISION

PLANTES VIVACES.

CHAPITRE PREMIER

RAMIE.

BOEHMERIA.

Plante dicotylédone de la famille des Urticées.

Historique. — Mode de végétation. — Climat. — Terrain. — Multiplication. — Récolte. — Extraction des fibres. — Rendements. — Emplois de la filasse. Espèces diverses.

Historique.

La plante textile à laquelle on a donné le nom de *ramie*, fournit des fibres filamenteuses que les Anglais désignent depuis longtemps sous le nom de *China-grass* et que les Australiens appellent *Chinese grass* ou plante de la Chine.

La ramie comprend deux espèces qui ont entre elles une grande analogie : l'*ortie blanche* et l'*ortie utile*. C'est pourquoi on les regarde comme appartenant à la même espèce. Suivant Blume, l'ortie utile ne serait qu'une variété de la première, qui aurait pris naissance dans les îles de la Sonde et qu'on trouve à l'état indigène dans le royaume d'Assam.

Ces deux plantes sont bien connues des peuples de l'Asie et de l'Océanie ; on utilise avec succès leurs fibres en Chine, au Japon, à Java, à Sumatra, dans la Malaisie, au Mexique, en Cochinchine, dans les îles de l'Archipel indien, etc. L'une et l'autre sont originaires des régions tropicales.

Ces orties sont connues en Europe depuis 1739. L'ortie blanche a été cultivée en Toscane en 1809, quand Bartolini, de Sienne, fit connaître aux Italiens les avantages qu'elle possédait comme plante textile. Cette urticée a été importée dans ces dernières années à la Louisiane et au Mississipi; Rumphius l'a introduite en 1690 dans les colonies hollandaises.

En ce moment, on expérimente sa culture dans le département de Vaucluse. On espère par son concours pouvoir utiliser les terrains sur lesquels la garance a été cultivée avec succès pendant un siècle.

J'ai dit que l'ortie blanche et l'ortie utile avaient une grande ressemblance l'une avec l'autre. Ce fait explique pourquoi, dans les régions asiatiques et océaniennes, on les désigne très souvent sous les mêmes noms. Voici ceux qui sont en usage dans les contrées où ces plantes ont une grande importance :

Contrées.	Noms vulgaires.
Chine	Tchou-mâ, chu-mâ.
Japon	Sji-ro, tijo, kara-mushi.
Malaisie	Ramiech, Rami, Ramai, Ramée.
Sumatra	Kloïe, caloe, caloee.
Java	Rameh.
Iles de la Sonde	Lakakie, riparvy.
Iles Célèbes	Gambee.
Assam	Rheea, reha.
Bengale	Klum koova.
Cochinchine	Pâ-mâ.
Cuba	Ramie.

L'*Urtica thunbergiana* a aussi beaucoup de rapport avec les deux plantes précitées. Elle est cultivée au Japon.

Mode de végétation.

Les deux orties que je range sous la dénomination de

ramie n'ont pas de poils qui occasionnent des piqûres et des démangeaisons comme l'*ortie brûlante* (URTICA URENS). Voici les caractères scientifiques qui les distinguent l'une de l'autre.

Ortie blanche.

URTICA NIVEA, L.; BOEHMERIA NIVEA, Gaud.

Cette plante rustique (fig. 29), appelée *ortie de Chine, ramie blanche* ou *ramie véritable,* est originaire de la Chine et elle est indigène dans les îles de la Sonde, à Singapore et dans l'archipel de Malayan ; elle a, à la fois, des racines pivotantes et des racines un peu traçantes ; elle produit des touffes qui sont souvent fort belles. Les tiges sont velues et vertes pendant leur développement, mais elles prennent une teinte rouge depuis la floraison jusqu'à la maturité des graines ; elles s'élèvent de 1 à 2 mètres et même plus de hauteur. Les feuilles sont grandes, vigoureuses, alternes, pétiolées, presque arrondies, dentées, d'un vert sombre en dessus et très blanches en dessous. Les fleurs verdâtres sont monoïques et situées à l'aisselle des feuilles dans la partie supérieure des tiges sous forme de grappes ramassées ; elles s'épanouissent en septembre ou octobre ; leurs graines sont très petites ; elles mûrissent tardivement.

Les tiges de cette espèce atteignent généralement 3 à 4 mètres de hauteur dans les contrées chaudes et humides du Bengale et dans le Punjaut. Leurs bourgeons, quand elles commencent à se développer, sont rougeâtres.

Cette ortie est aussi connue sont les noms de *chanvre de Saïgon, ortie de Chine, ortie argentée.* Les Chinois l'appellent *lo-mâ* ou *juen-mâ.* Elle est cultivée en grand en Chine, en Cochinchine et dans le nord du Japon.

L'*urtica nivea* est le *rhamnus majus* de Rumphius, que divers districts du Bengale cultivaient, il y a un siècle, sous le nom de *kankora* ou *kunkhoora.*

L'ortie blanche est une belle plante par son remarquable

Fig. 29. — Ramie.

feuillage quand elle occupe des terrains frais et fertiles,
dans une contrée où le climat est très tempéré.

Ortie utile.

Urtica utilis, Boehmeria utilis, Blum.,
Urtica tenacissima, Boehmeria tenacissima, Gaud.

Cette ortie, désignée parfois sous le nom de *ramie verte*, est originaire de Java. Elle est aussi vivace mais elle est plus délicate que la précédente. Ses tiges, hautes de 1 à 2 mètres, présentent de nombreux rameaux un peu étalés ; ses feuilles sont alternes, longuement pétiolées, cordiformes, dentées, lisses et vertes en dessus, couvertes de poils grisâtres en dessous. Ses fleurs sont petites, en têtes globuleuses formant des panicules axillaires ; elles s'épanouissent en septembre et octobre.

Cette espèce, que l'on regarde comme plus méritante que la précédente, et que les Chinois nomment *T'sing-mâ* ou *chou-mâ* ou *tchou-mâ*, est bien moins connue en Europe que l'ortie blanche. Ses bourgeons, lorsqu'ils se développent, sont verdâtres. On a souvent répété qu'elle produisait dans le midi de la France des tiges vigoureuses, plus élevées que les tiges de l'ortie blanche. Ce fait jusqu'à ce jour n'a pas été justifié. Cette urtica est le *rheea* d'Assam, le *éaloe* de Sumatra, le *kunkhoora* de Rangore. Elle est très cultivée par les pêcheurs de Rangpore, de Dinagepour, et à Siam, Burnah, etc. Elle croît à l'état sauvage dans les jungles.

L'ortie utile est aussi désignée sous le nom d'*ortie textile*.

Climat.

La ramie, étant originaire des régions tropicales, ne peut être cultivée que dans la partie méridionale de l'Europe et en Algérie. Elle passe très bien l'hiver en pleine terre dans la Provence, le comtat d'Avignon, le bas Languedoc et le Roussillon ; mais pour y végéter avec vigueur, elle doit y être cultivée sur de bons terrains abrités des vents du nord et du nord-ouest. Il est utile aussi de pouvoir lui donner en été, par des arrosages, la fraîcheur qui lui est si nécessaire. En Chine, elle est toujours cultivée sur des terrains qui bordent les cours d'eau.

Cette plante peut vivre longtemps.

Toutefois, si ses racines sont vivaces, ses tiges sont annuelles.

Dans les climats tempérés, elle commence à végéter en avril ou mai. En général, elle croît mieux dans les vallées que sur les montagnes. C'est pour ce motif que le commerce, en Chine, distingue la ramie des plaines de la ramie des montagnes. La première est appelée *yuen-mâ* et la seconde *chou-mâ*. Les Javanais appellent la ramie des montagnes *rameh gœnong*.

La ramie ne produit des graines fertiles que dans les pays très méridionaux.

Terrain.

La ramie demande un terrain d'alluvion fertile, une terre silico-argileuse, ombragée, un sol de consistance moyenne ayant la propriété de conserver une certaine fraîcheur pendant les jours les plus chauds de l'année. Elle végète mal sur les terres très argileuses et les terrains secs. A cause de la manière d'être de ses racines, la couche arable doit être profonde et reposer sur un sous-sol perméable.

Les grands produits que cette plante fournit chaque année quand elle végète dans des milieux qui lui sont favorables obligent de fumer les terres qu'on lui destine. On peut, on doit même appliquer comme engrais complémentaires des fumiers et des substances calcaires et alcalines. L'analyse des fibres de la ramie, faite par Tornidge, justifie l'emploi de ces matières fertilisantes :

Potasse	32,37
Soude	16,33
Chaux	8,50
Magnésie	5,39
Chlorure de sodium	9,20
Phosphore	9,60
Soufre	3,11
Carbone	8,90
Alumine et silice	6,60
	100,00

D'après M. Joulie, 100 kilogrammes de tiges et feuilles enlèvent au sol les matières suivantes :

Potasse	10	kilog.
Chaux	10	—
Acide phosphorique	4	—
Azote	6	—

Au Japon, les terres occupées par la ramie sont fertilisées chaque année.

Multiplication.

La ramie se propage par graines, par éclats de pieds, par boutures et par marcottes.

Les semis se font en pépinière sur un terrain bien préparé et disposé en planches de $1^m,30$ de largeur, soit à la fin de l'été ou à la fin de l'hiver, suivant les contrées. La graine étant très fine doit être peu enterrée. En Chine, on arrose avant les semis et après la germination des graines. Les plants obtenus à l'aide des semences et transplantés à 12 centimètres de distance, peuvent être mis en place à la deuxième année.

On opère la multiplication par *boutures* en divisant les tiges bien aoûtées en juin ou juillet en tronçons de 10 à 12 centimètres de longueur et en plantant ces boutures dans une terre de jardin bien préparée. Leur reprise se fait facilement dans l'espace de 15 à 20 jours. On les met aussi en place l'année suivante.

Au Japon, on multiplie la ramie à l'aide de *boutures de racines* que l'on opère en septembre ou en avril ou mai. Chaque tronçon de racine a de 10 à 15 centimètres de longueur.

Le *marcottage* consiste à coucher des tiges dans des rigoles, ayant 6 à 8 centimètres de profondeur. Le développement des racines sur la partie enterrée a lieu au bout de 4 à 5 semaines.

Le procédé de multiplication le plus simple, quand on possède un nombre suffisant de touffes, consiste à les diviser avec soin au commencement du printemps. Chaque *éclat de pied* constitue une véritable plante d'une reprise très facile.

Les boutures et les marcottes enracinées, les rejets ou éclats de pieds ainsi que les plantes provenant de semis sont mis en place en automne ou au printemps, suivant les contrées ; comme chaque plante forme une touffe, on doit opérer la plantation sur des lignes espacées les unes des autres de 75 centimètres à 1 mètre, selon la nature des terres. Les plantes sont éloignées les unes des autres sur les lignes de 40, 50 ou 60 centimètres. Quand le sol est de qualité secondaire et qu'on ne peut ni le fumer ni l'arroser, on doit espacer les plants en tous sens de 50 centimètres. Dans ce dernier cas, on compte 40.000 pieds ou touffes par hectare. C'est bien à tort qu'on a proposé de planter huit boutures enracinées par mètre carré ou 80.000 par hectare.

Pendant la croissance des plantes, on exécute chaque année les binages et les arrosements qui sont nécessaires si on veut pouvoir compter sur une végétation luxuriante. En Chine, après chaque coupe, on couvre le sol d'une couche de fumier.

La ramie n'est attaquée par aucun insecte.

On peut, après la mise en place des plants provenant de

semis, de boutures ou de marcottes, opérer un pincement à 10 ou 20 centimètres au-dessus du sol. Cette opération rend les jeunes plantes plus rameuses.

Récolte.

La ramie qui végète sur un bon terrain et sous un climat tempéré peut, si elle est cultivée à l'arrosage, donner chaque année 2 et 3 coupes, parce qu'elle repousse avec rapidité. Chaque pousse a de 1 mètre à 1^{m},50 de hauteur, selon les circonstances. Dans les régions tropicales, elle fournit ordinairement chaque année de 3 à 5 coupes ayant 2 mètres au moins d'élévation.

En Chine, on coupe les tiges trois fois par an ; la dernière coupe se fait en octobre ou novembre, lorsque les feuilles ont été flétries par les premiers froids.

En Espagne et en Algérie, on fait deux récoltes : l'une à la fin de juillet ou au commencement d'août, et la seconde en novembre, à l'époque de l'apparition des jets qui se développent sur le contour des pieds.

On doit couper les tiges avec un instrument bien tranchant, à quelques centimètres au-dessus du sol.

On coupe toujours avant la floraison et lorsque les tiges ont pris une teinte brune, afin d'avoir de la filasse plus douce et plus fine.

En général, la filasse provenant de la seconde coupe est plus fine que celle fournie par la première pousse.

Extraction des fibres.

Les fibres de la ramie sont enduites d'une gomme très difficile à faire disparaître. On cherche depuis plusieurs années à les extraire sans être obligé de suivre les procédés en usage en Chine, au Japon ou dans les Indes occidentales, mais, jusqu'à ce jour, les décortiqueuses mécaniques qui

ont été expérimentées n'ont pas donné des résultats satisfaisants.

Quand les tiges ont été coupées à 3 ou 4 centimètres au-
dessus du collet, on les réunit par poignées qu'on dresse sur
le sol pour les faire sécher au soleil. Lorsqu'elles ont perdu
leur humidité et que leurs feuilles qui sont devenues noires
se détachent naturellement des tiges, on les conserve dans
des locaux secs pour procéder plus tard à leur dégommage,
à leur blanchiment et à leur peignage.

Voici comment on procède à l'extraction des fibres :

1. Dans divers pays, on opère le rouissage des tiges à la
rosée en évitant l'action des pluies abondantes et prolongées ou à l'eau courante. Cette opération a lieu en mars ou
en avril. On travaille ensuite les tiges comme s'il était question d'extraire la filasse des tiges du chanvre.

En Chine, les femmes teillent à la main en roulant les
fibres qui sont blanc-verdâtre et très douces sur des bambous pour les disposer ensuite en pelotons.

2. Quand les tiges ont été récoltées, on les dépouille de
leurs feuilles et on les fait rouir à eau dormante pendant
quelques jours seulement. Alors on les débarrasse de leur
écorce ou épiderme par un grattage fait sur une planche
avec un couteau, et on les fait rouir de nouveau. Les lanières fibreuses que l'on obtient au moyen de ces trois opérations sont mises à sécher sur des bambous. On termine
la préparation en sérançant la filasse.

3. A *Sumatra,* quand les tiges sont sèches, on les met en
paquets, que l'on fait rouir dans l'eau pendant 6 à 7 jours.
Lorsque le rouissage est terminé, on teille les tiges à la
main et les lanières que l'on obtient sont étendues sur le
gazon d'une prairie pour les faire rouir de nouveau. Ceci terminé, on sèche, on assouplit et on peigne la filasse ainsi
obtenue.

4. A *Java,* on suit le procédé n° 2, mais dès que le teillage

est terminé, on traite les lanières pendant une heure à l'eau bouillante dans le but de les assouplir, on les lave et on les fait sécher. Ce procédé est aussi suivi en Chine.

5. Au *Japon*, après avoir extrait les fibres des tiges, on les dépose en cercles et on les met à tremper dans l'eau, puis on les enroule sur un tour. Alors, on les fait tremper d'abord dans une lessive préparée avec des cendres et ensuite dans de l'eau de chaux. Elles restent ordinairement une nuit dans ce dernier liquide. Puis on les fait bouillir dans une lessive alcaline pour bien les dégommer; alors on les fait sécher et on les traite une seconde fois par une lessive alcaline bouillante. Alors encore on les lave et on les fait sécher au soleil.

Après ces diverses opérations, on assouplit la filasse à l'aide de sérans.

En Europe, pourra-t-on décortiquer mécaniquement la ramie à l'état vert ou se trouvera-t-on dans l'obligation de faire sécher les tiges avant de les décortiquer ?

L'extraction des fibres à l'état vert n'exige pas d'attendre, pour opérer la récolte, la maturité complète des tiges. Il n'en est pas de même quand celles-ci doivent être décortiquées à l'état sec. Dans ce dernier cas, la désagrégation des tiges présente de grandes difficultés, parce que ce mode de traitement oblige de faire sécher les tiges, opération qui demande un certain temps, une grande surface et qui occasionne des dépenses assez importantes.

L'agriculture méridionale sera-t-elle dotée prochainement d'une décortiqueuse qui lui permettra de traiter les tiges à mesure qu'elles seront récoltées ? Cela est à désirer, mais le problème à résoudre est bien difficile.

Rendements.

La ramie est productive. Dans les très belles cultures, on compte par hectare 10.000 grosses touffes, produisant chacune en moyenne 50 tiges pesant 50 grammes avec leurs feuilles et 15 grammes lorsqu'elles sont sèches. Dans les circonstances ordinaires, chaque touffe ne produit que 10 à 15 tiges.

Les tiges vertes perdent par la dessiccation à l'air ou au soleil plus du tiers de leur poids. L'humidité et les feuilles, ordinairement, représentent les 5/6 du poids des tiges. Ainsi 100 kilogr. de tiges vertes pèsent, quand elles sont sèches et qu'elles ont été dépouillées de leurs feuilles, de 16 à 18 kilogr.

100 kilogrammes de tiges sèches donnent, en moyenne, 20 à 25 kilogr. de lanières fibreuses.

100 kilogr. de lanières bien dégommées donnent ordinairement 75 à 78 kilogr. de fibres désagrégées. Ces 100 kilogr. fournissent :

Filasse peignée..	35 à 40 kilog.
Étoupes.	30 à 35 —
Pertes ou déchets.	25 à 30 —

La ramie est productive quand elle a végété avec vigueur.

A la Nouvelle-Orléans, elle a donné 750 kilogrammes de filasse par coupe, soit, pour les 5 coupes et par hectare, 3.750 kilogrammes.

A Jersey, avec 3 coupes, elle a produit 2.000 kilogrammes de filasse.

Dans la Crau (Basse-Provence), 2 coupes ont permis de récolter 1.500 kilogrammes de filasse sur la même superficie.

Enfin, on a constaté que la ramie blanche pouvait produire par hectare et par an, dans les contrées où elle végète vigoureusement, 500.000 tiges ou 25.000 kilogrammes de production herbacée verte ou 7 à 8.000 kilogrammes de tiges sèches pouvant donner 1.500 à 2.000 kilogrammes de lanières sèches.

Emplois de la filasse.

La filasse de la ramie est composée de fibres assez grossières, mais ces fibres, quand elles ont été bien extraites des tiges, ont beaucoup de brillant et de ténacité. Il est très vrai que cette filasse est un peu cotonneuse, mais elle est susceptible d'acquérir par le travail une grande finesse. On peut, à cause de sa douceur, la filer très aisément au rouet.

On a constaté que le fil de ramie, lorsqu'il est sec, égale en ténacité le meilleur fil de chanvre et le surpasse quand il est mouillé, et que sa puissance d'extension dépasse de 50 pour 100 celle du lin.

Les Chinois blanchissent très facilement la filasse de ramie. Alors celle-ci est très douce au toucher et d'un beau blanc nacré, soyeuse et brillante. Les meilleures toiles fabriquées au Japon avec la ramie sont appelées *echigo chijimi*, *echigo djofu* et *yonetawa chijimi*.

A Java, les naturels l'emploient pour fabriquer des étoffes d'une extrême finesse.

A Sumatra, aux Moluques, elle sert à faire une étoffe d'une très longue durée et d'un beau blanc nacré.

On est parvenu à obtenir un fil ténu de 70.000 mètres de longueur avec 1 kilogr. de filasse de premier choix.

La filasse de la ramie sert aussi à fabriquer des cordes, des cordages, des filets.

On connaît, en Chine, trois sortes de filasse de ramie : celle qui provient de l'écorce et qui est de première qualité ; celle que fournit la seconde couche et qui est la deuxième qualité ; enfin, celle qu'on extrait de la couche fibreuse et qui est la troisième qualité.

Le *china grass* ou *chinese flax* qui est importé en Angleterre a deux nuances bien distinctes : la *nuance blanche* et la *nuance verte*, selon que la ramie est en filasse ou à l'état brut, et selon l'espèce à laquelle elle appartient. La filasse de l'*Urtica nivea* est verdâtre ; celle de l'*Urtica utilis* est blanc nacré. En Chine, on connaît aussi deux variétés de ramie : la brune, qui est le *tsing-py-mâ*, et la *blanche*, que l'on nomme *houang-py-mâ*.

Espèces diverses.

Il existe quelques autres espèces d'ortie qui fournissent de bonnes fibres textiles. Ces plantes sont les suivantes :

L'*Urtica* ou *Boehmeria candidans*, que les Javanais appellent *ramen* et les habitants des îles de la Sonde *caloé*. Cette ortie fournit une filasse qui, quoique très blanche, est très inférieure en qualité à celle de la ramie.

L'*Urtica gigas* qui est commune, en Australie et dans les Indes orientales. Cette ortie fournit le *chanvre de Rangoon*.

L'*Urtica Thunbergiana* ou *Japonica*, que les Japonais appellent *jchikusa* et qui est indigène au Japon.

L'*Urtica rubra*, qui est le *zouli rouge* de la Guyane française.

L'*Urtica heterophylla*, qui est commune dans les Iles de la Sonde, sur la Côte malabare, aux Indes et en Chine. Cette ortie est le *theng mah* des Chinois, le *silma baohur* des Indiens, le *horoo surat* d'Assam et le *koemis-a-budak* des Sundanais. Cette espèce est indigène sur la Côte malabare et dans les vallées septentrionales de l'Himalaya. Ses fibres sont résistantes.

L'*Urtica argentea*, dont les fibres servent à faire des cordes en Islande.

L'*Urtica crenulata*, qui est le *chor putta* ou *surat*, qui croît dans les montagnes d'Assam et dans le Bengale.

L'*Urtica cannabina*, qui possède un rhizome rampant, des

tiges de 1 à 2 mètres de hauteur, des feuilles à 3 ou 5 lobes aigus et dentés. Cette espèce est connue en France depuis 1749. Elle est très commune en Sibérie. La filasse qu'elle y donne sert à faire du fil à coudre, des cordes, des filets, de la pâte à papier, etc. Les pêcheurs, dans la Sibérie et au Kamtschatka, la regardent comme une plante très utile.

A ces diverses orties, dont la filasse sert à fabriquer des cordes, il faut ajouter le *Pipturus velutinus*, plante qui appartient aussi à la famille des urticées et qui est très commune dans l'Inde et à Taïti, et que l'on nomme vulgairement *roa*. La filasse qu'on en retire sert à faire des filets d'une très grande résistance et qui ne pourrissent pas dans l'eau. Les Javanais l'appellent *tjaumoen* et les Calédoniens *deo*.

M. Naudin a signalé deux urticées arborescentes qui fournissent aussi des fibres textiles.

La première, appelée *Touchardia latifolia*, végète dans les Iles Hawaï. Les fibres sont tenaces et faciles à séparer des parties ligneuses.

La seconde est le *Villebrunia integrifolia*, plante frutescente qui s'élève jusqu'à 1.500 mètres d'altitude dans les montagnes du nord de l'Inde; ses fibres sont aussi faciles à extraire.

L'*Urtica frutescens*, ou *Bœhmeria frutescens*, est le *poah*, le *kienki* ou *yenki* du Népaul. Cette plante est indigène dans les montagnes orientales et dans les parties basses de l'Himalaya; ses tiges ont de 2 à 3 mètres de haut. On les coupe quand les fleurs sont passées. Cette urticée n'est pas encore cultivée.

CHAPITRE II

ORTIE COMMUNE.

Urtica dioica, L.

Plante dicotylédone de la famille des Urticées.

Historique. — Mode de végétation. — Culture. — Récolte. — Emplois des produits.

Historique.

Cette plante, qu'on appelle vulgairement *grande ortie*, était autrefois cultivée en Égypte comme plante textile. On la croit originaire de l'Asie ; on la rencontre dans toutes les contrées habitées par l'homme. Olivier de Serres a vu faire, en France, au seizième siècle, « de belles et desliées toiles avec l'esquisse matière de l'ortie ». D'après les expériences faites à Tours et au Mans, au milieu du dix-huitième siècle, la toile d'ortie prendrait mieux et plus promptement le blanc que la toile de chanvre. Les essais faits depuis cette époque n'ont pas permis de considérer cette plante comme supérieure aux autres textiles. Nonobstant, on fait, avec la filasse qu'elle fournit, du fil excellent et de très bonnes toiles.

Cette plante est cultivée depuis longtemps en Suède. Elle a été recommandée en France comme plante textile, il y a un siècle, par Rozier, Gilbert, Chalumeau, Yvart, etc.

Mode de végétation.

L'ortie dioïque (fig. 30) a des tiges annuelles ; elle est aussi vivace ; on la rencontre partout, mais c'est sur les sols frais qu'elle végète le plus facilement. Ses tiges ont de 1 à

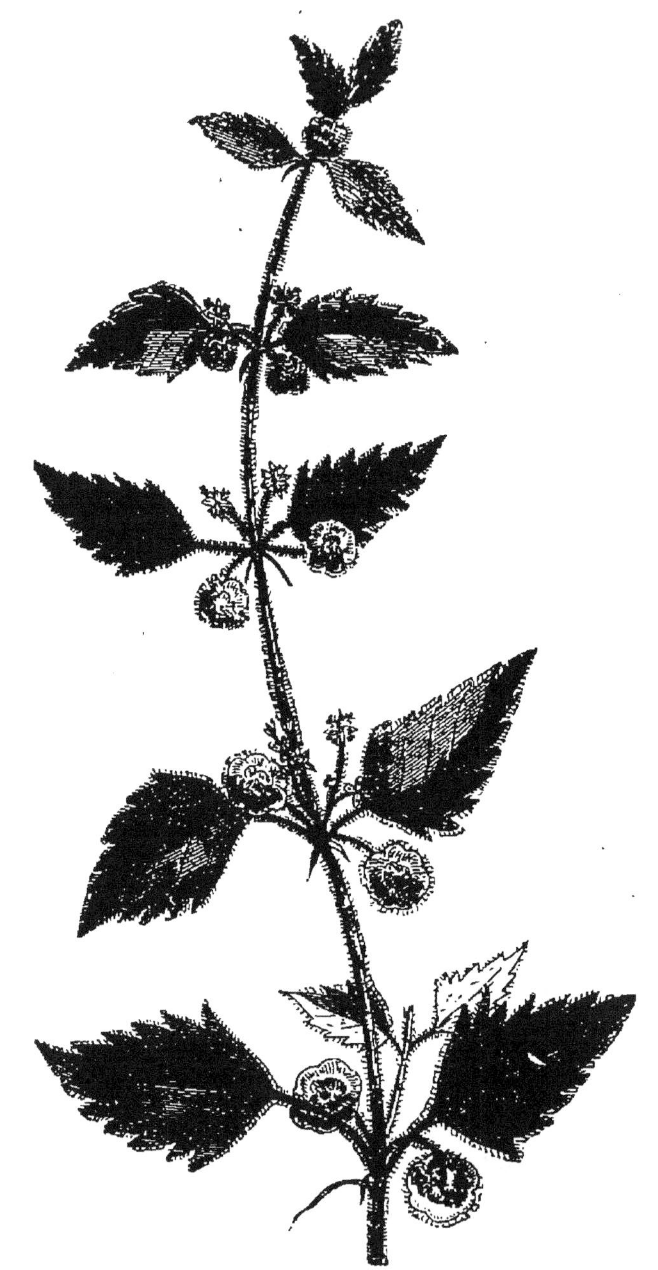

Fig. 30. — Ortie dioïque.

2 mètres de hauteur; elles sont carrées et munies de rameaux

opposés, et de feuilles cordiformes et dentelées ; elles présentent, comme les tiges et les rameaux, des poils raides, urticants, qui produisent sur la peau des ampoules et une vive sensation. Ses fleurs sont dioïques et apparaissent en été et en automne : les fleurs femelles deviennent pendantes à l'époque de la maturité des fruits.

L'ortie résiste aux froids les plus intenses et aux plus fortes chaleurs. Elle repousse vite après avoir été fauchée.

Culture.

Cette plante n'exige pas un terrain spécial, mais elle atteint son développement maximum dans les sols riches et frais, mais non humides. Elle vient bien sur les bons sols pierreux et perméables. Les terres argileuses lui sont favorables, si elles ne sont pas marécageuses.

Cette plante se propage par éclats de pieds ou par graines.

On opère les semis au printemps ou en août ou septembre, sur un terrain bien ameubli.

Un hectolitre de graines pèse de 20 à 25 kilogr.

La semaille se fait en lignes espacées de 16 à 20 centimètres. La graine étant très fine, doit être mêlée à du sable. On la recouvre à l'aide d'un fagot d'épines. On répand 10 à 15 kilogr. de graines par hectare. On a intérêt à semer un peu dru afin que les plantes s'élèvent.

Récolte.

La récolte des tiges a lieu en août ou septembre, lorsque les feuilles se penchent, se flétrissent, et quand les tiges commencent à jaunir et les graines à tomber sur le sol.

La coupe des tiges se fait avec une faucille ; on doit se munir de gants de peau, pour éviter l'action du suc âcre et caustique que contiennent les vésicules qu'on observe à la base des poils. Après le faucillage, on expose les tiges sur une prairie, à l'action des agents atmosphériques, pour qu'elles se sèchent, perdent leurs feuilles et ne piquent plus. Alors on les fait rouir pendant sept ou huit jours dans une eau claire et courante. Après le rouissage, on les fait sécher de nouveau et on les rentre dans un local sec. On les prépare ensuite comme les tiges du chanvre.

J'ajouterai que les femmes baschires et tartares emploient depuis longtemps des toiles faites avec du fil d'ortie dioïque. Quand cette plante est mûre, elles l'arrachent pour l'exposer pendant l'automne et l'hiver à l'action de l'air le long des haies ou sur les toits de leurs habitations. Elles séparent les fibres en pilant les tiges ainsi préparées dans des mortiers en bois.

L'ortie, qui croît sur des sols à la fois profonds, frais et riches, donne par an deux récoltes abondantes.

Emplois des produits.

100 kilogr. de tiges sèches donnent 75 kilogr. de filasse brute.

100 kilog. de filasse brute fournissent 60 à 65 kilogr. de filasse peignée.

La filasse de l'ortie dioïque, selon son état, sert à faire de la toile d'excellente qualité, quoique grossière, et des cordes très résistantes.

Les graines de cette plante peuvent être données aux volailles ; elles les excitent à pondre.

Cette plante peut être utilisée dans la fabrication du papier. Pendant plusieurs années, sa filasse a permis de fabriquer à Leipsick du papier de très bonne qualité.

En résumé, l'ortie dioïque mérite qu'on l'expérimente de nouveau sur les terrains incultes, secs et peu fertiles.

CHAPITRE III

ASCLÉPIADES

ASCLEPIAS SYRIACA et ASCLEPIAS GIGANTEA.

Plantes dicotylédones de la famille des Asclépiadées.

Historique. — Mode de végétation — Culture. — Récolte. — Emplois.

Historique.

L'asclépiade de Syrie, que l'on a appelée *herbe à la ouate, apocin à la ouate,* est originaire de l'Arabie ; elle a été introduite en Europe en 1629. Le roi Stanislas chercha le premier à en répandre la culture. Au commencement de ce siècle, on la cultivait en grand à Brumath (Bas-Rhin). A peu près à la même époque, Schulbertz, le bailli de Liegnitz, en avait établi dans son bailliage une plantation de 20.000 pieds, qui permirent de fabriquer des bas et des gants excellents. Le professeur Cook, désirant vérifier ce résultat, fit filer de la ouate, qui fut ensuite tissée avec un poids supérieur en coton, mais les tissus qu'il obtint ne furent pas aussi satisfaisants que les tissus de Liegnitz : ils avaient un aspect terne et manquaient de solidité. M. Dolfus, qui avait fait filer les soies récoltées par Cook, attribua ce mauvais résultat à la fragilité des filaments qui composent la ouate de l'asclépiade et à la résistance que présentent les filaments du coton.

La même remarque avait été faite, il y a plus d'un demi-siècle, par Gelot, à Dijon.

Cet insuccès oblige à ne pas l'expérimenter de nouveau

comme plante filamenteuse. Il faut, comme l'a dit Bosc, se résoudre à employer la ouate d'une autre manière.

Mode de végétation.

1° *L'asclépiade de Syrie* ou *asclépiade du Canada* (Asclepias syriaca ou Asclepias cornuti, fig. 31) a des tiges herbacées annuelles, hautes de 1 mètre à 1^m,60, gar-

Fig. 31. — Asclépiade de Syrie.

nies de rameaux dressés; ses feuilles sont opposées, ovales, obtuses, cotonneuses en dessous et glabres en dessus; ses fleurs sont blanc rosé, odorantes, disposées en ombelle, et s'épanouissent en juillet et août. Les fruits sont des follicules ovales, épineuses, renflées; les graines sont surmon-tées d'aigrettes à filaments soyeux, très fins, d'un beau blanc et très brillants; ces filaments ont de 0ᵐ,020 à 0ᵐ,025 de longueur et forment la soie qu'on appelle *ouate*. Cette faible longueur augmente les difficultés que présente son emploi dans la filature et le tissage des étoffes.

Cette plante, appelée *doghane* dans l'Inde, n'est pas déli-cate, mais elle mûrit assez difficilement ses graines en France.

2° On cultive dans les Indes orientales une jolie asclé-piade désignée scientifiquement sous le nom *Asclepias gigan-tea* ou *Calotropis gigantea*. Cette plante, appelée *fafetone* à la Guadeloupe et *tirita* à Taïti, a 2 mètres de hauteur, des tiges dressées, des feuilles ovales, épaisses, vertes en dessus et blanches en dessous. Ses fleurs sont jaune-rou-geâtre.

Cette asclépiade est originaire des Indes orientales et elle est commune dans le Lahore, où elle est désignée sous les noms de *mudar* ou *maddar*. A Taïti, où elle est cultivée comme *plante à soie végétale*, on la nomme *tirito*. Cette espèce est appelée *ashur* et *ohchar* en Égypte, *rut* au Séné-gal, *talla, gillado* à Madras. En tamoul, on la nomme *erukkam* et en bengalais *akanda*.

Cette asclépiade possède une écorce ligneuse jaune, qui fournit une filasse longue, fine, soyeuse et jaune d'or. Cette soie est peu solide, peu résistante. Néanmoins, elle sert à rembourrer les coussins et à fabriquer à Madras des cha-peaux, du fil de couture et de tissage et de charmantes étoffes. On l'utilise aussi dans l'Abyssinie et sur les bords de la mer Rouge.

L'*Asclepias gigantea* est cultivée en Égypte dans les par-ties les plus méridionales du Saïd.

Le *Calotropis Hamiltonii* est commun dans les parties septentrionales et sableuses de l'Inde; le *Calotropis pro-cera* est répandu en Perse et en Syrie.

Culture.

L'asclépiade peut être cultivée sur des sols maigres, peu profonds et pierreux. Elle redoute les sols très tenaces et à sous-sol imperméable. Les terres sèches, calcaires, perméables lui sont favorables.

On la multiplie de graines et par éclats de pied. On répand les semences dans des rayons espacés de 60 à 70 centimètres, et on éclaircit les plantes sur les lignes à 33 centimètres de distance. On plante les éclats en automne, ou en mars ou avril, à une profondeur de 15 à 20 centimètres. A la seconde année, les plantes présentent un grand nombre de rameaux.

Les pieds venus de graines ne fleurissent qu'à la troisième année. Les plantes qui proviennent d'éclats de pied produisent des fleurs dès la première année.

L'asclépiade géante se multiplie de graines et d'éclats de pied.

Récolte.

On fait la récolte quand les gousses sont mûres et les aigrettes très apparentes. Au fur et à mesure qu'on coupe les fruits, on les met dans des paniers ou des sacs. Après la récolte, on les expose au soleil pour qu'ils sèchent. On procède, après cette opération, à la séparation du duvet et des graines. Ce triage se fait avec les mains. Pour l'opérer aisément, on met les gousses dans un baquet.

On a constaté qu'un hectare bien garni de plantes de deux à trois ans, pouvait donner de 450 à 500 kilogr. de duvet ayant de 2 à 3 centimètres de longueur et remarquable par sa grande finesse.

Emplois.

La ouate de l'asclépiade de Syrie, véritable *duvet végétal,* est employée avec succès comme charpie ou pour faire des matelas. Les Turcs l'utilisent pour ouater les vêtements et d'autres objets.

———

L'asclépiade de Syrie n'est pas la seule plante qui fournit de la ouate qu'on utilise dans l'industrie.

Le *Bombax globosum* et le *Bombax pentandrum* produisent aussi des filaments blancs, soyeux et courts. Les Océaniens, et surtout les habitants de l'île de Rienzi, utilisent ces *ouates végétales* pour confectionner des oreillers et des coussins et rembourrer des canapés et des fauteuils. Ces duvets cotonneux adhèrent aux graines.

Le *Bombax ceiba* ou *Bombax quinatum*, que les Indiens appellent *comaca*, est commun à la Guyane. Ce grand arbre produit des graines qui sont enveloppées de filaments rougeâtres qu'on file très difficilement, mais qui servent, comme en Égypte, à garnir des matelas et des coussins ou à faire des chapeaux.

Ce dernier bombax est parfois désigné sous le nom d'*arbre au coton de soie* ou *arbre à soie*. Son tronc est hérissé d'aiguillons.

Le *Bombax pentandrum*, appelé *silk cotton* (coton soyeux) dans l'Inde, est indigène dans les jungles de Cuttack. On vend dans les bazars la soie qu'il fournit. Ses fleurs sont rouges. Il est répandu au Gabon, dans l'Inde, au Brésil, en Cochinchine, etc.

Les bombax sont souvent connus sous le nom de *fromagers*. Ils forment de gros arbres dans l'Égypte équatoriale.

L'*Ochroma lagopus* fournit aussi à la Guadeloupe une ouate fine et élastique.

———

CHAPITRE IV

GENÊT D'ESPAGNE.

SPARTIUM JUNCEUM, L, GENISTA ODORATA, Mœ.
SPARTHIANTHUS JUNCEUS, Link, GENISTA JUNCEA, Lam.

Plante dicotylédone de la famille des Légumineuses.

Historique. — Végétation. — Culture. — Récolte. — Emplois.

Historique.

Cet arbrisseau est aussi connu sous les noms de *sparte joneiforme* et de *genêt odorant*. Il croît naturellement sur les terres argilo-calcaires, pierreuses et sèches, dans les *parties méridionales de l'Europe*. Il est très répandu dans les pentes montueuses du bas Languedoc. Ses pousses fournissent, de nos jours comme au temps des Carthaginois, une filasse avec laquelle on fait des toiles grossières, mais nerveuses et inusables. Ces toiles, que la pluie pénètre très difficilement, servent, dans l'arrondissement de Lodève (Hérault), à faire des vêtements pour les pâtres ou bergers du plateau du Larzac.

Les Provençaux et les Languedociens l'appellent *ginesto*.

Les Romains et les Carthaginois utilisaient ses fibres pour fabriquer des toiles de navires. Il est cultivé pour sa filasse en Espagne, en Toscane et dans toute l'Asie.

Végétation.

Le genêt d'Espagne (fig. 32), s'élève à plus de 2 mètres ; il est vivace ; ses rameaux sont glabres, cylindriques et ef-

filés; ses feuilles sont peu nombreuses, lancéolées et uni-
foliées. Ses fleurs en grappes lâches au sommet des rameaux
sont d'une belle couleur jaune et elles développent une odeur
très suave. Ses gousses sont comprimées, linéaires et poly-
spermes.

Cette légumineuse est toujours verte, et ses rameaux ou

Fig. 32. — Genêt d'Espagne.

pousses ressemblent à des joncs. Elle se plaît sur les sols
arides et calcaires, les montagnes dénudées du bas Languedoc et de la basse Provence. Elle y vit sans soin, sans
culture et y prospère lorsqu'elle peut subir l'influence bienfaisante de la lumière. Sur divers points de la région de
l'olivier, elle décore très heureusement des terrains de

peu de valeur ou les pentes arides des garrigues. Elle est rare dans les contrées où le sol est granitique ou schisteux.

Culture.

Le genêt d'Espagne se sème en place en automne, à raison de 3 à 4 kilogrammes de graines par hectare. Les semis se font en lignes distantes de 1 mètre à 1^m,30 les unes des autres. Il reprend difficilement quand on le transplante sur des terrains très secs.

On éclaircit les plants pendant la première année, de manière que les pieds soient espacés de 80 centimètres à 1 mètre sur les lignes. On exécute un binage si cela est nécessaire. À la fin du second hiver, on rabat toutes les plantes, à 30 centimètres au-dessus du sol pour les forcer à former des touffes et pour que la récolte des pousses soit plus facile.

Récolte.

C'est à la troisième année qu'on récolte les rameaux. Cette opération est faite à la fin de l'été ou au mois de février ou mars. On coupe les pousses, qui ont alors de 60 à 80 centimètres de longueur, à l'aide d'une faucille ou d'une serpe, pour les exposer ensuite en couche de 10 à 12 centimètres d'épaisseur pendant 8 à 12 jours à l'action du soleil, puis on les rassemble en bottelettes d'une poignée. Un *fardeau* se compose de 25 à 30 poignées.

Cette dessiccation terminée, on bat les rameaux avec une massette ronde ou un maillet de bois, dans le but, d'abord, de les aplatir sans les casser et de les rendre plus flexibles et, ensuite, de détacher une partie de l'écorce et de mettre à nu la partie textile. Le soir, près d'un ruisseau ou d'une fontaine et sur un terrain couvert de paille, de fougère ou de buis haché, on les met en tas en superposant les poignées, puis on couvre la masse de paille et de pierres, afin de a presser et de la soustraire à l'action des pluies et du soleil. Cette opération est dite : *mettre le genêt à couver*. On arrose le tas tous les soirs, pendant huit jours, sans découvrir le genêt. Un fagot de 50 poignées exige environ 100 litres d'eau.

Le neuvième jour, le *rouissage* étant terminé, on retire les pierres et la paille, on lave bien les bottes à grande eau et on les bat de nouveau sur une pierre dure unie avec un battoir, afin de séparer le ligneux de la partie filamenteuse, et on les met à sécher à mi-soleil en étendant en éventail. Toutes ces opérations blanchissent la partie filamenteuse.

Quand les tiges sont sèches, on les conserve dans un local sain et aéré. C'est pendant les soirées d'hiver qu'on procède au *teillage*, en ayant soin de détacher les fibres de la base au sommet des pousses. Cette opération est faite à la main par les femmes. La filasse obtenue est ensuite peignée ou sérancée. Quand elle a été bien adoucie ou rendue un peu soyeuse, les femmes la filent au fuseau ou à la quenouille.

Emplois.

Les toiles qu'on fabrique dans les environs de Lodève et dans les garrigues des parties inférieures de la montagne Noire, avec la *filasse commune* du genêt d'Espagne, sont inusables. Celles qui sont tout à fait grossières servent aux emballages ou à la confection d'excellents sacs.

La toile faite avec la filasse de ce genêt est appelée *ginestrino* en Toscane. Jean Trombelli rapporte que les habitants du Mont Casiano (Italie) font ronir le genêt dans des eaux thermales pendant trois à quatre jours, après les avoir fait sécher au soleil. Ceux des environs d'Acqua (Toscane) agissent de même avec succès.

CHAPITRE V

CHANVRE D'AUSTRALIE.

SIDA RETUSA, ABUTILON RETUSA.

Plante dicotylédone de la famille des Malvacées.

La plupart des sidas ou abutilons croissent dans l'Inde, le nord de la Chine, l'Australie et l'Amérique. Ils fournissent des fibres textiles qui y ont une certaine importance.

Le *Sida retusa* est un arbrisseau à feuilles obovales, obtuses, dentées au sommet et blanches en dessous. Les fleurs sont jaunes et axillaires. Cette espèce est indigène dans les Indes orientales et au Brésil.

Le *Sida de Bedford* (SIDA BEDFORDIANA) est un sous-arbrisseau rameux à feuilles cordiformes, dentées et longuement pétiolées. Les fleurs axillaires et solitaires sont jaune-foncé veiné de pourpre.

Cette espèce atteint, au Brésil et en Australie, de 3 à 4 mètres de hauteur. Elle se distingue, comme le *Sida retusa*, par la rapidité avec laquelle elle se développe.

Le *Sida des Indes* (fig. 33) (SIDA INDICA ou ABUTILON ELONGATUM ou ABUTILON INDICUM) est aussi indigène aux Indes orientales. Il est répandu dans le nord de la Chine. Sa tige est assez élevée ; ses feuilles sont cordiformes, crénelées, molles et blanches en dessous ; les fleurs sont axillaires, dressées et jaunes. Trois mois lui suffisent pour se développer. Cette dernière espèce a du rapport avec le *Sida d'Asie* (SIDA ASIATICA). Ses fibres sont plus fines, plus souples que les fibres de la Corète.

Le *Sida rhomboïdal* (SIDA RHOMBOIDEA) est répandu au Bengale, à Java, en Chine, etc. Ce petit arbrisseau a des feuilles lancéolées, dentées et blanches en dessous. Ses fleurs sont jaunes, solitaires et axillaires.

Cette espèce est cultivée à Assam ; elle est appelée *safet* au Bengale, *sidagori* à Java et *king-mâ* en Chine.

Fig. 33. — Sida des Indes.

Ces malvacées, dans de bons sols et sous un climat chaud, peuvent donner des produits remarquables en 3 à 4 mois. En Algérie, on en a obtenu 2.000 kilogr. de filasse fine par hectare. On les propage par leurs semences.

Ces diverses plantes, mais principalement le *Sida retusa*, constituent à Queensland un important article de commerce. La filasse que l'on extrait par rouissage ou macération y est connue sous le nom de *Queensland hemp*. Les fibres qui la constituent sont solides et de belle qualité.

Le *Sida d'Asie* (SIDA ASIATICA ou ABUTILON ASIATICA) est aussi semi-ligneux; ses tiges droites, cylindriques, de la grosseur du petit doigt, hautes de 1^m,50 à 2 mètres dans les terrains frais et fertiles, fournissent dans les Indes Orientales d'excellentes fibres propres à la fabrication des cordages.

Le *Sida tiliæfolia* est cultivé en Chine. La filasse qu'il fournit est regardée comme supérieure à celle du chanvre.

Les sidas appartiennent aux pays chauds. Les uns végètent dans le midi de l'Europe, les autres appartiennent aux régions tropicales. Toutes les espèces produisent des capsules plus ou moins développées et dont les loges deviennent à la maturité des semences des capsules monospermes et indéhiscentes. Ces capsules s'ouvrent à leur sommet.

Les sidas végètent facilement sur le littoral de la Méditerranée et de l'Océan. Ils demandent des terres un peu argileuses, fraîches, fertiles et bien préparées. On les sème un peu épais afin d'avoir des tiges élevées.

En général, leurs fibres ont une grande ténacité. On les sépare des tiges à l'aide du rouissage qui est suivi d'un lavage et d'un bon séchage.

CHAPITRE VI.

LAVATÈRE ET MAUVE.

LAVATERA et MALVA.

Plante dicotylédone de la famille des Malvacées.

La *lavatère maritime* (LAVATERA MARITIMA et LAVA-TERA HISPANICA) est indigène dans l'Europe méridionale. Sa tige est peu élevée et ligneuse ; ses feuilles arrondies et crénelées ont des angles peu prononcés ; ses fleurs sont blanches et solitaires.

Cette malvacée, comme le *Lavatera olbia* qui croît aussi naturellement dans les ieux maritimes du midi de l'Europe et qui se distingue par ses fleurs axillaires rouge pourpre situées au sommet des rameaux, fournit par macération, en Australie, des fibres d'excellente qualité.

Les tiges du *L. olbia* atteignent 1^m,30 à 1^m,60.

La *lavatère en arbre* (LAVATERA ARBOREA) est aussi vivace ; elle est indigène en Corse, en Italie, etc. L'écorce de ses tiges, qui atteignent ordinairement de deux à trois mètres de longueur, contient des filaments textiles qui servent à la fabrication du papier ; ses fleurs axillaires et en bouquets sont pourpre violet.

Les mauves cultivées comme plantes textiles sont les suivantes :

La *mauve frisée* (MALVA CRISPA), espèce annuelle qui est commune en Syrie et qui atteint deux mètres de hauteur en octobre ;

La *mauve de Narbonne* (MALVA NARBONENSIS), qui est vivace et qui est très commune en Espagne.

La première a des fleurs blanches et la seconde des fleurs rose purpurin. Leurs fibres servent à faire, en Espagne, des toiles de bonne qualité.

La mauve frisée se distingue principalement par ses feuilles amples, largement arrondies et très crispées sur leurs bords.

La *mauve à feuilles de chanvre* (ALTHEA CANNABINA) est connue en Europe depuis 1597. Elle est aussi vivace et indigène dans les contrées méridionales. Ses fleurs sont pourpre rosé. Ses tiges ont aussi deux mètres d'élévation. Ses fibres sont résistantes. Les fibres du *Malva sylvestris* égalent le *jute*. A la Martinique, on la nomme *mauve de l'Inde*.

Les lavatères et les mauves demandent des terres profondes, un peu consistantes et fraîches pendant l'été. Elles végètent bien sur les terres à chanvre. On les propage par graines. Les semis se font en place, à la volée et un peu drus.

On récolte les tiges quand elles commencent à fleurir. Lorsqu'elles sont sèches et qu'elles ont perdu leurs feuilles, on les fait rouir dans une eau dormante ou ruisselante. Leur rouissage est plus prolongé que celui du chanvre.

On rencontre dans les pays intertropicaux deux autres malvacées textiles :

L'URENA LOBATA, appelé vulgairement *piripiri* à Tahiti et *bun ochra* dans l'Inde.

L'URENA SINUATA, désigné sous le nom de *kungia*.

Les fibres de ces arbrisseaux servent à faire des tissus, des cordages et du papier. On les regarde comme supérieurs au *jute*.

CHAPITRE VII.

KETMIE A FEUILLES DE CHANVRE.

HIBISCUS CANNABINUS. L.

Plante dicotylédone de la famille des Malvacées.

Cette malvacée est répandue et cultivée dans l'Inde, la Polynésie, en Égypte, en Afrique, comme plante textile; elle végète rapidement.

Ses tiges sont dressées et atteignent de 1^m,50 à 3 mètres de hauteur dans les bons terrains. Ses feuilles sont ovales et à 3 lobes; ses fleurs grandes, sessiles et axillaires sont jaune pâle avec un centre pourpre. Ses fibres ont une grande ténacité.

Cette espèce, le *tyl beledy* des Égyptiens, n'est pas la seule qu'on cultive comme plante filamenteuse. Voici les ketmies que l'on regarde comme textiles à la Guyane, à la Réunion, dans l'Inde, au Gabon, etc.

1. La *ketmie à feuilles de figuier* (*Hibiscus* ou *Lagunea aculeata* ou *Abelmoschus ficulneus*) a des tiges de deux à quatre mètres de hauteur et des feuilles à 5 lobes longuement pétiolées. Ses fleurs sont petites, solitaires, axillaires et blanches avec un centre pourpre.

Cette espèce est indigène et vigoureuse dans les sols gras et fertiles des Indes française et anglaise. Les fibres bien lavées sont blanches et d'une ténacité extraordinaire; elles servent à faire des cordes qui durent longtemps. Cette ketmie est originaire de Ceylan.

2. La *ketmie à feuilles de peuplier* (HIBISCUS POPULNEUS ou THESPESIA POPULNEA ou COREA ELATUS), est un

arbrisseau de cinq à huit mètres de hauteur. Ses feuilles sont cordiformes et arrondies; ses fleurs sont jaunâtres à fond pourpre.

Cette espèce, connue à la Guyane sous les noms de *correo, mahoc, mohæ,* y prend un grand développement sur les sols frais. Elle est commune à la Martinique sur le littoral. On la rencontre aussi dans la Cochinchine. Les Hindous la nomment *parsipu* et les Bengalais *paresh-pippul.* Les fibres obtenues par macération des jeunes pousses ou des rejets pendant deux semaines constituent une belle et excellente filasse.

3. La *ketmie de Syrie* ou *mauve en arbre* (HIBISCUS SYRIACUS) est un arbrisseau de deux à trois mètres de hauteur. Ses feuilles sont ovales à 3 lobes dentés; ses fleurs sont solitaires, axillaires et rouge-lilacé.

Cette malvacée est connue en Australie sous le nom de *Syrian rosa mallow.* Elle fournit de bonnes fibres. Les Japonais l'appelent *mokuge.*

4. La *ketmie à feuilles de tilleul* (HIBISCUS TILIACEUS), est un arbrisseau de quatre mètres environ d ehauteur, à tiges rameuses. Ses feuilles, cordiformes, arrondies et crénelées, sont pubescentes en dessous; ses fleurs sont jaunâtres à fond brun. Elle est commune sur la côte du Malabar. Cette espèce diffère peu de l'HIBISCUS ARBOREUS, qui est le *maho* des Indes orientales et occidentales.

Cette espèce est appelée *bola* au Bengale, *burao* et *kurrajong* à Taïti, et *varou* à Java; elle y produit des lanières qu'on expédie à Hambourg. Les fibres qu'on extrait de ces lanières à Queensland constituent la filasse désignée sous le nom de *rosella hemp* et que produit aussi l'*Hibiscus sabdadariffa.* A la Malaisie et à la Nouvelle-Calédonie, ces lanières servent à fabriquer des cordes et des toiles grossières que les pêcheurs utilisent avec succès.

5. La *ketmie hétérophylle* (HIBISCUS HETEROPHYLLUS)

est aussi un arbrisseau de deux mètres de hauteur. Ses tiges sont hérissées d'aiguillons blanchâtres ; ses feuilles sont souvent lobées, vertes en dessus et pâles en dessous ; ses fleurs sont blanches bordées de rose.

Cette espèce, appelée *carry jonc* dans l'Australie, fournit dans l'Océanie des fibres qui servent à faire de bons cordages.

6. La *ketmie comestible* (HIBISCUS ESCULENTUS ou HIBISCUS LONGIFOLIUS) est annuelle ; elle fournit dans l'Inde, comme l'*Hibiscus phœnicœus* qui a des fleurs pourpres et qui est originaire de Ceylan, des fibres solides avec lesquelles on fabrique des sacs, des cordes, du papier, etc.

Cette espèce est appelée *okhio* dans les Indes occidentales, *ram turai*, au Bengale, *bandikai* aux environs de Madras. Aux Moluques, ses tiges atteignent trois à quatre mètres de hauteur et deux à trois mètres dans l'intérieur du Bengale.

7. La *ketmie de Chine* (HIBISCUS SINENSIS) est désignée par les Chinois sous le nom de *fou-yong*. Cet arbrisseau est remarquable par ses belles et nombreuses fleurs rose vif strié de violet. Il fleurit presque pendant toute l'année. Les Chinois désignent le papier qu'ils fabriquent avec ses fibres sous les noms de *sié-tcheou-tsien* ou *siao-pi-tchi*.

8. La *ketmie pourpre* (HIBISCUS PHŒNICEUS) est indigène dans les montagnes de Rajmahl (Inde), où ses tiges atteignent de deux à quatre mètres de hauteur. Ses fleurs sont d'un beau rouge pourpre. Ses fibres sont longues, très fortes et très tenaces ; elles servent à faire des cordes d'une grande solidité. On récolte ses tiges en décembre et janvier.

L'espèce la plus intéressante est sans contredit la *ketmie à feuilles de chanvre* (HIBISCUS CANNABINUS), qui est d'une culture facile dans les contrées équatoriales. Cette ketmie végète bien à la Réunion et à la Martinique. Jusqu'à ce jour, elle n'a pas réussi au Sénégal.

A Lucknow, où elle est très cultivée, on répand ses graines à la volée lorsque les pluies arrivent. Comme en Égypte, on sème un peu épais afin que les tiges restent grêles, s'élèvent et ne se ramifient pas. On doit lui destiner des terres de bonne qualité. C'est elle qui fournit le *chanvre brun de Bombay*.

En Égypte, la ketmie à feuilles de chanvre est souvent cultivée en lignes assez larges autour des cotonniers pour garantir ceux-ci contre les vents violents.

Cette espèce est annuelle et originaire des Indes orientales. Elle a été introduite en France en 1759.

On sépare aisément les fibres, quand les plantes commencent à fleurir, à l'aide de la macération ou du rouissage au soleil. Les tiges sont alors broyées et les fibres peignées. C'est aussi par la macération qu'on sépare les excellentes fibres blanches de l'*Hibiscus zelanicus* ou *Pavonia zelanica*, espèce rustique et commune dans l'Inde.

A Tahiti et dans l'Inde, la coupe des tiges a lieu lorsque les fleurs sont épanouies. La récolte est exécutée en novembre sur la côte de Coromandel.

Les fibres des *Hibiscus* ont une bonne ténacité, mais elles ne valent pas les fibres du chanvre qu'on récolte en Europe. Ces fibres forment le *chanvre du Bengale;* elles remplacent en Égypte la filasse de chanvre. En Angleterre, elles constituent le *jute de Madras* ou *jute bâtard*.

En Égypte, l'*Hibiscus cannabinus* produit jusqu'à 3.000 kilog. de fibres par hectare.

Cette belle malvacée est appelée *ovono* au Gabon, *sunn okra* dans l'Australie, *patwah* ou *ambarie* dans les Indes, *palangoe* à Madras, *mokuge* au Japon, *maesta* au Bengale et *gombo* à la Guadeloupe et à la Réunion.

L'*Hibiscus textilis* est le *maho* à fleurs rouges de la Guyane française. Les lanières fibreuses jaune-orange qu'il fournit servent à lier les paquets de cigares.

Toutes les plantes appartenant au genre *Hibiscus* ne peuvent être cultivées que dans les contrées à climat très tempéré.

Les fibres de l'*Hibiscus cannabinus* sont plus résistantes que celles du *sunn* du Bengale. Celles qui sont appelées *gunny* dans l'Inde et *gombo chanvre* à la Martinique et à la Réunion servent à la fabrication de bons sacs ou d'excellents cordages.

Les fibres qui constituent le *jute de Madras* sont moins résistantes que celles des crotalaires.

L'écorce de la ketmie à feuilles de tilleul est grisâtre ; elle se détache des ramifications lorsque celles-ci sont en sève, aussi aisément que celle du tilleul. Cette espèce existe au Sénégal, principalement dans les terrains que les cours d'eau rendent frais pendant la belle saison.

En général, tous les *hibiscus* appartiennent à la classe des plantes textiles, mais leurs fibres varient en ténacité suivant les espèces et le mode d'extraction en usage.

CHAPITRE VIII.

CHANVRE DE MANILLE.

(MUSA TEXTILIS ou MUSA SYLVESTRIS.)

Plante monocotylédone de la famille des Musacées.

Le *bananier* (fig. 34) est bien connu en Europe pour la beauté de son port et de ses feuilles, et la qualité exquise de ses fruits. Il appartient à la culture intertropicale.

Cette magnifique plante à tige monocarpique est répandue dans la Polynésie, l'archipel des îles Philippines, l'Australie, l'Asie, l'Afrique et l'Amérique. Elle fournit la matière textile que l'on nomme *abaca, chanvre de Manille, chanvre de Chine, chanvre d'Amboine.* Les Australiens l'appellent *banana*, les Philippiens, *koffo*, les Chinois, *tsiao-pou* et les Japonais *bashô*. A la Guyane, on la nomme *avaca*, et les Américains et les Anglais, *plantano, plantain* et *banano*.

Le bananier est une très belle plante herbacée. Il végète jusqu'a 1.200 mètres d'altitude dans les montagnes de l'Inde appelées *Neilgherries*.

L'espèce qui présente le plus d'intérêt est le *bananier textile* (MUSA TEXTILIS). Cette espèce abonde dans les forêts des îles Philippines, des Moluques et dans la Chine méridionale.

Ce bananier a une tige épaisse, haute de trois à cinq mètres. Cette tige perd de son diamètre en s'allongeant. Ses feuilles entières, ovales-oblongues, sont longues de deux mètres sur 50 centimètres de largeur. Ses fruits sont petits, durs et non alimentaires, parce qu'ils ne mûrissent jamais.

13.

Ce bananier et les *Musa paradisiaca*, *Musa sapientum*

Fig. 34.   Bananier.

et *Musa rubra* ont un épiderme fibreux, mais le premier
(*Musa textilis*) est le seul qu'on cultive comme plante

textile. C'est bien ce bananier qui alimente d'*abaca*, ou de *chanvre de Manille*, ou de *Manilla rope*, le commerce des Indes et des îles Philippines.

Le bananier textile se propage aisément à l'aide de ses rejetons et de ses graines, qui sont sphériques et noires. Il est très vigoureux quand il occupe des terrains profonds, frais et de bonne qualité, mais le plus généralement il végète sur la pente des montagnes. Il vient très bien sur le versant des élévations volcaniques. Cette espèce est bien moins exigeante que le *bananier comestible* (MUSA PARADISIACA) ou *figuier des Indes*.

Les jeunes pieds ou les rejetons sont plantés, suivant les terrains, à deux ou trois mètres les uns des autres en tous sens. Un hectare bien planté comprend de 1.000 à 1.500 bananiers.

Cette magnifique plante, plus ou moins élevée selon les terrains et les climats, est productive pendant cinq à six ans. Le tronc d'un bananier moyen coupé à dix mois pèse de 20 à 25 kilog.; 100 kilog. de tiges fournissent de 15 à 16 kilogr. de filasse teillée.

La coupe des tiges se fait près des racines, quand les fleurs sont épanouies, avant la maturité des fruits, et lorsque les plantes ont de huit à dix-huit mois de végétation. Un ouvrier coupe 600 à 800 bananiers par jour.

Voici comment, aux *îles Philippines*, on procède à l'extraction des fibres du *banana* ou *fibres de plantain* que contiennent les tiges et principalement les gaines des feuilles :

Après avoir coupé les tiges près du sol, on les dépouille de leurs feuilles et de leurs pétioles, on sépare avec un couteau l'écorce extérieure et on la partage en lanières ayant 3 à 4 centimètres de largeur. Celles ci sont ensuite débarrassées de la partie charnue qui y est adhérente à l'aide d'un raclage fait sur une planche au moyen d'un couteau. Les fibres une fois mises à nu sont exposées au soleil en évitant qu'elles soient mouillées par la pluie. Quand elles sont sèches, on les bat avec un bâton, on les lave, on les fait sécher de nouveau et on sépare ensuite les fibres selon leur degré de finesse.

Aux *Antilles*, on suit un autre procédé :

On dépose en tas les tiges qu'on a coupées, qu'on couvre de feuilles, afin qu'elles fermentent et qu'elles perdent une grande partie de leur eau de végétation. Après trois semaines de fermentation, on procède à la séparation des fibres, opération qui se fait alors très facilement. Après le teillage, on lave les fibres et on les fait blanchir en les laissant tremper pendant 6, 12 ou 18 heures, selon leur degré de finesse, dans une dissolution de soude et de chaux vive. Puis on les lave et on fait sécher. La lessive alcaline dissout assez bien la matière gommo-résineuse qui réunit les fibres.

On opère de la même manière à la Jamaïque.

Jusqu'à ce jour, on n'a point trouvé de machines propres à extraire économiquement les fibres des gaines qui enveloppent les tiges.

A Manille, les fibres sont séparées à la main par les indigènes de Dacca.

Les tiges du bananier comestible ne sont coupées que lorsque leurs régimes ont été récoltés.

Un bananier textile âgé de deux à trois ans pèse, à l'état vert, 30 à 40 kilogrammes. Comme la récolte sur un hectare se répète 10 fois par an et comme chaque coupe fournit de 80 à 150 kilogrammes de matière textile, il s'ensuit qu'un hectare produit par an de 800 à 1.500 kilogrammes de filasse. Il faut que les tiges soient bien petites pour que le produit en filasse ne dépasse pas 500 grammes par pied.

On blanchit aisément les fibres de l'abaca en les traitant avec de l'eau acidulée à l'aide du jus de citron. En outre, dans la Polynésie et l'Australie, on les teint aisément en noir, rouge, jaune, bleu, etc.

Le bananier produit trois sortes de filasse :

1° Le *bandala*, qui est la plus forte et la plus grossière et qui provient de la partie externe de l'écorce ;

2° Le *lipis*, qui est fine et que fournissent les couches internes.

3° Le *tupoz*, qu'on extrait entre les deux parties précitées.

La première sert à faire des cordes, des cordages, de grosses toiles d'excellente qualité et du papier ; la seconde permet, soit seule, soit alliée à la soie, de fabriquer de très belles étoffes ; la troisième sert à faire de la gaze. Ces deux dernières filasses sont soyeuses.

Le chanvre de Manille a une grande importance dans l'Inde, à la Jamaïque, à la Guyane, à la Martinique, etc.

Les îles Philippines exportent annuellement 35 millions de kilogr. d'abaca.

L'abaca, à Manille, est vendu de 30 à 35 francs les 100 kilogrammes. Les Anglais l'appellent *manila rope*, parce qu'il sert à fabriquer des cordages.

L'HELICONIA BIBAÏ ou *balisier Bibaï* appartient aussi à la famille des Musacées ; il est indigène dans les montagnes des Antilles. Il a trois à quatre mètres de hauteur ; les feuilles, longues de 1^m,50, fournissent des fibres résistantes avec lesquelles on fabrique des cordes, des hamacs, etc.

L'HELICONIA CARIBŒA donne aussi des fibres textiles à la Martinique.

CHAPITRE IX.

VAQUOIS OU BAQUOIS UTILE.

PANDANUS UTILIS, B., PANDANUS ODORATISSIMUS, Jacq.

Plante monocotylédone de la famille des Pandanées.

Cet arbre, le *Pandanus sativus* des anciens botanistes, est commun en Chine, dans l'Océanie, à la Nouvelle-Zélande, aux Antilles, à la Réunion, aux îles Maurice et Bourbon, à Tahiti, au Gabon, etc. Il est très cultivé à Calcutta et dans le Luknow.

Son tronc s'élève jusqu'à 18 à 20 mètres de hauteur avec des racines aériennes situées à la base du tronc; sa cime est ramifiée et arrondie. Les feuilles sont lancéolées, longues de deux à trois mètres et larges de 8 à 12 centimètres; elles sont armées de piquants sur leurs bords et sous leur côte. Le spadice est pendant; il est blanc-jaunâtre, très odorant, même lorsqu'il est desséché. Ses fruits sont dorés.

A la Réunion, on le nomme *vacoua*, dans l'Inde *vacoa* ou *keora*.

Les feuilles ayant deux ans sur les pieds âgés de trois années, divisées en lanières, servent à fabriquer des sacs, de belles nattes sur lesquelles on fait sécher le café. La Réunion exporte annuellement 3 millions de sacs de Vacoua avec lesquels on transporte le sucre, le café, le poivre, etc. Ces lanières servent aussi, à Tahiti, à fabriquer des chapeaux.

Les feuilles du *Pandanus sylvestris* sont utilisées de la

même manière sur les montagnes des Moluques ; ces feuilles sont étroites et longues de deux à trois mètres. On les
emploie aussi dans la vannerie.

On peut extraire les fibres des feuilles et même des troncs
en se servant de l'eau bouillante.

Ces fibres sont blanches et constituent une très belle filasse.

Les insulaires des mers du Sud tressent avec les feuilles
du *Pandanus utilis* des nattes fort belles qui sont très recherchées dans l'Inde.

Le *Pandanus utilis* forme des haies qui sont difficiles à
traverser. A la Nouvelle-Zélande, et aux îles de Nouka-Hiva
et de Vitu, il est commun sur les sables et les rochers qui
bordent la mer.

En Cochinchine, on fait des nattes avec les lanières du
Pandanus levis, à la Nouvelle-Guinée avec celles du *Pandanus longifolius* et à la Nouvelle-Calédonie avec celles
qu'on tire du *Pandanus microcarpus*.

Les vaquois sont de magnifiques plantes par leurs feuilles
gigantesques disposées très souvent en spirales sur les troncs.
Ils sont abondants dans les parties méridionales de l'Inde.
L'espèce nommée *vaquois utile* y est connue aussi sous le
nom de *ketgee* et *kaldera*. Elle végète bien dans les montagnes jusqu'à 1.500 mètres d'altitude. Ses fleurs développent
un parfum qui est   très recherché par les Hindous. (Voir
Plantes à parfums.)

CHAPITRE X.

CARLUDOVIQUE PALMÉ.

CARLUDOVICA PALMATA.

Plante monocotylédone de la famille des Pandanées.

Cette plante est indigène dans les Andes du Pérou. Elle s'y élève jusqu'à plus de 1.000 mètres d'altitude. Elle a été dédiée à Charles IV roi d'Espagne. Les Péruviens la nomment *bombonage*, et à Guatemala, on la nomme *junco*.

Ce textile (fig. 35) est cultivé au Pérou et à la Nouvelle-Grenade ; on le rencontre aussi à la Guadeloupe, à la Martinique et dans le Vénézuéla. Sa tige s'élève jusqu'à deux mètres ; ses feuilles sont plissées en éventail et longues de deux à trois mètres, portées par de longs pétioles.

Les feuilles, après avoir été découpées en lanières plus ou moins fines, servent à fabriquer les chapeaux que le commerce désigne, en Amérique, sous les noms de *jipi Paja* ou de *guayaquil*, et en Europe sous celui de *panama*. Aussitôt que les lanières ont été obtenues, on les plonge dans l'eau bouillante pendant quelques minutes et ensuite dans une eau tiède acidulée avec du jus de citron. Après les avoir lavées à l'eau froide, on les fait sécher et on les roule ensemble. Ces diverses opérations ont pour but d'assouplir et de blanchir ou de décolorer les lanières obtenues des feuilles.

Les lanières ainsi préparées et qui sont adhérentes aux pétioles sont très belles et permettent de fabriquer des chapeaux très fins ayant une grande valeur commerciale.

Le carludovique se propage à l'aide des graines qu'il

produit. Les *Carludovica gracilis* et *Plumerii* fournissent

Fig. 35. — Carludovique palmé.

aussi de belles lanières propres à la fabrication des chapeaux ou sombreros et des porte-cigares.

CHAPITRE XI.

PHORMIER TENACE.

PHORMIUM TENAX, Forst.

Plante monocotylédone de la famille des Liliacées.

Historique. — Mode de végétation. — Culture. — Récolte. — Usages de la filasse.

Historique.

Le *Phormium tenax*, si remarquable par son beau feuillage, a été signalé, pour la première fois, par le célèbre voyageur Cook ; il a été introduit en Europe, à la fin du siècle dernier, par Labillardière. Il est aujourd'hui répandu comme plante d'ornement dans un grand nombre de jardins.

Cette plante est indigène à la Nouvelle-Zélande, sur le bord de la mer, dans les crevasses des rochers. C'est pourquoi on la nomme vulgairement *lin de la Nouvelle-Zélande*. Elle est aussi très commune à Queensland (Australie). Comme dans la Malaisie et la Polynésie, elle y végète avec luxuriance. Les touffes qu'elle forme ont souvent 1^m,50 de diamètre.

La facilité avec laquelle elle végète, la magnifique filasse qu'elle fournit et que l'on regarde parfois comme le plus *beau lin du monde*, doivent engager à propager sa culture dans les pays méridionaux de l'Europe et en Algérie, entre le 30e et le 47e degré de latitude.

Les habitants des îles des mers du Sud, situées entre le 34e et 51e degrés de latitude australe, utilisent les fibres de cette plante en place de chanvre et de lin. A la Nouvelle-

Zélande, on fabrique avec ses fibres soyeuses de riches étoffes (1). En Europe, on ne les emploie que pour faire des cordages.

Mode de végétation.

Le *Phormium tenax* (fig. 36) a un rhizome tubéreux et charnu. Les feuilles toujours vertes et persistantes sont radicales, nombreuses, longues, étroites, ployées en deux dans leur partie inférieure, glauques, rubanées, lancéolées, disposées en éventail et longues de 1^m,50 à 2 mètres. Les fleurs sont portées par une hampe élevée et rameuse, elles ont de 5 à 6 centimètres de longueur. Les sépales sont colorés en jaune-d'ocre et les pétales en jaune-citron. Les graines sont aplaties, rugueuses et noires, et ont une certaine analogie avec les graines du pastel (*Isatis tinctoria*) ; elles sont contenues dans une capsule allongée, tordue et à quatre loges.

Cette plante fleurit en juillet et août. Cette espèce type a produit à la Nouvelle-Zélande deux variétés intéressantes : le *tehore,* ou *korere,* ou *koradi,* ou *lin de montagne,* qui produit des fibres (*muka*) très belles et très souples ; le *swamp,* ou *horakeke,* ou *lin de marais,* dont la fibre est la plus grossière.

Le *Phormium de Cook* (PHORMIUM COOKIANUM), espèce qui est à fleur rouge et verte, mais qui est bien moins vigoureuse que l'espèce type, est assez répandu à la Nouvelle-Zélande.

Quoi qu'il en soit, le *Phormium tenax* est une très belle plante. S'il supporte difficilement la pleine terre dans les régions septentrionales de l'Europe, il végète très bien sans aucun abri sur les côtes de la Manche, de l'Océan et de la

(1) La filasse qu'on récolte dans l'île de Norfolk (Océanie) est aussi fine que la soie.

Méditerranée. Il fleurit dans la Provence, en Espagne, en

Fig. 36. — Phormium tenax.

Italie, en Algérie, aux îles Açores, etc., où il croît pour ainsi dire sans culture.

Culture.

Le phormium doit être cultivé sur des sols légers, sains, mais frais en été ou pouvant être irrigués.

La propagation par graines n'est pas facile. On le multiplie de préférence de rejetons qu'on enlève des vieux pieds, soit en automne, soit au printemps, et qu'on plante à 1 mètre ou 1^m,50 les uns des autres, suivant le climat et la nature du sol.

Récolte.

On coupe les feuilles pendant le mois de septembre et on les dépose en tas, à l'ombre, pendant 10 à 15 jours. Au bout de ce temps, on extrait les fibres qu'elle contiennent.

L'extraction de la filasse n'est pas très facile. En Algérie, on déglutine les feuilles à l'aide de l'eau chaude, on les pile au moyen d'un maillet et on procède au peignage des fibres.

Dans l'Océanie, on divise chaque feuille, après l'avoir débarrassée de la côte, en quatre parties ou lanières, et on réunit ensuite celles-ci en paquets de 40 à 50, ayant toutes leurs pointes du même côté. Quand ce premier travail est terminé, on fait rouir les paquets pendant cinq heures environ dans une eau savonneuse bouillante. On emploie 7 kilogr. de savon vert par 100 kilogr. de lanières vertes. Au bout de ce temps, on retire les feuilles, on les lave en les tordant dans une eau courante, pour les débarrasser de la partie mucilagineuse qui se détache alors facilement. On a soin de ne pas mêler les fibres. On fait ensuite sécher celles-ci à l'abri du soleil et de la pluie.

Le Phormium ayant 16 mois de végétation produit, en Australie, de 6 à 7.000 kilogr. de fibres vertes par hectare.

Le même produit, dans la Polynésie, s'élève à 10.000 et même à 12.000 kilogr. sur la même superficie.

100 kilogr. de feuilles vertes donnent de 20 à 24 kilogr. de filasse.

Usages de la filasse.

La filasse du Phormium est blanc-jaunâtre, soyeuse et brillante ; elle est remarquable par sa force, sa ténacité, mais elle craint l'humidité.

Labillardière a comparé la force des filaments de cette plante à la résistance que présentent les filasses de lin, de chanvre et d'agavé. Voici les faits qu'il a constatés :

La force des fibres de l'agavé était égale à........	7,00
Celle du lin était représentée par.................	11,75
Celle du chanvre par............................	16,33
Celle du phormium par...........................	23,45

La filasse est vendue sur les lieux de production de 340 à 450 francs les 1.000 kilogr. Son importation en Europe donne lieu à un trafic important. Les Anglais la nomment *New Zeland flax;* les Australiens l'appellent *flax lily.*

La filasse du Phormium sert à fabriquer des étoffes, des toiles à voile, des cordages et des nattes. Le papier fabriqué avec cette filasse est très beau et très résistant. On l'emploie aussi pour remplacer l'osier et le jonc dans le palissage de la vigne et des arbres fruitiers.

Les nattes que l'on fabrique à la Nouvelle-Zélande et qui demandent souvent deux et même trois années de travail, sont faites avec des lanières très étroites et qui ont été préalablement passées entre les bords d'une coquille bivale de moule que l'ouvrier tient dans la paume de la main et qu'il presse avec le pouce.

En résumé, cette liliacée est une plante précieuse pour la Malaisie, la Polynésie et l'Australie.

En 1872, l'Angleterre a reçu de la Nouvelle-Zélande 11.500 balles de fibres au prix de 500 à 750 francs la balle. Le prix ordinaire varie entre 250 et 500 francs la balle.

Le *Phormium tenax* est une belle plante. Quand il se plaît dans un terrain situé dans le midi de l'Europe, en Asie et surtout en Océanie, il forme des touffes d'une grande largeur formées par des feuilles rubanées qui ont jusqu'à 2^{m},50 de longueur.

Le climat de Nouvelle-Zélande lui est très favorable, parce qu'il n'y subit pas les chaleurs brûlantes qu'on éprouve dans les contrées équinoxiales. Les sols fertiles sont ceux qui lui conviennent le mieux.

Les étoffes qu'on fabrique avec la filasse qui a été parfaiment teillée sont remarquables par leur soyeux et leur finesse.

Le *Phormium cookianum* ne produit pas des touffes aussi larges, aussi remarquables, mais si ses feuilles sont moins longues, les fibres qu'elles contiennent sont plus résistantes, plus durables, quand elles subissent l'action d'une humidité apparente et prolongée. On reproche avec raison à la filasse soyeuse du *Phormium tenax* de ne pas persister longtemps sans s'altérer quand elle est exposée à l'humidité.

CHAPITRE XII.

CORDYLINE.

CORDYLINA INDIVISA ET BANKSII.

Plante monocotylédone de la famille des Liliacées.

Les cordylines ont des tiges simples, arborescentes, de deux à six mètres de hauteur. Leurs feuilles sont très longues, très fermes ; elles contiennent des fibres très résistantes quiont l'avantage de résister pendant longtemps à l'humidité. Ces fibres servent à fabriquer d'excellents cordages et tissus.

La *Cordylina indivisa* est le *toi* des habitants de la Nouvelle-Zélande ; ses fibres textiles sont très en usage. Ses feuilles sont ensiformes, longues de 50 à 70 centimètres sur 6 à 12 centimètres de largeur ; elles sont réfléchies et teintées de bandes orange vif ou de blanc sur un fond vert foncé.

La *Cordylina Banksii* ou *Dracœna Banksii* est moins développée que l'espèce précédente, mais ses feuilles rubannées, longues de 1 mètre et larges de trois à quatre centimètres, sont d'un vert tendre et ligulées de blanc.

Les cordylines appartiennent à l'hémisphère austral. Leur tronc est souvent disposé en massue. Elles étaient autrefois connues sous le nom de *Dracœna*. Leurs feuilles sont ordinairement situées au sommet des tiges.

CHAPITRE XIII.

ALOÈS.

ALOE LITTORALIS et ALOE PERFOLIATA.

Plantes monocotylédones de la famille des Liliacées.

Ces plantes, que l'on confond souvent de nom avec *l'agavé d'Amérique*, sont très communes à Goa et au cap de Bonne-Espérance. Les Arabes les désignent sous le nom *d'alloech.*

Ces deux aloès sont répandus dans l'Inde. Leur culture est facile à l'aide de leurs rejetons.

Dans l'Inde, on retire des feuilles de ces plantes une très belle filasse. Ces feuilles, comme toutes celles des aloès qui sont indigènes sur les côtes de la Méditerranée, sont épaisses et bordées d'épines ; leurs fleurs sont belles.

L'*Aloès vulgaire,* ou *sabbârach* (ALOE VULGARIS), est naturalisé dans l'Inde. Cette espèce est une plante symbolique pour les Égyptiens. Les *hadjis* qui ont été à la Mecque en mettent à leur porte pour éloigner les mauvais esprits.

Les aloès ont des tiges frutescentes et simples et des feuilles épaisses et très rapprochées ; leurs fleurs sont en grappes pendantes ou dressées. Ces plantes grasses sont rares dans l'Amérique et sur la côte occidentale de l'Afrique.

L'Inde cultive l'*Aloe perfoliata* et l'*Aloe littoralis,* parce que ces espèces produisent de belles fibres avec lesquelles on fabrique des nattes et des tissus grossiers.

L'*Aloe zelanica* ou *Sanseviera zelanica* est aussi bien connu dans l'Inde. Ses fibres servent à fabriquer d'excellents cordages. On le nomme à Ceylan *neyanda*, et au Bengale, *murvamut* ou *morgavy*. Il est indigène dans le Balasore.

Le *Sanseviera Roxburghiana* est répandu sur les côtes qui bordent la baie du Bengale et sur la côte de Coromandel. Le *Sanseviera lanuginosa* existe dans les terrains sablonneux de la côte du Malabar. Le *Sanseviera guineensis* est commun sur la côte de Guinée ; il fournit le *chanvre d'Afrique.*

Les fibres blanches des aloès prennent facilement la teinture jaune, rouge, etc.

Celles de Madras ont 65 centimètres de longueur ; on les nomme *kala-buntha.*

Les fibres des aloès qu'on obtient dans l'Inde, au Mexique, dans l'Afrique australe, etc., sont assez semblables à celles qui constituent le *pite* que fournit l'agavé d'Amérique.

Ces plantes redoutent un excès d'humidité et de chaleur très élevées et prolongées ; c'est pour ce dernier motif qu'elles croissent généralement par touffes dans les terrains secs et pierreux. Leurs feuilles, généralement radicales, sont toutes bordées d'épines et remarquables par leur longueur, leur largeur et leur élégance. Ellesse plaisent particulièrement sur les terrains situés près du bord de la mer.

Les fibres d'aloès se vendent de 60 à 65 francs les 100 kilogrammes

Les aloès appartiennent à l'Afrique australe. On les rencontre principalement dans les sols secs et chauds.

CHAPITRE XIV.

BROMÉLIE.

BROMELIA SYLVESTRIS.

Plante monocotylédone de la famille des Broméliacées.

Cet *ananas sauvage* (fig. 37) est très commun dans les forêts du Gabon et de l'Amérique méridionale. Ses feuilles sont nombreuses, très longues, étroites, ensiformes et bordées d'épines ; elles fournissent, en Cochinchine et dans l'Inde, des fibres blanches un peu rudes, mais avec lesquelles on fabrique de belles étoffes. La filasse qu'elles constituent forme le *pigma* des Indiens et le *curana* ou *guarana* des Brésiliens. Les fibres collées bout à bout servent, aux Philippines, à fabriquer des tissus transparents d'une grande finesse que les Anglais appellent *pinâ*, *pigna* ou *nipis*.

La filasse de la bromélie sert, à la Guyane anglaise, à fabriquer des cordes, des cordages, des filets, etc. Elle y est connue sous le nom de *corawa* ou *karatas*; au Brésil, on la nomme *curana* ou *miriti*. Les fibres qui la constituent sont douées d'une grande résistance.

L'ananas sylvestre croît presque sans culture à Java. Il a a été introduit dans l'Hindoustan sous le règne de l'empereur Akbar. Il était cultivé en Chine avant 1594. Il est commun dans l'Amérique du Sud. Ses feuilles sont bordées d'épines brunâtres. Cette plante est aussi commune dans les forêts à la Guyane et au Gabon.

La *Bromelia karatas* est une espèce acaule qui est aussi

indigène à la Guadeloupe, à la Guyane, à la Réunion, aux Antilles. Ses feuilles nombreuses sont terminées par une pointe épineuse ; leur longueur atteint 1^m,50.

La *Bromelia pinguin* est aussi une espèce qui croît à l'état sauvage à la Jamaïque et dans les îles des Indes Orientales.

La *Bromelia pigna* fournit, aux Philippines, des produits

Fig. 37. — Ananas sauvage.

importants. Il en est de même de la *Bromelia sagenaria*, qui est répandue au Brésil où elle est connue sous les noms de *curratow* ou *grawatha*.

On propage les bromélies à l'aide de boutures ou œilletons. Dans le but d'obtenir beaucoup de feuilles, on les étête quand elles ont quatre mois, pour qu'elles ne produisent pas de fruits.

L'*ananas comestible* ou *cultivé* (ANANAS SATIVA) fournit aussi, en Cochinchine, dans l'Inde et à la Nouvelle-Calédonie, une excellente matière textile pour étoffes.

Les fibres de l'ananas comestible et celles de la *Bromelia pigna* sont d'une finesse si remarquable quand elles ont été bien préparées, qu'elles servent, dans les Indes et en Chine, à fabriquer de très belles mousselines.

Les plus belles filasses fournies par les deux bromélies précitées viennent de Madras, de Singapore, de Java et des îles Célèbes.

La *Bromelia sylvestris* croît dans l'Océanie sans culture. On croit qu'elle a été importée d'Amérique dans l'Océanie par les Portugais. C'est de son écorce qu'on extrait aux Antilles les fibres dites de *curancé*.

Les feuilles des bromélies sont longues et rigides. Les fibres qu'elles contiennent sont fines et blanches; elles résistent à une submersion prolongée. Toutefois, si les habitants des îles de l'Asie et de l'Amérique fabriquent des cordes de bonne qualité avec les ananas qui végètent à l'état sauvage, ils reconnaissent que les fibres contenues dans les feuilles des ananas cultivés ou comestibles sont un peu cassantes et inférieures à celles de l'agavé, qui constituent la filasse appelée *pite*.

Toutes les bromélies sont douées et d'une grande vitalité.

CHAPITRE XV.

YUCCA.

Yucca gloriosa et Yucca aloifolia.

Plantes monocotylédones de la famille des Liliacées.

Ces deux espèces croissent spontanément dans les terres arides et caillouteuses de l'Inde et du Mexique.

Le *Yucca magnifique* (Yucca gloriosa) a une tige arborescente de 1 mètre à 1^m,50, des feuilles dressées, lancéolées, raides, tranchantes sur les bords et piquantes au sommet; elles sont longues de 65 centimètres. Sa panicule pyramidale est composée de 150 à 200 fleurs blanches.

Il est répandu dans la Virginie, à la Caroline, etc.

Le *Yucca à feuilles d'aloès* (Yucca aloifolia) a aussi une tige arborescente de 2^m,50 à 3 mètres de hauteur; des feuilles, raides, linéaires et lancéolées. Ses fleurs sont blanches avec une tache pourpre.

Cette espèce est commune au Mexique, à la Jamaïque, à la Caroline, à la Floride, etc., sur les sols arides et caillouteux.

A ces deux espèces il faut ajouter :

Le *Yucca filamentosa*, qui est commun à la Caroline, à la Virginie et à la Martinique et qui est le *silk grass* des Anglais; sa tige est haute de 1 mètre à 1^m,50 :

Le *Yucca angustifolia*, qui est répandu dans le district de Madras;

Le *Yucca pendula* (fig. 38), qui possède aussi des feuilles contenant des fibres textiles.

Fig. 38. — Yucca pendula.

Les yuccas sont des plantes arborescentes qui peuvent vivre longtemps et chez lesquelles les feuilles, raides, épaisses, coupantes, sont rassemblées au sommet de leur tronc, qui est ordinairement peu élevé. Leurs fleurs sont blanches, blanc rosé ou purpurines ; elles sont très nombreuses et disposées en une magnifique et longue panicule.

On propage ces plantes aisément à l'aide de leurs rejetons ou de leurs graines. Elles demandent des terres de consistance moyenne et exemptes d'humidité surabondante. Les terres fortement calcaires ne leur sont pas très favorables. Il en est de même des terrains qui sont ombragés par de grands arbres.

On extrait des feuilles de ces liliacées des fibres textiles qui sont remarquables par leur grande ténacité et qui constituent une filasse blanche lustrée ou brillante et raide qu'on peut amener par le sérançage à la finesse la plus grande. Cette filasse sert à faire des tissus, des tapis, des cordages et du papier.

Les filasses produites par les yuccas sont naturellement blanc-jaunâtre, mais avec le temps elles acquièrent une nuance un peu rousse.

Les fibres des yuccas ont une grande analogie avec celles des aloès ; elles prennent aisément la teinture.

Dans l'Inde, on colore souvent en rouge, bleu, orangé, ou vert, les fibres qu'on veut employer pour faire des tapis présentant des dessins divers.

CHAPITRE XVI.

AGAVÉ D'AMÉRIQUE.

AGAVE AMERICANA.

Plante monocotylédone de la famille des Amaryllidées.

Cette belle plante est originaire de l'Amérique tropicale. Elle est commune au Mexique, au Brésil, dans les Andes du Pérou, au Cap de Bonne-Espérance, sur la côte du Malabar, etc., où elle brave les sécheresses et les ardeurs du soleil.

Elle a été introduite en Europe au commencement du seizième siècle. Elle est aujourd'hui naturalisée dans la région méditerranéenne : en France, en Espagne, en Italie, au Portugal, en Algérie, etc. Elle est commune en Afrique. On la trouve principalement dans les lieux arides, les sables brûlants et les parties abruptes. Elle forme de très belles haies défensives.

C'est elle qui fournit la matière textile que le commerce désigne sous les noms de *pite, pita,* ou *fils de pite* ou de *chanvre du Yucatan.* A Victoria, elle y est connue sous le nom de *toddy lilly;* à Queensland, sous celui de *pita hemp.* Au Mexique et à Guatemala, on la nomme *maguey.* Les Anglais l'appellent *agava,* et les Sénégaliens, *ijoss.* Au Bengalé, on la nomme *cantala* et *bans keora;* à Madras, *petha kala buntha;* à la Réunion, *choucas cadere.*

Les fibres textiles de cette plante sont utilisées en Australie, dans l'Inde, au Mexique, dans la Colombie, à la Réunion, à la Guadeloupe, à la Guyane, etc.

C'est bien à tort qu'on désigne encore assez souvent l'agavé sous le nom d'*aloès*, plante avec laquelle elle n'a aucun rapport (voir chapitre XIII.)

L'*agavé d'Amérique* (AGAVE AMERICANA) (fig. 39) a une souche en grande partie enterrée, une tige très courte et très épaisse, des feuilles vertes, raides, charnues, longues d'un à deux mètres, bordées de fortes épines terminées par une pointe aigüe et formant une énorme touffe. La tige est arrondie et s'élève jusqu'à huit et dix mètres de hauteur; elle porte un très grand nombre de fleurs jaune-verdâtre.

Cette magnifique plante ne fleurit que quand elle est très développée. Elle meurt toujours après avoir produit sa hampe gigantesque, qui simule un grand candélabre, ce qui arrive à la 15ᵉ, ou 25ᵉ, ou 50ᵉ année de sa végétation, suivant les circonstances. Elle est commune à la Guadeloupe, à la Martinique, à la Réunion, à la Guyane, à la Nouvelle-Calédonie, dans l'Inde, les Antilles, etc., où elle forme des haies très défensives.

Cette espèce n'est pas la seule qui fournit des fibres textiles. Au Mexique, à la Réunion, à la Guyane, à la Guadeloupe, on en extrait aussi des *Agave mexicana, lurida, salmiana, viparia, madagascariensis, angustifolia, viridis,* et *filifera.*

L'*agave viparia* croît dans les haies de Luknow. Les Indiens le nomment *hatteach elghan.*

L'agavé d'Amérique se propage au moyen des rejets ou œilletons qu'il émet autour de sa souche ou à l'aide des graines qu'il produit quand il fleurit. On peut aussi le propager à l'aide des caïeux qui apparaissent sur la hampe florifère.

Au Mexique, dans le Yucatan, on commence la récolte des feuilles deux ans après la plantation des œilletons.

Voici comment on opère cette récolte :

Quand les feuilles ont deux ans de végétation, on coupe les plus externes de la touffe avec un instrument tranchant, puis on enlève les épines dont leurs bords sont armés, on

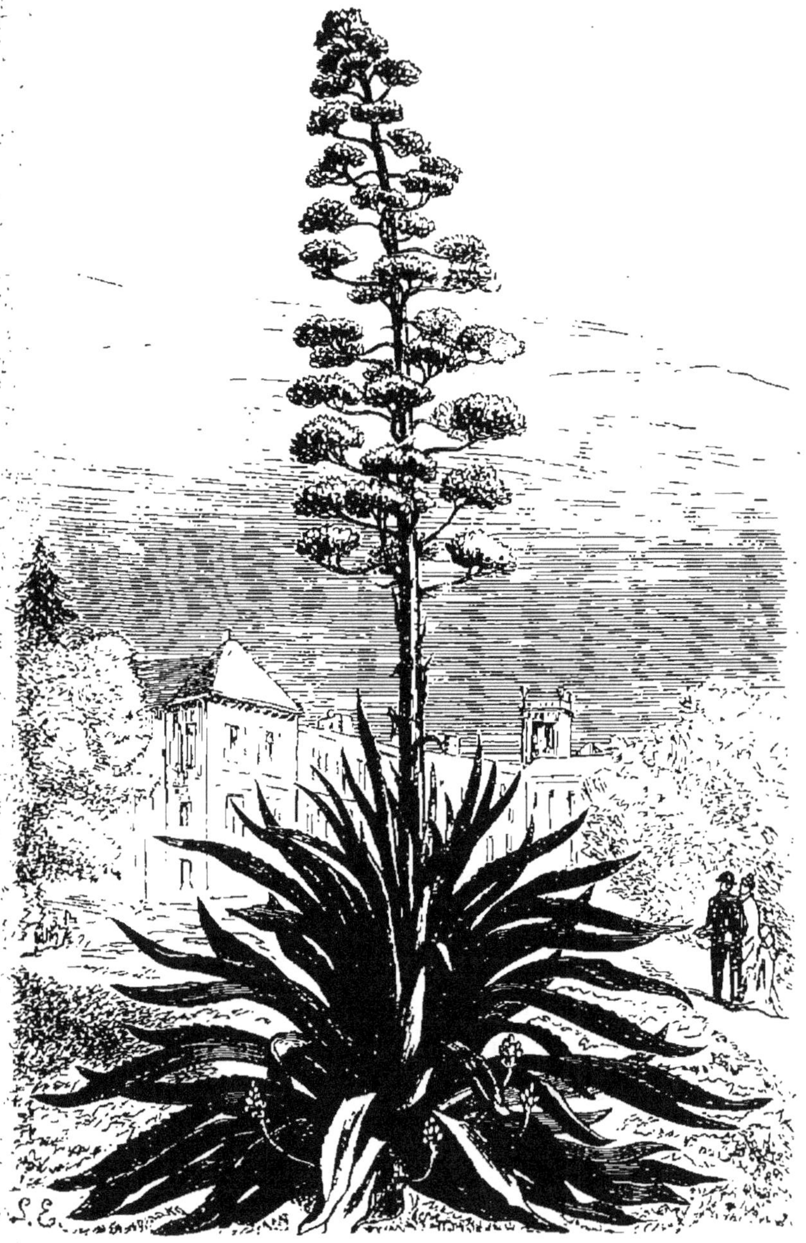

Fig. 39. — Agavé d'Amérique.

divise le reste en plusieurs lanières longitudinales et on détache le mieux possible le tissu cellulaire interposé entre les fibres, à l'aide d'une lame en bois dentelée sur son bord. On répète l'opération plusieurs fois. Dans diverses contrées, on presse les feuilles entre deux cylindres, après les avoir fait macérer pendant quelques jours.

Quand les fibres nettoyées apparaissent avec une couleur blanc d'argent, on les fait sécher pour ensuite les blanchir au soleil. Elles constituent alors le vrai *pit* des Anglais.

Au Brésil, on les traite avec une lessive alcaline quand elles ont été détachées des feuilles, afin de pouvoir les séparer; on les affine alors plus aisément.

La filasse fournie par l'agavé est grossière, mais très solide, très nerveuse et blanche. C'est une *belle soie végétale*. Elle sert à faire des cordes, des câbles, des hamacs, des filets, des tapis, etc. Elle se teint facilement en rouge, vert, orange, bleu et jaune.

Les câbles faits avec l'agavé sont légers; ils ont l'avantage de flotter sur l'eau de mer. Un câble rond grelin à 4 aussières et 12 torons, de 50 à 55 mètres de longueur et 15 centimètres de circonférence, ne pèse que 70 kilogrammes. Un cordage plat à 4 aussières de 11 centimètres de largeur et de 100 mètres de longueur pèse 250 kilogrammes.

Les anciens Mexicains, après avoir dégrossi les feuilles, les faisaient tremper et les collaient par couches, comme on agissait en Égypte à l'égard du papyrus.

La fibre dite *ixtlé,* parce qu'elle provient de l'*Agave ixtli* ou *Agave rigida,* se crêpe facilement et imite le crin animal; elle constitue le *chanvre sesal du Mexique.*

La macération noircit les fibres de l'agavé d'Amérique. C'est pourquoi on ne fait pas rouir les feuilles.

CHAPITRE XVII.

CHANVRE MEXICAIN.

FUBCRŒA GIGANTEA, VEN. — AGAVE FŒTIDA, L.

Plante monocotylédone de la famille des Amaryllidées.

Cette belle plante, appelée souvent *Fourcroya*, est commune dans l'Amérique méridionale, au Brésil, au Mexique, aux Antilles, au Guatemala, à l'île Maurice, dans l'Australie, la Colombie, l'Inde, la Guinée, la Réunion, à Natal, etc.

Sa tige est dressée, arrondie, haute de 30 à 50 centimètres; ses feuilles nombreuses, dressées, raides, épaisses, longues de 1^m,50 à 2^m,30 et larges de 30 centimètres, développent une odeur peu agréable quand on les écrase. La hampe est dressée, magnifique, haute de 6 à 10 mètres; elle porte des fleurs pendantes blanches ou verdâtres qui développent une odeur assez fétide.

L'odeur nauséabonde que développent et les feuilles et les fleurs explique pourquoi cette amaryllidée est aussi connue sous le nom *d'agavé fétide* ou *d'aloès fétide*.

En Australie, on la nomme *giant lily*, à Queensland, *maxicon hemp*, au Guatemala *pite floja*.

Les fibres sont extraites des feuilles fraîches, ayant deux ans de végétation. Après qu'elles ont été récoltées et déposées sous des hangars, on les écrase avec de gros maillets de bois dur, puis on les racle sur des chevalets inclinés, avec un couteau de bois, pour les débarrasser du suc gommo-résineux qu'elles renferment. On termine la préparation en les lavant à grande eau et en les faisant sécher au soleil. On peut aussi séparer les fibres par la macération, mais cette opération les rend très brunes.

Les fibres qu'on a ainsi obtenues sont ensuite peignées, afin de les débarrasser de la bourre qui y est interposée.

La filasse que produit le *Furcræa* est d'un beau blanc d'argent; elle a une ténacité remarquable. Dans l'Inde et surtout à Mahé, elle sert à faire des cordages de luxe, des filets, des hamacs, des câbles, des sacs et du papier. On a toujours constaté qu'elle était incorruptible à l'humidité.

Le commerce la désigne parfois sous les noms de *chanvre de Haïti, crin de Tampico.*

Le chanvre mexicain est d'une culture facile. On le multiplie au moyen de ses semences et des bulbilles qui se développent à l'aisselle de ses feuilles, qui tombent à terre et s'y enracinent. Au Mexique et dans le Yucatan, on le propage à l'aide de ses graines.

L'agavé fétide végète bien dans les terres de moyenne consistance.

Les filaments qui composent le chanvre mexicain sont rigides, blancs et brillants; ils constituent une excellente filasse.

CHAPITRE XVIII.

MURIER A PAPIER OU PAPYRIER DU JAPON.

BROUSSONETIA PAPYRIFERA, Wild.

Plante dicotylédone de la famille des Morées.

Ce bel arbre, appelé aussi *papyrier*, est originaire de la Chine où il est très répandu. Il est aussi très commun dans l'Inde, au Japon, dans la Malaisie, la Polynésie. Il a été introduit en France en 1751.

Les Japonais le nomment *kozo*, les Chinois, *tchou*, les Javanais, *glougo*, les Taïtiens, *gnaou.*

Le mûrier à papier est un arbre de 10 à 15 mètres de hauteur. Ses feuilles, cordiformes (fig. 40) ou ovales, ressemblent un peu à la fleur du lis; elles sont longues de 6 à 15 centimètres, vert foncé en dessus et cotonneuses en dessous. Ses fruits sont petits et rouges.

Le papyrier est rustique et il végète sur tous les terrains, mais il préfère les terres légères sablonneuses. On le multiplie de semences, de marcottes et de drageons enracinés. Il est très cultivé à Java.

Les graines sont semées sur un terrain préparé. Les plantes qui en proviennent sont repiquées l'année suivante et mises en place quand elles ont deux ans. Les marcottes se font au printemps, elles s'enracinent facilement. Pour multiplier le mûrier à papier au moyen de boutures de racines, on divise celles-ci en morceaux de 12 à 15 centimètres de longueur que l'on plante dans un terrain meuble, en ayant le soin d'opérer les arrosages nécessaires.

Le mûrier à papier a une croissance rapide; mais dans l'Océanie, il diminue de hauteur à mesure qu'on l'élève ou que la latitude augmente. Ainsi, il est un arbre à Taïti, alors qu'il est un arbrisseau à Picairn. C'est à la deuxième ou troisième année qu'on procède à Java à son écorçage. L'écorce, une fois détachée des jeunes sujets, est divisée en

Fig. 40. — Rameau de Mûrier à papier.

morceaux ayant environ 50 centimètres de longueur. Ces fragments sont ensuite mis à tremper dans l'eau pendant 24 heures. Alors, on les bat fortement avec un bâtonnet de bois dur et on les lave à grande eau. Ainsi préparées les fibres se détachent très aisément de l'épiderme.

En Chine, on procède autrement. Au commencement de l'hiver, on coupe les pousses en morceaux ayant 5 à

6 centimètres de longueur et on les fait bouillir pour que l'écorce puisse être facilement enlevée avec les mains. Alors, on fait sécher celle-ci pendant deux à trois jours. Quand l'écorce est sèche, on la plonge pendant 24 heures dans un cours d'eau, puis on sépare les fibres au moyen de cardes. Cette opération terminée, on met l'écorce en balles de 18 à 20 kilogr. qu'on laisse tremper de nouveau durant 24 heures. Après les avoir fait sécher, on les met à bouillir dans une lessive alcaline, en ayant la précaution de les agiter. On termine la préparation du liber en pâte à papier en les pilant dans un mortier pendant une demi-heure environ. Quand la pulpe est sèche, on la met une seconde fois en balles pour la livrer aux papeteries.

Voici très sommairement comment on fabrique du papier au Japon avec les fibres du papyrier :

Les pousses de l'année sont récoltées en septembre et mises aussitôt verticalement dans une cuve, pendant environ quinze minutes, à l'action de la chaleur. Au bout de ce temps, on retire les tiges, on les écorce et on fait sécher à l'ombre les lanières ainsi obtenues, après les avoir lavées. Quand elles sont sèches, on les fait tremper dans l'eau et on enlève, avec un outil grattoir, l'épiderme brun qui y est adhérent. Cette opération terminée, on lave avec soin le liber, on l'expose au soleil pour qu'il blanchisse et on le fait bouillir de nouveau dans une lessive alcaline. La pâte obtenue est jetée ensuite dans un cuvier contenant de l'eau à laquelle on a ajouté de la farine de riz et une décoction gommeuse d'*Hydrangea paniculata*. La pâte ainsi préparée est ensuite déposée sur des cadres de bambous et mise à sécher.

Le papier fabriqué en Chine avec le mûrier à papier y est désigné sous les noms de *sang-jang-tchi* et *kium-kiang-tchi*.

Les fibres de l'écorce du mûrier à papier servent aussi à

faire d'excellents papiers et de bonnes étoffes dans l'Océanie. Elles donnent lieu à Java à un commerce important. En Chine et au Japon, elles sont employées pour fabriquer des tentures, du cuir factice et du papier très solide, mais qu'on ne peut préserver des dermestes, insectes qui sont communs dans la Malaisie.

C'est avec les fibres du mûrier à papier que les Océaniens fabriquent les étoffes qu'ils désignent sous les noms de *tapé* ou *tapa*. Dans cette fabrication, ils n'emploient que les écorces d'un an qu'ils appellent *hiapo*.

Le *papier du Japon* est aussi fabriqué avec l'écorce du *Wickstrœmia canescens* que les Japonais nomment *gampi*, ou de l'*Edwardsia papyrifera* appelé vulgairement *midzumata*. La pâte obtenue avec les écorces de ces deux papyriers est mêlée dans les cuves avec une substance laiteuse préparée, comme il a été dit précédemment, au moyen de la farine de riz et d'une décoction gommeuse de l'écorce de l'*Hydrangea paniculata*, plante que les Japonais désignent sous le nom de *nori noki*.

Le mûrier à papier est désigné sous le nom de *kaili* sur la côte occidentale des Célèbes. C'est en décembre, après la chute des feuilles, qu'on procède à la récolte des pousses.

Les fibres qu'on retire de son écorce à Tahiti servent à faire des tissus et des chapeaux.

CHAPITRE XIX.

PALMIERS.

Chamœrops, Cocos, Mauritia, etc.

Plantes monocotylédones de la famille des Palmiers.

Divers végétaux appartenant à la famille des Palmiers fournissent des fibres textiles qui ont une certaine importance. Ces plantes croissent en Algérie, dans l'Inde, aux Moluques, aux îles de la Sonde, à la Guyane, au Brésil, etc.; mais, à l'exception du palmier nain, toutes ne peuvent végéter que dans les contrées où la température moyenne s'élève à 21 ou 22 degrés.

Voici quelles sont les principales espèces filamenteuses :

1. Palmier nain ou Palmier éventail.

Chamœrops humilis, L, *Phœnix humilis.*

Ce palmier est commun dans le nord de l'Afrique sur les terres incultes. On le rencontre aussi sur divers points de l'Europe méridionale : en Grèce, en Italie, en Espagne. Il est très rustique et très élégant. Il végète toujours sur des terres incultes. On le nomme vulgairement *palmiste*. Il existe aussi à la Réunion et à la Guyane.

Son tronc a ordinairement 60 à 80 centimètres de hauteur. Ses feuilles palmées, multifides, raides et remarquables par leur développement, ont leurs pétioles armés de forts aiguillons droits ou crochus. Il émet à sa base un grand nombre de rejets qui rendent sa multiplication très facile.

Ce sont les feuilles de ce petit palmier, qui est très répandu en Algérie, dans le Tel et surtout dans les provinces d'Oran, d'Alger, et que les Arabes désignent sous le nom de *duoms*, qui fournissent la matière filamenteuse que le commerce nomme *crin végétal* ou *crin d'Afrique* et qu'on exporte en France, en Angleterre, en Allemagne, en Égypte, aux États-Unis, etc. La cueillette de ces feuilles se fait en tout temps.

Voici comment on opère l'extraction des fibres : on tire les feuilles, on coupe leurs pétioles ou leurs queues et on les peigne en les présentant successivement par poignées à une carde mécanique, c'est-à-dire à un tambour armé de clous et qui tourne sur lui-même avec une grande rapidité. La boîte qui enveloppe cette sorte de râpe est surmontée d'une caisse métallique contenant de l'eau. Celle-ci jaillit par un trou sur les feuilles, afin de les humecter pendant l'opération. A l'aide de cet appareil assez grossièrement établi, un ouvrier carde 500 kilogr. de feuilles par jour. Les fibres obtenues par cette opération sont courtes et grossières. On les fait sécher et on les soumet ensuite à un tordage. Pour exécuter cette opération, l'ouvrier agit exactement comme le cordier. Ayant devant lui dans son tablier des filaments cardés, il en attache à un émerillon fixé sur une roue qui est mise en mouvement par un enfant et s'en éloigne en marchant à reculons, afin d'avoir une grosse corde d'une certaine longueur. Alors, on la détache du crochet, on la plie en deux et on opère une nouvelle torsion. Pendant cette dernière opération, l'ouvrier qui tient les deux bouts est attiré vers la roue. La corde ainsi tordue est abandonnée à elle-même pendant plusieurs semaines. Au bout de ce temps, on la détord et on obtient des fibres frisées qui constituent le crin végétal.

Un ouvrier aidé par un enfant tord ou frise par jour 500 à 600 cordes qui lui sont payées 1 franc le cent.

Le *crin végétal* ainsi obtenu est employé à l'état naturel

ou après avoir été teint en noir. Pour lui donner une nuance rappelant le crin du cheval, on les plonge dans plusieurs bains faits avec du sulfate de fer et du bois de campêche. Cette opération terminée, on le frise une seconde fois, on les plonge de nouveau dans la teinture et on le fait sécher.

100 kilogr. de feuilles donnent 60 kilogr. d'étoupe verte ou 40 kilogr. d'étoupe sèche.

Les feuilles du palmier nain sont vendues aux usines à l'état vert à raison de 2 francs à 2 fr. 50 les 100 kilogr. Elles donnent 50 pour 100 de filasse brute.

Le *crin noir* est le plus estimé. On le vend de 25 à 35 francs les 100 kilogr. Le *crin blond* ou *verdâtre*, ou filasse non teinte, ne vaut que 20 à 30 francs les 100 kilogr. Le premier est principalement livré au commerce de la literie. Le second sert à faire des cordes, des nattes et des étoffes avec lesquelles on fabrique des tentes.

Les *fibres cardées*, mais non frisées, sont utilisées dans la fabrication du papier. On les vend 9 francs les 100 kilogr. Quand on les peigne avec l'alfa, on les vend 15 francs les 100 kilogr.

L'Algérie a exporté, en 1877, 9.440.000 kilogr. de crin végétal. En 1867, elle n'en avait expédié que 2.200.000 kilogr.

Le *Chamærops Fortunei*, petit palmier dioïque appelé aussi *Trachycarpus Fortunei*, fournit en Chine une bourre avec laquelle on fabrique des cordages, des nattes, des vêtements grossiers. Cette bourre enveloppe la tige. Les Anglais la nomment *hemp palm* ou *chanvre de palmier*.

2. COCOTIER.

Cocos nucifera.

Ce beau palmier indien appelé *Narikel* par les Bengalais, *naryul* par les Hindous et *jouzhindee* par les Arabes, a un tronc de 15 à 30 mètres de hauteur. Ses feuilles ou frondes sont étalées, longues de 4 mètres et formées de pinnules étroites, lancéolées. Son spadice a 2 mètres environ de longueur avec une spathe de 80 centimètres à 1 mètre. Chaque spadice produit de douze à seize fruits ou cocos, qui sont ronds, lisses et de couleur jaune-brun, et aussi gros que la tête d'un homme.

Le cocotier est très commun dans l'Inde, aux Moluques, aux Célèbes, à Sumatra, dans la Malaisie, aux îles de la Sonde, etc., à une faible distance de la mer.

Les fibres qui enveloppent les fruits de ce palmier et celles des feuilles constituent une matière textile grossière, sorte de bourre jaune-brun que les Indiens appéllent *coir* ou *kair* et qui sert à faire des cordages, des câbles, du papier, des nattes, des paillassons, des toiles d'emballage. Ce produit donne lieu à un commerce important. Le territoire de Yanaon, dans l'Inde française, en produit annuellement 700.000 kilogr.

Voici comment on les obtient :

On détache les enveloppes des fruits lorsque ceux-ci sont arrivés à maturité et on les enterre, avant l'arrivée des pluies, dans des fosses creusées sur le bord des rivières. Après un séjour de douze à quinze mois, on dégage les fibres de la pulpe en les battant à l'aide de bâtons courts et pesants. On les met ensuite à sécher.

1.500 kilogr. d'enveloppes de cocos donnent 100 kilogr. de bourre. Un coco d'une bonne grosseur donne 150 grammes de coir.

Les fibres qu'on extrait des pétioles des feuilles sont aussi très résistantes. Il en est de même des filaments que contient la partie corticale.

Les unes et les autres servent à fabriquer de très belles nattes appelées *bassans*.

Le *cocos nucifera* existe aussi en Cochinchine, dans l'Inde, à Tahiti, à la Nouvelle Calédonie, à la Guyane, à la Guadeloupe, etc. Il est l'ornement des contrées tropicales.

Les tissus réticulaires ou *lif* du *palmier dattier* (PHŒNIX DACTYLIFERA) et du *doumier de la Thébaïde* (HYPHŒNE THEBAICA) fournissent aussi, dans la Nubie, l'Abyssinie et la haute Égypte, des fibres avec lesquelles on tresse des cordes qui servent à attacher les pots sur les norias ou roues hydrauliques, ou à fabriquer des filets pour le transport des denrées agricoles.

3. MAXIMILIENNE ROYALE.

Maximiliana regia, Mart.

Ce palmier est répandu dans les forêts de l'Amérique équatoriale. Il est commun au Brésil et à la Guyane.

Son tronc est droit, haut de 5 à 7 mètres. Les feuilles sont formées de pinnules linéaires, étroites et légèrement crispées, sa spathe est longue de 65 centimètres à 1 mètre : elle porte des fruits ovoïdes qui sont comestibles.

Ce beau palmier est désigné au Brésil sous le nom de *inaja*, et à la Guyane sous ceux de *cucurit* ou *koquerit*.

Les fibres textiles qu'il fournit sont extraites des spathes ; elles servent à faire des cordes.

4. CARYOTE CAUSTIQUE.

Caryota urens, L.

Ce palmier est très répandu dans l'Inde méridionale et dans l'Himalaya, jusqu'à 2.000 mètres d'altitude. A Ceylan et à la Jamaïque, on le nomme *kitool* ou *kittul*, au Malabar *evim pannah*, en Telinga *jeroogoo*.

Son tronc est droit, cylindrique et très élevé. Les feuilles, à pinnules coriaces, ont 5 à 6 mètres de longueur sur 3 à 4 mètres de largeur.

Les fibres qu'on extrait des nervures de ses feuilles au Bengale, au Malabar, sur la côte de Coromandel, dans l'Inde française, etc., sont très résistantes. Elles servent à fabriquer des câbles d'une très grande force, des brosses, des nattes, des paniers, etc. Ses fibres sont brunes ou noirâtres.

5. MAURITIER FLEXUEUX.

Mauritia flexuosa, L., *Sagus americana*, P.

Le Mauritier flexueux est un grand et beau palmier; il a un tronc droit très élevé, des feuilles longues de 4 à 6 mètres et des spadices ayant 2 à 3 mètres de longueur.

Il est commun dans les savanes du Brésil, dans les parties humides de la Guyane, du Pérou, du Brésil, et dans le nord de l'Afrique.

L'épiderme des jeunes feuilles, qu'on nomme *tibisiri* à la Guyane, divisé par bandes, sert à faire des cordages ou des cordes avec lesquelles on confectionne les hamacs.

6. MANICAIRE.

Manicaria saccifera, G.

Ce palmier est le *tourloury* ou *troolie* des Caraïbes. Il est répandu à la Guyane.

Son tronc a 6 à 8 mètres de hauteur et 30 centimètres de diamètre. Ses feuilles, entières et oblongues, ont 6 à 10 mètres de longueur et 65 centimètres à 50 de largeur; elles sont employées pour couvrir les habitations. Ses spathes sont formées de fibres qui servent à faire une toile grossière, mais excellente. Les spathes sont des sacs à réseaux fibreux naturels.

7. LATANIER.

Latania borbonica, L. *Livistona chinensis*, Roxb.

Ce latanier (fig. 41) est cultivé dans les pays tropicaux, à l'île Maurice, à l'île Bourbon, à la Réunion, etc.

Son tronc n'est pas très élevé, mais ses feuilles, fabelliformes, très amples et en éventail, contiennent des fibres textiles beaucoup plus longues que celles produites par le

Fig. 41. — Latania borbonica.

palmier nain. Aux Moluques, on les emploie pour fabriquer des toiles à voiles.

Les feuilles du latanier servent à faire des chapeaux.

8. RAPHIER.

Sagus raphia, Raphia trdigera, Mar.

Ce palmier est répandu dans les parties maritimes des contrées tropicales, en Afrique, en Asie et en Amérique.

Son tronc ne dépasse guère 3 mètres de hauteur; il porte un faisceau de feuilles gigantesques portées par des pétioles ayant de 4 à 5 mètres de longueur.

Les fibres que fournit ce palmier sont longues, légères et très durables; les horticulteurs les utilisent avec succès dans un grand nombre d'opérations. Elles constituent des liens qui résistent beaucoup mieux que la paille et le jonc aux influences de l'humidité.

On les vend à Paris, en moyenne, 2 fr. 50 le kilogr.

La filasse du Raphia est filée et tissée à Madagascar, à Mayotte, à Nossi-Bé, etc.

9. ARENGA SACCHARIFÈRE.

Arenga saccharifera, Saguus Rumphii.

Ce palmier, l'un des plus beaux, est commun à la Martinique, à la Réunion, aux Moluques, aux îles de la Sonde, aux îles Philippines, en Cochinchine, etc. Les Malais le nomment *ejoo*, les Javanais *anou*, les Indiens *gomuto*, les Amboinais, *Narva*. On ne le rencontre pas en dehors de la zone intertropicale.

Cette espèce a un tronc de 8 à 12 mètres de hauteur couvert de grosses fibres noires assez analogues à de gros crins de cheval ; les feuilles ont 6 à 8 mètres de longueur ; leur pétiole est sans épines ; elle ne fleurit qu'une seule fois pendant son existence ; les fruits, de la grosseur d'une petite pomme, sont jaunâtres quand ils sont mûrs ; la pulpe est très caustique.

Les fibres noires qui enveloppent le tronc de ce sagoutier sont récoltées avec soin, parce qu'elles résistent très longtemps à l'humidité. Les Indiens les emploient pour faire d'excellents cordages et ils les vendent comme *coir* ou *crin végétal*. On utilise aussi les enveloppes fibreuses des fruits ainsi que celles qu'on enlève des pétioles ; mais ces matières textiles n'ont pas la ténacité qui caractérise les grosses fibres qui se développent sur le tronc.

Les fibres qu'on extrait de ce palmier ont une grande importance à Amboine, Java, Singapoure, etc., parce qu'elles servent à faire des cordages marins très résistants.

Aux Moluques, on utilise avec succès les fibres ligneuses du tronc du *saguus Rumphii*, palmier qui est répandu dans les îles de l'archipel des Indes.

L'arenga est le palmier qui fournit le produit qu'on vend sous le nom de *baleine végétale*.

Le *Bactris tomentosa* fournit aussi du *crin végétal* à la Réunion.

10. CORYPHA A OMBELLES.

Corypha umbraculifera, L.

Ce beau palmier de l'Asie tropicale atteint jusqu'à 24 mètres de hauteur. Il est vigoureux à Java, à Ceylan, au Malabar, etc. Son tronc est lisse. Ses feuilles forment une large cime ou une gigantesque ombelle. Leurs nervures médianes fournissent des fibres qui servent à fabriquer d'excellents cordages et des sacs. Le tissu de ces feuilles sert de papier aux Cingalais. Les fleurs, de couleur verdâtre, ont une très forte odeur.

Les feuilles de ce palmier servent aussi à faire d'excellentes couvertures pour les huttes des indigènes Cingalais.

Le corypha à ombelles est désigné dans la Malaisie sous le nom de *Gabang*. On le nomme *codda panna* à Madras, *tulipat* à Ceylan et *tara* au Bengale.

C'est avec les feuilles du *corypha talliera* que se font, dans l'Inde, les livres talmouls. Ces feuilles servent aussi à faire des chapeaux et des ombrelles.

Les tiges du *corypha acutifida* fournissent des cannes, qui sont très estimées en Angleterre sous le nom de *penang lawyers*. On leur donne un bon aspect en les polissant après en avoir enlevé l'épiderme. Les Anglais se servent aussi des cannes que fournit le *Raphia flabelliformis*, qu'ils nomment *ground rattam*.

11. COPERNICIE A CIRE.

Copernicia cerifera, *Corypha cerifera*.

Ce très beau palmier est originaire de l'Amérique tropicale. Il est très utile et très répandu au Brésil et dans l'Australie orientale. Il a de superbes frondes flabelliformes. Au Brésil, on le nomme *carnauba* ou *carnaubeira*.

Les fibres qu'il fournit servent à faire des cordages; les

pinnules qui composent les feuilles, des chapeaux, des nattes, des tapis communs, des paniers, etc.

Il existe sur la surface des feuilles une cire jaune-citron qui provient d'une exsudation et qu'on obtient aisément en les secouant fortement sur une toile. Cette *cire végétale* sert au Brésil à la fabrication des bougies. La province de Céare est celle qui en exporte le plus. (Voir *Plantes oléagineuses.*)

12. RONDIER.

Borassus flabelliformis.

Ce palmier à éventails est répandu dans les Indes orientales, les îles de la Sonde, aux Moluques, etc.

Son tronc atteint jusqu'à 30 mètres de hauteur. Ses feuilles, longues de 3 mètres à $3^m,50$ et fendues en éventail, forment une tête volumineuse et arrondie. Son fruit est presque globuleux et aussi développé qu'un melon de grosseur ordinaire.

Ce rondier est appelé *lontar* dans la Malaisie, et *tala* ou *palmyra* dans l'Inde.

Ses feuilles servent à couvrir les habitations, à faire des palissades, des nattes, des chapeaux et du papier qui est presque inaltérable.

13. ASTROCARYER COMMUN.

Astrocaryum vulgare.

Ce palmier développe un tronc qui atteint de 8 à 12 mètres d'élévation et qui porte des feuilles longues de $2^m,50$ à 3 mètres composées de pinnules lancéolées et longuement acuminées. Il est très répandu dans l'intérieur du Brésil.

Les fibres qu'on retire de ses feuilles constituent la filasse qu'on nomme *tucum* et qui est remarquable par sa finesse et sa force. Cette filasse sert à faire de beaux tissus, des cordes, des chapeaux, etc.

CHAPITRE XX.

PAPYRUS.

CYPERUS PAPYRUS.

Plante monocotylédone de la famille des Cypéracées.

Le papyrus est connu depuis les temps les plus reculés. Ses tiges servaient autrefois à fabriquer le célèbre papier à écrire qui fut utilisé pendant plus de trois mille ans par les Égyptiens. Le papier appelé *papyrus augustus* sous les Romains était regardé comme le plus beau, le plus durable.

Ce *cyperus* avait disparu dans la vallée inférieure du Nil; mais on l'y a introduit de nouveau dans ces dernières années. De nos jours, on le rencontre dans l'Abyssinie, dans la Nubie, la haute Éthiopie et à l'embouchure du Zaire, dans le Congo.

Cette plante est vivace. Sa tige atteint de 3 à 4 mètres de hauteur; elle est triangulaire et d'un vert éclatant; elle est dominée par une ombelle composée de rayons longs et nombreux qui sont fasciculés. Ce gracieux panache, cette belle chevelure lui donnent une remarquable élégance. Son rhizome est rampant.

Le papyrus est une véritable plante aquatique. On ne le rencontre, dans l'Asie ou en Afrique, que sur le bord des lacs, des fleuves ou des rivières ayant un cours très peu rapide. Dans l'Abyssinie comme au Congo, il a toujours le pied baigné dans l'eau.

C'est avec l'épiderme de ses tiges, qui sont parfois grosses comme le bras dans leur partie inférieure, que les anciens

Égyptiens fabriquaient le papier qu'on a trouvé de nos jours dans les tombeaux de la Thébaïde. Après avoir détaché cet épiderme, ils l'étendaient sur une table, réunissaient les lanières en collant leurs bords. Cette opération terminée, ils battaient les feuilles confectionnées, les pressaient, les polissaient et les couvraient d'une légère couche d'huile de cèdre pour les préserver de toute altération.

Jusqu'au onzième siècle, les chartes françaises ont été écrites sur du papier provenant du papyrus.

Le *cyperus papyrus* n'est pas le seul qui soit utile :

En Guinée, les fibres du *Cyperus distans* servent aux nègres à fabriquer des ficelles. Cette espèce sert aussi au Malabar à faire des cordes.

En Australie, le *Cyperus textilis* est regardé comme une très bonne plante textile indigène.

Dans la Sénégambie, on utilise les fibres qu'on retire du *Cyperus articulatus* qui croît sur le bord des lacs.

Le *Papyrus tegetum* ou *Papyrus pungorei* est le *ma-doorkati* des Bengaliens. Il est très commun aux environs de Calcutta. Dans le Bengale, on l'emploie pour faire d'élégantes nattes qu'on exporte en Europe.

Le *Cyperus elegans* fournit de bonnes fibres à la Jamaïque. Ces fibres ont plus d'un mètre de longueur.

Au temps des Romains, le papyrus servait, avec la cire ou le suif, à fabriquer des torches.

DEUXIÈME PARTIE.

LES PLANTES DE SPARTERIE ET DE VANNERIE

Sous le nom de *Plantes de Sparterie*, je comprends :

1º Les plantes indigènes dont les fibres servent à faire des nattes, des cordes et du papier;

2º Les végétaux semi-ligneux comme l'arundo et le bambou, dont les tiges sont employées comme cannes pour pêcher à la ligne et pour fabriquer des instruments de musique, des palissades, des claies, etc. ;

3º Les plantes des terrains humides comme les joncs, les scirpes, les massettes, dont les tiges ou les feuilles servent à faire des nattes communes;

4º Les plantes dont les sommités florales, comme le sorgho et l'arundo, sont employées pour faire des balais.

J'ai réuni, sous le titre de *Plantes de vannerie*, les végétaux dont les pousses, comme celles des osiers, servent à faire des paniers, des corbeilles, des vans, etc.

Je n'ai pas mentionné les paillassons qu'on fabrique à la main ou mécaniquement avec la paille de seigle récoltée après son épiaison ou quand elle est arrivée à maturité complète, ayant parlé de l'emploi de cette paille dans les *Plantes alimentaires*.

CHAPITRE PREMIER.

ALFA OU SPARTE.

MACROCHLOA TENACISSIMA, K. STIPA TENACISSIMA, L.

Plante monocotylédone de la famille des Graminées.

Espagnol. — Atocha.   *Italien.* — Stipa tenace.
Arabe. — K'alfa.   *Allemand.* — Spaniches partos grâs.
Berbère. — Ari.

Historique. — Végétation. — Culture. — Récolte. — Emplois.

Historique.

L'alfa ou *halfa* est connue depuis les temps les plus anciens. Les Grecs et les Romains en faisaient un très grand usage. D'après Strabon, les Phéniciens récoltaient, en Ibérie, le sparte avec lequel ils fabriquaient leurs cordages. Pline considère cette plante comme originaire de l'Afrique et il ajoute que les Carthaginois l'utilisaient depuis très longtemps comme plante textile.

Végétation.

Cette plante junciforme (fig. 42) est indigène et commune sur les collines sablonneuses, calcaires, pierreuses, sèches et incultes de l'Andalousie et des provinces de Murcie et de Valence en Espagne, sur les versants arides de la Sicile et des anciens États napolitains, sur les steppes des hauts plateaux du Tell, en Algérie, et sur ceux de la Tunisie situés près des confins du Sahara. Elle s'élève à plus de 1.000 mètres d'altitude dans la Sierra-Nevada.

Le sparte ou *esparto* du commerce est produit par deux graminées qui ont une certaine analogie :

1° Le *Macrochloa* ou *Stipa tenacissima*, qui fournit réellement le *sparte*, le *spart* ou l'*alfa* ;

2° Le *Ligeum spartum* ou *faux alfa*, qui croît aussi en Espagne et dans le nord de l'Afrique et que les Arabes dé-

Fig. 42. — Alfa.

signent sous les noms de *el sennac*, *sennar*, *sennaghr* et *sennera*, et les Espagnols sous celui d'*esparto*. Il remplace l'Alfa dans les endroits humides.

Le *Macrochloa très tenace* croît par touffes épaisses, vigoureuses, ayant un mètre de hauteur. Ses racines sont rampantes. Ses feuilles, longues d'un mètre et larges de 2 à 4 millimètres sont dures et résistantes ; elles apparaissent pendant l'hiver et se développent jusqu'en mai, époque à laquelle elles ont, en moyenne, 70 centimètres de longueur ; à la maturité des épis, elles sont enroulées sur elles-mêmes et rappellent les pousses du jonc. Ses tiges se montrent en avril avec un épi allongé jaunâtre qui fleurit en mai. Ses graines arrivent à maturité en juin, époque à laquelle elles tombent sur le sol.

Cette graminée jonciforme croît en Afrique jusqu'à 80 kilomètres du rivage de la mer ; on la rencontre jusqu'à 3.000 mètres d'altitude. Son principal mérite est de pouvoir résister aux chaleurs les plus torrides et à toutes les influences atmosphériques. C'est pourquoi les touffes sont toujours vertes au milieu de l'été. Elle se reproduit de graines.

La *lygée sparte* est vivace et ses feuilles ont aussi l'aspect du jonc, mais elle est bien moins productive que le stipe très tenace. Ses tiges sont simples, striées et sans nœuds. Elle a aussi le mérite de résister aux fortes chaleurs. On la rencontre aussi sur les hauts plateaux de l'Algérie, mais elle est plus commune en Espagne.

Quoi qu'il en soit, cette dernière graminée est utile, mais elle n'a pas l'importance de la première qui occupe 5 millions d'hectares sur les hauts plateaux de l'Algérie.

La zone du sparte ou de l'alfa est comprise entre les trente-deuxième et quarantième degrés de latitude nord.

Les feuilles qu'on ne récolte pas vers la fin de l'été et qui sont enroulées sur elles-mêmes pendant cette saison s'élargissent de nouveau durant le mois d'octobre.

Culture.

Le sparte ou l'alfa ne végètent bien sous le climat afri-

cain à toutes les altitudes que lorsque le sol est de consistance moyenne, pierreux et perméable. Son développement
n'est pas remarquable sur les terrains argileux. C'est pourquoi, en Algérie, les touffes formées par l'alfa sont plus
belles sur les hauts plateaux que dans les plaines basses.

Les graines, récoltées en juillet, sont semées en octobre ou
novembre, époque de l'année où les pluies favorisent particulièrement les ensemencements. On roule le sol aussitôt
que la semaille est terminée. Le plus ordinairement, la germination des graines n'a lieu que l'année suivante. Ce sont
toujours les pluies hivernales qui enterrent les graines dans
le sable amené sur les hauts plateaux, par le vent du désert.

L'alfa se développe très lentement, et souvent il faut quatre, six et même huit années avant de lui demander un premier produit. La lenteur avec laquelle il croît pendant
les premières années qui suivent la semaille, explique bien
pourquoi cette graminée est assez sensible aux froids quand
elle est jeune. Ce n'est qu'à partir de la huitième ou dixième
année que l'alfa est véritablement rustique et productif.

On peut aussi propager l'alfa par éclats de pieds, mais
alors il faut avoir la précaution de ne pas rompre ou endommager les racines. La division des touffes et la plantation
des éclats se font pendant l'automne. Ces éclats sont plantés dans des trous espacés en tous sens de 65 à 75 centimètres. On doit avoir la précaution de bien tasser autour des
plants. Pendant l'hiver, les touffes sont souvent rechaussées
par le sable entraîné par le vent.

L'alfa épie en avril, époque où il atteint de 50 centimètres à 1^m,20 de hauteur, suivant les terrains.

Récolte.

La récolte de l'alfa se fait après la maturité des graines,

depuis le mois de mai jusqu'en octobre, c'est-à-dire pendant environ deux cents jours.

Les uns arrachent les feuilles et les mettent en bottes formées de deux à trois poignées. Ces bottillons, appelés par les Arabes *manada*, sont ensuite séchés, puis réunis en très grosses bottes. La dessiccation dure de trois à quatre jours en été et de 6 à 8 jours en hiver. L'alfa qui a été bien récolté doit être conservé sous des hangars ou dans des locaux à l'abri des agents atmosphériques. Souvent, avant de le livrer au commerce, on le confie à des femmes qui ont pour mission de le débarrasser des feuilles noires ou moisies et des gaines que l'on a arrachées sans le vouloir.

Voici la manière dont les Arabes exécutent la récolte des feuilles :

L'alfatier, tenant dans la main gauche un bâtonnet ayant 2 à 3 centimètre de diamètre et 40 centimètres de longueur, saisit une poignée de tiges encore vertes, l'enroule sur le bâton par un tour de main ; alors il tire sur le bâton et détache toutes les tiges de la souche. La poignée, une fois arrachée, est placée sous le bras gauche, afin que les deux mains soient libres et qu'on puisse arracher une nouvelle poignée de tiges.

Un ouvrier habile peut récolter par jour 100 kilogr. d'alfa.

L'alfa bien récolté à la maturité perd de 16 à 20 pour 100 de son poids ; lorsque l'arrachage est exécuté pendant la végétation des touffes, c'est-à-dire au printemps ou pendant l'hiver, le déchet s'élève souvent à 40 pour 100.

L'alfa est une marchandise encombrante. Un mètre cube non pressé pèse de 210 à 220 kilogr ; soumis à l'action d'une presse hydraulique, le poids du mètre cube s'élève à 500 kilogr.

Emplois.

L'*alfa* est livré au commerce à l'état naturel pour servir

à la fabrication du papier, ou être utilisé dans la sparterie; mais souvent on extrait du *sparte* la filasse qu'il contient.

Voici comment on opère dans ce dernier cas :

Lorsque les feuilles ou tiges sont sèches, on les fait rouir
dans une eau douce, ou stagnante ou courante, pendant
vingt jours à un mois. Après ce rouissage pendant lequel
se dissout la matière gommo-résineuse, on les expose de nouveau à l'air, et lorsqu'elles ont perdu la plus grande partie
de leur humidité et qu'elles ont pris une teinte blanchâtre,
on les bat avec un maillet sur une pierre unie.

La filasse qu'on obtient de l'alfa roui et travaillé par les
procédés arabes ou espagnols, est assez soyeuse et très résistante; elle représente les deux tiers environ de la quantité
sèche qui a été traitée. Dans les usines, la perte est moins
grande et la matière textile a plus de qualité.

Un hectare en bon état de végétation donne en moyenne
de 1.500 à 2.000 kilogr. d'alfa vert. Par le séchage, ce produit perd 15 à 20 % et se réduit de 1.300 à 1.200 kilogr.
ou de 1.000 à 1.100 kilogr. quand le triage a été opéré.

Un ouvrier, suivant son activité, récolte par jour de 250
à 350 kilogrammes d'alfa vert. On compte qu'il faut cinq à
six journées pour récolter le produit d'un hectare. La cueillette revient à 2 francs les 100 kilogr.

L'alfa est vendu sur les lieux de production et à l'état
vert de 2 francs à 2 fr. 50 les 100 kilogr.; sa valeur commerciale s'élève à 4 ou 5 francs quand il est sec et qu'il a été
trié, mis en balles pressées et cerclées en fer et du poids
moyen de 150 kilogr.; on le vend à Oran 10 à 12 francs les
100 kilogr.

L'exportation de l'alfa a pris, en Algérie, une importance
considérable. En 1867, elle n'avait exporté que 4.000.000
de kilogr.; en 1876, la quantité expédiée en France, en Angleterre, etc., s'est élevée à 58.759.000 kilogr. ayant une va-

leur de 8 millions, sur lesquels 40 millions de kilogr. ont été importés en Angleterre.

L'alfa, comme le sparte, sert à la fabrication du papier, des cordages, des cabas, des tresses avec lesquelles on fait les semelles des *espadrilles,* des tamis, des nattes, etc. La *pâte à papier* fournie par ces plantes est regardée comme excellente.

Les cordes fabriquées avec le sparte ou l'alfa sont très résistantes, et elles n'ont pas l'inconvénient de tacher le linge. Les nattes ne donnent aucune crainte d'incendie, car elles cessent de brûler quand elles ne sont plus en contact avec un objet embrasé ou allumé.

La marine espagnole fait un grand usage de cordes de divers diamètres fabriquées avec le sparte.

200 kilogr. de sparte décoloré par la vapeur, divisé, blanchi et transformé en pâte, permettent de fabriquer 216 kilogr. de papier ayant une légère teinte verdâtre mais remarquable par son homogénéité et sa ténacité.

L'alfa contient en moyenne de 50 à 60 % de cellulose fibreuse ; le palmier nain n'en contient que 35 %.

Les principaux centres de production de l'alfa sont Tlemcem, Sidi-bel-Abbès et le Sig dans la province d'Oran, et Batna dans la province de Constantine. On évalue à quatre millions d'hectares la surface sur laquelle végète l'alfa sur les hauts plateaux.

Le sparte et l'alfa résistent très bien à l'humidité et aux insectes.

Les feuilles de l'alfa sont mangées pendant l'automne et l'hiver par les chameaux ; le cheval de l'Arabe ne mange que les racines (*djerder*) et les épis (*bous*) de cette graminée.

L'alfa d'Égypte est fourni par le *Poa cynosuroïdes.* Il n'est pas assez résistant pour être utilisé dans la fabrication du papier.

On rencontre dans l'Afrique du nord, mais principalement dans les montagnes de la Kabylie et sur le petit Atlas, une graminée vivace à tige élevée que les Arabes nomment *diss* ou *dyss*. Cette plante n'est autre que l'A-RUNDO FESTUCOÏDES, ou l'*Ampelodermos tenax*. Ses feuilles contiennent des fibres que l'on extrait assez aisément parce que la matière gommo-résineuse qui les réunit se dissout en partie dans l'eau.

La filasse du *dyss* sert à fabriquer de très bonnes cordes.

MM. Caselmann et Weterlé ont trouvé dernièrement un procédé peu coûteux pour dissoudre le principe résineux qui agglutine les fibres du dyss et qui ne permettait pas de l'employer dans une forte proportion dans la pâte à papier.

Voici les proportions de palmier, d'alfa, de sparte, de dyss et de chiffons qui entrent dans la pâte à papier :

1. *Papiers pour journaux.*

Palmier nain....	30 pour 100.		Sparte..........	60 pour 100.
Sparte..........	30	—	Dyss..........	20 —
Dyss..........	20	—	Chiffons blancs.	20 —
Chiffons blancs..	20	—		100
	100			

2. *Papier écolier.*

Sparte..........	40 pour 100.		Sparte..........	40 pour 100.
Palmier nain....	20	—	Palmier nain...	20 —
Dyss..........	20	—	Dyss..........	10 —
Chiffons........	20	—	Chiffons.......	30 —
	100			100

CHAPITRE II.

ROSEAU-CANNE.

ARUNDO DONAX.

Plante monocotylédone de la famille des Graminées.

Historique. — Mode de végétation. — Multiplication. — Récolte des cannes. Emplois.

Historique.

Le roseau-canne, que l'on désigne souvent en France sous le nom de *Canne de Provence*, est commun sur les bords des cours d'eau et dans les fossés humides dans l'Europe méridionale. Il occupe d'importantes surfaces de la Provence, l'Italie, l'Espagne, etc., Il est trop sensible aux froids intenses pour qu'il soit possible de le cultiver avantageusement dans le centre, l'est et le nord de la France.

Le roseau-canne était connu des Égyptiens, des Grecs et des Romains. Ils s'en servaient pour faire des flèches, des plumes à écrire, des cannes, des espaliers, etc.

Les contrées françaises qui en produisent le plus sont les plaines d'Hyères, de Cogolin et de Fréjus (Var).

Mode de végétation.

Le roseau-canne ou *roseau à quenouille,* ou *grand roseau,* ou *roseau des jardins,* est vivace. Ses tiges, hautes de 4 à 8 mètres, sont creuses, fortes, dressées, presque ligneuses et interrompues de distance en distance par des nœuds. Ses feuilles sont grandes, lancéolées et d'un beau vert glauque. Les panicules ont de 40 à 50 centimètres de longueur; elles sont rameuses, et leur couleur varie du jaune pâle au jaune-rougeâtre.

Le roseau-canne ne fleurit que dans les climats tempérés.

Multiplication.

On le cultive sur des terres profondes, argileuses, fraîches, ou le long des cours d'eau. Il réussit mal sur les sols secs et ceux que l'eau couvre l'hiver.

On le multiplie ordinairement par boutures de racines, à l'aide des rejets latéraux ou en séparant les anciens pieds.

La plantation des boutures, des œilletons ou des éclats de pieds se fait pendant l'automne, dans des fosses ayant 30 à 40 centimètres de profondeur. Les uns et les autres doivent être recouverts de 10 à 15 centimètres de terre.

Une fois la plantation terminée, on abandonne le terrain à lui-même.

Pendant l'hiver, on nettoie les rigoles qui ont été ouvertes, dans le but d'empêcher que la couche arable soit marécageuse durant cette saison. Au printemps, on enlève les ronces, les liserons, les houblons, etc., qui se développent souvent avec une grande vigueur dans les *canneraies*.

Récolte des cannes.

La récolte des cannes se fait tous les ans, mais c'est à partir seulement de la quatrième année qu'on enlève par *jardinage* les tiges qui ont deux ans de végétation. Celles d'un an occupent seules le terrain. Les cannes qui proviennent de pousses d'un an n'ont jamais la dureté, le poli de celles qui ont végété pendant deux années. C'est bien à tort que Bosc a recommandé de les couper toutes chaque année.

16.

La récolte se fait en janvier ou février. Les belles cannes de deux ans ont de 4 à 5 centimètres de diamètre à leur base et 4, 5, 6 et même 8 mètres de longueur. On les débarrasse ensuite de leurs feuilles et on les met à sécher.

Le plus ordinairement les cannes se vendent sur pied. Les acheteurs ont alors à supporter les frais qu'occasionne leur récolte. Quand elles sont bien sèches, on les met en bottes serrées par plusieurs liens. Chaque paquet comprend 50 tiges.

Un hectare bien cultivé produit ordinairement 2.500 cannes.

Emplois.

Les tiges de l'*Arundo donax* servent à faire des cannes pour pêcher à la ligne, des bobines et des fuseaux, les anches des instruments de musique : hautbois, clarinettes, bassons ; des clôtures, des palissades et des tuteurs ou échalas. On les utilise entières ou divisées dans leur longueur pour fabriquer des nattes, des paniers, des claies pour les vers à soie ou pour sécher des prunes, des figues, etc.

L'*Arundo donax* constitue de très bons brise-vent dans les provinces méridionales. Ses tiges ont 2 à 3 centimètres de diamètre.

Le *roseau d'Afrique* (ARUNDO MAURITANICA) produit des tiges qu'on utilise comme celles de l'espèce précédente. Ce roseau existe aussi dans l'Italie méridionale.

CHAPITRE III.

BAMBOU.

ARUNDO BAMBOS, BAMBUSA ARUNDINACEA.

Plante monocotylédone de la famille des Graminées.

Anglais. — Bamboo.
Allemand. — Indianischer Rohr.
Italien. — Bambu.
Chinois. — Chout.

Malais. — Boulouh.
Hindou. — Rans.
Javanais. — Prenq.

Historique. — Mode de végétation. — Terrain. — Multiplication. — Récolte. Emplois.

Historique.

Le bambou ou *roseau géant,* ou *roseau des Indes,* est une plante très belle et très utile sous les tropiques, parce qu'il a une croissance rapide. Il est originaire des parties chaudes de l'Asie. Il est commun en Chine, en Cochinchine, au Japon, aux îles Philippines, dans l'Indoustan, dans l'Océanie, la Malaisie, la Nubie, etc. Il a été introduit en Europe en 1730. Sa culture se répand en Algérie. Ce succès n'a rien d'extraordinaire. On sait qu'on est parvenu, par des soins continus, à le propager dans les contrées froides et montagneuses situées au nord de Pékin. Sa culture est facile et peu coûteuse jusqu'au 40e degré de latitude nord sous lequel sont situés New-York, Madrid et Naples.

Mode de végétation.

Le bambou est vivace. Il produit de nombreuses tiges

qui constituent souvent des groupes ou fourrés inextricables. Ses tiges sont droites, fistuleuses, plus ou moins grosses, ligneuses, et peuvent atteindre 15 à 30 mètres de hauteur, mais elles s'inclinent un peu avec l'âge ; elles portent des nœuds distants les uns des autres de 50 à 60 centimètres, d'où partent, à 4 ou 6 mètres au-dessus du sol, des pousses grêles, ramifiées et pendantes que le vent balance garcieusement dans les airs. Ses feuilles sont nombreuses, engainantes, oblongues, lancéolées, pointues et acuminées au sommet et arrondies à leur base. Ces feuilles sont d'un vert gai et la moindre brise les agite aisément ; elles sont persistantes, mais, quand l'automne arrive, elles prennent d'abord une teinte glauque, puis une nuance rougeâtre. Par exception, dans le nord de la province de Canton, elles tombent en partie quand les froids sont un peu vifs. Les fleurs sont disposées en épillets oblongs, petits et serrés. La racine est traçante.

Le bambou a produit un grand nombre de variétés.

La semence produite par le *Bambusa arundinacea*, espèce que les Indiens nomment *bamboo*, les Chinois *tchou-pou* et les Malais *rotan*, rappelle un peu la graine du froment. Cette semence est utilisée comme semence alimentaire dans les temps de disette.

Le bambou ne croît plus en hauteur vers la cinquième ou sixième année, mais seulement en diamètre. C'est lorsqu'il a atteint vingt à vingt-cinq ans qu'il dépérit et meurt. En général, plus il devient vieux, plus il acquiert de dureté, de solidité.

On connaît à Java trois variétés principales de bambou : le *samnear*, qui a des tiges très fortes ; le *tcho*, qui fournit aux Chinois un papier très solide qui sert à fabriquer les parasols ; le *bicha*, qui fournit des plumes pour écrire et qu'on nomme *Arundo scriptorea*.

Terrain.

Cette plante majestueuse ne réussit que quand on la multiplie sur des terres sablonneuses, profondes et fraîches sans être humides. Les alluvions profondes et saines lui conviennent très bien. Elle végète avec une grande puissance sur les terres voisines des cours d'eau, quand elles ne sont pas sans cesse saturées d'humidité. Il est très vrai qu'on la voit croître en Chine sur des collines exposées au nord et sur les versants des montagnes où la terre arable a une faible épaisseur ; mais, dans de telles situations, ses tiges n'atteignent pas une grande élévation.

Multiplication.

On propage le bambou par éclats de pieds ou fragments de rhizomes qu'on plante dans des fosses de 33 à 50 centimètres de profondeur, espacées les unes des autres de $1^m,30$ à $1^m,50$ et dans lesquelles on a mis du fumier ou un autre engrais. Ce procédé a l'avantage de rendre la végétation des pousses plus vigoureuses. On le pratique de préférence en automne ou à la fin de l'hiver.

Avant de faire cette plantation, on rabat les rejetons à 3 ou 5 centimètres de leur premier nœud. Cette opération a pour but de ralentir le développement des pousses pendant la première année.

Les années suivantes, on arrose, si cela est possible, pendant les fortes chaleurs. Enfin, pendant les trois premières années, on coupe les rejetons afin qu'ils ne végètent pas et affament ainsi les tiges.

Récolte.

Le bambou a atteint son entier développement quand il

passe au jaune-verdâtre. On doit le couper par un temps sec, au printemps ou en hiver, époque où il possède son maximum de dureté. Il est très utile de ne couper que les tiges arrivées à leur complet développement en hauteur et qui ont une grosseur convenable. Ses tiges les plus fortes ont 12 centimètres de diamètre.

Quand le bambou a été coupé, on l'expose à l'action d'un vent sec. On doit éviter de le coucher sur la terre.

Un mois après, on l'expose à une chaleur modérée pour terminer sa dessiccation, c'est-à-dire faire disparaître l'humidité qu'il contient intérieurement. Le bambou ne se conserve intact que lorsqu'il est bien sec à l'intérieur.

Cette dessiccation définitive doit être faite avec soin. Sous l'action d'un feu très vif ou ardent, les cannes se tordent et se fendillent aisément.

Emplois.

La *tige* du bambou fournit des perches, des échalas, des chevrons, des tuyaux ; elle sert à faire des échelles, des chaises, des cages, des cribles, des paniers, des ponts, des clôtures, des palissades, des manches d'outils, des instruments de musique.

On fait avec ses *fibres* des cordages, des nattes, du papier, etc.

Les *feuilles* servent à fabriquer des chapeaux et du papier. On les emploie aussi pour fertiliser les terres.

Les bambous les plus estimés sont ceux qui ont une écorce lisse, unie et foncée. On a constaté qu'il faut que les cannes aient été coupées depuis un demi-siècle pour qu'elles aient la teinte rouge sombre tant recherchée.

Les cannes qui proviennent de terre argileuse ont une écorce rugueuse et cannelée.

C'est de la tige verte qu'on extrait la matière textile que

produit le bambou. Voici comment les Chinois exécutent cette extraction :

Les tiges encore vertes sont coupées au niveau du sol pendant l'hiver dans les contrées du nord, au printemps dans les parties méridionales. Cette récolte faite, ou à mesure qu'on l'exécute, on divise les bambous en morceaux de 50 centimètres environ de longueur et on les met à tremper ou macérer pendant douze à quinze jours, selon la grosseur et l'âge des tiges qui les ont fournis, dans un réservoir rempli d'eau très boueuse, afin qu'ils commencent à se ramollir.

Quand le trempage est suffisant, on les retire, on les lave, on les divise de nouveau et on les pile ou on les écrase dans un grand mortier en pierre, à l'aide d'un pilon mis en mouvement par une roue hydraulique. Lorsque la masse est un peu liquide, on la retire et on la traite par la chaleur dans une large chaudière. La pâte à papier est préparée quand elle est devenue épaisse. Elle sert alors à faire un papier jaunâtre ou blanc si elle a été décolorée par un acide.

Le papier fabriqué avec une pâte obtenue à l'aide des tiges bien choisies et à laquelle on a ajouté un tiers environ de coton nankin, est connu en Europe sous le nom de *papier de Chine*. Il sert à l'impression des gravures sur bois. Ce même papier, après avoir été encollé avec une solution de colle de poisson et d'alun, est utilisé dans l'impression des gravures sur acier.

Les *fines raclures* qui proviennent du raclage des tiges vertes, servent aussi à la fabrication d'un excellent papier. Il en est de même des feuilles, quand elles ont été transformées en pâte. Le papier provenant des fibres du bambou est jaune légèrement grisâtre et satiné. Les Chinois le nomment *kou-chou* ou *tchou-tchi*.

Les *grosses raclures* sont employées pour garnir des coussins ou des matelas.

Les étoffes grossières fabriquées avec la filasse qui provient du bambou, sont connues en Chine sous le nom de *to-y*.

À Taïti, on fabrique des chapeaux avec les lanières de bambou.

Les bambous à nœuds rapprochés sont les plus estimés parce qu'ils sont plus résistants, mais ils n'acquièrent jamais la grosseur à laquelle parviennent les tiges qui ont des nœuds très espacés. Il existe en Chine et au Japon des variétés qui présentent des nœuds espacés de plus d'un mètre les uns des autres.

Les bambous bien secs et nouvellement récoltés ont une nuance jaune-verdâtre, mais avec le temps cette teinte devient rouge sombre.

Le gouvernement chinois encourage la culture du bambou. Il existe à Pékin, à Hangt-Chao, à Soutchao, etc., des officiers qui sont chargés uniquement de surveiller la culture de cette plante dans les jardins impériaux.

Les beaux bambous dans la Birmanie ont de 20 à 25 centimètres de diamètre.

Les *bambusa nigra, viridis et aurea* sont répandus dans les jardins en Europe comme plantes ornementales. Le premier est rustique et peut fournir des manches d'ombrelles, des petites cannes, etc.

CHAPITRE IV.

ROTANG.

CALAMUS ROTANG.

Plante monocotylédone de la famille des Palmiers.

Ce palmier, appelé *jonc de l'Inde*, est répandu dans la Malaisie, l'Indo-Chine, la Sénégambie. On le trouve principalement dans les forêts humides ; il abonde dans les forêts des districts de Chittagong et d'Assam, dans l'Inde. Les tiges les plus estimées viennent de Bornéo, de Sumatra, des Célèbes. Celles qui croissent au Bengale, à Ceylan, sur la côte de Coromandel, sont aussi recherchées. Les moins bonnes sont celles de Java.

La variété à tige épineuse dite *salak* est la seule qui est cultivée dans l'Hindoustan.

Le rotang produit des tiges simples, flexibles, arrondies, très grêles, très longues. Ces tiges sont grimpantes et peuvent être comparées aux véritables lianes ; elles ont parfois jusqu'à 200 mètres de longueur et s'étendent d'arbre en arbre. Les gaines des feuilles sont armées de nombreux piquants comprimés et droits.

Les entre-nœuds divisés en tronçons sont vendus sous les noms de *rotins* ou *joncs*.

Les rotangs fleurissent fort âgés et meurent presque toujours après avoir produit des fruits.

Le *rotang à cordes* (CALAMUS RUDENTUM) est une espèce très intéressante. Elle est commune en Cochinchine, dans les îles de la Sonde, aux Moluques et sur le rivage sablonneux de Java.

Ses tiges sont aussi grimpantes et très longues, avec des entre-nœuds d'une grande longueur. Ses feuilles ont de 3 à 4 mètres de long ; leurs gaines sont aussi garnies de piquants.

Cette espèce fournit d'excellentes cannes. Aux Moluques et surtout à Malacca, ses fibres servent à faire des câbles très longs, très résistants. On fabrique encore avec ses tiges de nombreux objets de vannerie.

Le *rotang osier* (CALAMUS VIMINALIS) est commun dans les forêts de Java et de Bornéo, dans les îles de la Sonde, aux Moluques et dans les îles Philippines. Ses tiges grimpantes sont très flexibles, très longues et plus grêles que celles des autres Calamus. Elles remplacent l'osier et donnent lieu à un commerce important. Divisées en lanières, leurs tiges servent à fabriquer des paniers et des corbeilles, à foncer les chaises de salle à manger dites *cannées* et à confectionner des nattes.

Les tiges du rotang osier fournissent aussi des cravaches et des baguettes très flexibles et d'une grande solidité.

La canne employée dans la fabrication des chaises est connue dans le commerce indien sous le nom de *rottan cane*. Elle est produite par le *Calamus Royleanus* et le *Calamus Roxburghii*. Celle qu'on utilise dans l'Inde sous les noms de *jambee* et de *whanghee* y est importée de Chine.

La *canne de Malacca*, importée de Sink qui est située sur la côte de Sumatra, est produite par le *Calamus scipionum*, qui est le *heotau* des Cochinchinois et qui est commun aussi dans les forêts de la Malaisie.

CHAPITRE V.

JONC.

JUNCUS.

Plante monocotylédone de la famille des Joncées.

Les joncs sont communs dans les sols humides de l'Europe septentrionale. Ils sont rares dans les contrées tropicales et équatoriales.

Les espèces qui fournissent des produits pour la sparterie sont au nombre de trois savoir :

1. JONC DES NATTIERS.

Juncus acutus.

Cette espèce est le *samâr* des Égyptiens. Elle est commune en Europe. On la trouve aussi à l'état spontané près du lac de Natron.

Ses tiges sont cylindriques, assez grosses et hautes de 80 centimètres à $1^m,30$; les feuilles sont cylindriques et terminées par une pointe très piquante.

On la rencontre dans les lieux sablonneux et humides.

Les nattes que les indigènes fabriquent en Égypte avec les tiges sont dites *hosz-samâr*.

2. JONC A FLEURS ÉTALÉES.

Juncus effusus.

Cette espèce est le *toshin gusa* des Japonais. Elle est

très répandue en Europe. Elle forme de grosses touffes dans les marais et les fossés humides.

Ses tiges, hautes de 50 à 70 centimètres, sont vertes, flexibles, striées, nues et remplies d'une moelle blanche. Son corymbe est lâche.

Les tiges de ce jonc servent à faire des nattes, des paniers, des cordes, etc., et à attacher les pousses herbacées de la vigne et des arbres fruitiers.

On rencontre aussi dans l'Inde le *Juncus effusus* et le *Juncus glaucus* dans les parties humides des montagnes. Ce dernier est assez répandu en Europe, dans les jardins, où il est employé aux mêmes usages que le jonc à fleurs étalées.

3. JONC A FLEURS AGGLOMÉRÉES.

Juncus conglomeratus.

Cette espèce est très commune ; elle a aussi des tiges vertes, cylindriques et hautes de 50 à 60 centimètres. Ces tiges n'ont pas de feuilles. On la trouve dans les marais et les prairies humides et sur le bord des eaux.

Les tiges servent aussi à fabriquer des nattes.

En Chine et au Japon, on fabrique beaucoup de nattes avec les joncs.

Les joncs servaient aux Romains à fabriquer les paniers qu'ils nommaient *fiscina*.

Tous les joncs sont vivaces et se multiplient par éclats de touffes.

CHAPITRE VI.

SORGHO A BALAIS.

ANDROPOGON SORGHUM, Br. — HOLCUS SORGHUM, L.

Plante monocotylédone de la famille des Graminées.

Historique. — Mode de végétation. — Terrain. — Semis. — Soins d'entretien. — Récolte des panicules. — Arrachage des tiges. — Égrenage des panicules. — Conservation des graines. — Confection des balais. — Produits. — Valeur commerciale des balais et des graines. — Usages des balais, des graines et des tiges.

Historique.

Cette plante est annuelle et originaire des Indes orientales ; elle a été introduite en Europe en 1596. On lui a donné les noms de *grand millet, millet de l'Inde, millet à balais.*

Le sorgho à balais est cultivé en Italie, en Espagne et en France, dans le Languedoc, la vallée du Rhône, l'arrondissement de Louhans (Saône-et-Loire), et les arrondissements de Beaugé et d'Angers (Maine-et-Loire).

Mode de végétation.

Cette graminée a une tige fistuleuse, raide, à nœuds pubescents, et haute de 2^m,50 à 3 mètres. Ses feuilles sont grandes, larges, et ressemblent beaucoup aux feuilles du maïs. Ses tiges sont terminées par une panicule oblongue, rameuse, un peu resserrée et longue de 20 à 30 centimètres (fig. 43). Les graines sont ovoïdes, jaunâtres, rougeâtres ou noirâtres, et aussi grosses que les semences que produit le chanvre ; elles adhèrent aux glumelles.

Le sorgho à balais est plus sensible aux froids que les millets, et il exige environ 4.000 degrés de chaleur pour

Fig. 43. — Sorgho à balais.

mûrir ses graines. C'est pourquoi on ne l'a adopté en France et en Europe, comme plante industrielle, que dans les contrées où le maïs mûrit facilement ses graines.

Terrain.

NATURE. — On le cultive sur les alluvions et sur les terres sablonneuses, graveleuses, argilo-siliceuses et argilo-calcaires, profondes, fraîches et à sous-sols imperméables. Il réussit mal sur les terrains compacts ou argileux, sur les sols non exposés au midi, et sur ceux qui sont ombragés par des essences forestières ou fruitières.

FERTILITÉ. — Cette plante est aussi épuisante que le maïs. Ainsi, elle exige des terres riches ou bien fumées. (Voir PLANTES A GRAINS FARINEUX.)

PRÉPARATION. — Les terres qu'on lui consacre doivent être bien ameublies. On les prépare ordinairement par plusieurs labours, le premier étant aussi profond que le permet l'épaisseur de la couche arable. On complète la préparation par des hersages et des roulages, si ces derniers sont nécessaires.

Semis.

ÉPOQUE. — Les semis se font en avril et mai, et quelquefois en juin. En général, on doit attendre, pour les pratiquer, qu'on n'ait plus à redouter de froids tardifs.

EXÉCUTION. — On les exécute en lignes distantes les unes des autres de 90 centimètres à 1 mètre. Dans le Languedoc, on les pratique quelquefois en lignes autour des champs consacrés au maïs.

QUANTITÉ DE GRAINES. — On répand par hectare de 25 à 40 litres de graines.

Dans d'autres contrées, on lui allie la culture des haricots à rames.

RECOUVREMENT DES GRAINES. — On recouvre les semences par un hersage ou un râtelage. On doit les enterrer à 4 ou 6 centimètres, pour éviter que les oiseaux ne les mangent.

Soins d'entretien.

BINAGE. — On donne à la terre un binage aussitôt que les mauvaises herbes commencent à paraître. Ce travail se fait avec une binette.

On renouvelle une ou deux fois cette opération pendant la végétation. Alors on peut l'exécuter avec une houe à cheval.

ÉCLAIRCISSAGE. — On éclaircit les plantes quand elles ont de 4 à 8 centimètres d'élévation, de manière qu'elles soient séparées les unes des autres de 20 à 30 centimètres.

BUTTAGE. — Au commencement d'août ou à la fin de juillet, on exécute un buttage. Cette opération est favorable au sorgho à balais ; elle lui donne plus de fixité, ce qui lui permet de mieux résister aux vents violents quand ses panicules sont chargées de graines ; en outre, elle a pour effet de concentrer plus de fraîcheur à la base des plantes.

ENLÈVEMENT DES DRAGEONS. — On doit supprimer avec soin les drageons, parce qu'ils affament les pieds.

Récolte des panicules.

ÉPOQUE. — On procède à la récolte des panicules lorsque les tiges jaunissent et qu'elles sont teintées çà et là de brun, et lorsque les graines ont pris une couleur roussâtre ou brunâtre.

Dans le Languedoc et le Mâconnais, cette opération se fait en septembre. En Anjou, on ne l'effectue quelquefois que dans la première quinzaine d'octobre.

EXÉCUTION. — On coupe les tiges avec une serpe ou une faucille au premier nœud de la partie supérieure. Alors, les panicules ont une queue longue de 60 à 80 centimètres.

A mesure qu'on opère, on réunit les panicules en bottes

pour pouvoir les transporter facilement à la ferme et les déposer dans un bâtiment à l'abri de la pluie.

SÉCHAGE DES PANICULES. — Pour faire sécher les panicules, on les suspend à des cordes tendues dans un grenier, une grange, ou sous un hangar, ou à des clous en bois enfoncés sur un mur abrité par un large auvent. Dans les deux circonstances, les tiges des panicules doivent être dirigées vers le sol, afin que leurs pédicelles, en séchant, restent, autant que possible, parallèles à l'axe de la queue.

Cette dessiccation dure de huit à quinze jours, suivant l'état de l'atmosphère.

Quelquefois, on coupe l'extrémité des tiges, quinze jours avant la maturité, pour conserver les pédicelles droits.

Arrachage des tiges.

Lorsque la récolte des panicules est terminée, on procède à l'enlèvement des tiges. Cette opération s'exécute soit en les arrachant soit en les coupant à l'aide d'une serpe.

On les laisse ensuite sur le sol pendant quelques jours, et lorsqu'elles sont sèches, on les réunit en bottes pour les conserver en meules ou sous un hangar.

Égrenage des panicules.

Pendant les veillées, ou lorsque le temps ne permet pas de travailler extérieurement, on égrène les panicules.

Cet égrenage s'exécute de plusieurs manières. Dans quelques localités, on bat les panicules avec un fléau léger. Ailleurs, les ouvriers ont devant eux un tablier de cuir sur lequel ils posent les panicules ; alors, avec la lame d'un couteau en bois, ils râclent avec précaution les pédicelles pour en détacher les graines. Enfin, dans quelques localités, les ouvriers qui exécutent cet égrenage se servent du tranchant

17.

d'une bêche dont le manche est fixé en terre. Le second procédé doit être préféré aux deux autres.

On compte qu'il faut de 250 à 300 veillées d'un homme pour égrener les panicules qu'on récolte par hectare.

Chaque veillée étant évaluée à 15 centimes, le prix de revient de cette opération varie entre 37 et 45 francs.

Nonobstant, il est nécessaire, quel que soit le procédé qu'on adopte, d'agir avec précaution, afin de ne pas endommager les pédicelles et amoindrir leur valeur.

Conservation des graines.

Les semences, après l'égrenage, doivent être étendues en couche mince dans un grenier, afin qu'elles ne fermentent pas.

Quand elles sont bien sèches, on peut les réunir en tas, en ayant soin toutefois de les remuer tous les quinze jours ou une fois au moins par mois.

Un hectolitre de graines de sorgho à balais pèse de 55 à 63 kilogr.

Confection des balais.

Les balais sont souvent fabriqués dans les fermes. On réunit la queue des pédicelles avec de l'osier blanc, en se servant d'une corde fixée à l'extrémité d'une planche inclinée et longue de 3 mètres environ.

Lorsque la ligature est faite, on coupe les queues à 2 ou 3 centimètres de l'osier, en agissant de manière qu'elles forment une partie légèrement convexe.

Les liens d'osier couvrent les queues sur une longueur de 45 à 50 centimètres.

En général, les balais cylindriques ordinaires ont en moyenne 70 à 80 centimètres de longueur.

Leur poids varie entre 500 et 600 grammes.

Le manche a généralement 90 centimètres de longueur et 3 centimètres de diamètre.

Un balai de sorgho coûte à fabriquer de 5 à 7 centimes. Les manches coûtent, lorsqu'on les achète en gros, de 5 à 6 francs le cent.

Produits.

PANICULES OU BALAIS. — Les panicules qu'on récolte sur un hectare permettent de fabriquer de 1.000 à 1.200 balais moyens, soit de 600 à 700 kilogr. de panicules.

M. de Gasparin porte le nombre des balais à plus de 4.000 ; ce chiffre ne s'identifie pas avec les faits pratiques.

GRAINES. — Un hectare produit de 30 à 70 hectolitres de graines, suivant la fertilité du sol.

TIGES SÈCHES. — On récolte ordinairement, par hectare, de 2.500 à 3.000 kilogr. de tiges sèches.

Valeur commerciale.

BALAIS. — Les balais simples ou cylindriques, sans manches, se vendent, en gros, 35 à 50 francs le cent. Ordinairement, on les vend par douzaine.

Le prix des panicules varie entre 30 et 40 francs les 100 kilogr.

Le commerce vend les balais de 90 centimes à 1 franc pièce.

GRAINES. — Un hectolitre de graines de sorgho se vend de 6 à 10 francs.

Usages.

BALAIS. — On emploie les balais de sorgho à l'intérieur des habitations.

Les balais de sorgho qu'on importe d'Italie sont très blancs, mais ils sont généralement plus cassants que ceux qu'on fabrique en France. Ces derniers ont une teinte jaune légèrement rougeâtre.

Les balais formés de pédicelles récoltés trop tardivement sont secs et manquent de souplesse. Ceux qu'on a fabriqués avec des pédicelles ayant perdu leur perpendicularité à cause du poids des graines, sont toujours lâches et volumineux ; on ne les estime pas.

Ces balais sont plus légers, plus solides et plus durables que ceux de bouleau.

GRAINES. — Les graines servent à la nourriture des oiseaux de basse-cour. Aux Antilles, les nègres les décortiquent, les réduisent en farine, avec laquelle ils composent une bouillie qu'ils appellent *moussa*.

On ne les utilise pas dans l'alimentation de l'homme, parce que la fécule est mêlée à un principe amer et âpre.

TIGES. — On utilise les tiges pour chauffer les fours ou pour faire des palissades temporaires. On peut aussi les employer comme litière.

Les balais dont les cantonniers font usage pour balayer les routes sont confectionnés avec les fibres brunes et très résistantes qu'on extrait de la base des pétioles des feuilles de l'*Attalée à cordes* (ATTALEA FUNIFERA), palmier qui est commun dans l'Amérique du Sud et qu'on nomme *piassaba* au Brésil et *chiquichiqui* au Venezuela.

Cet arbre atteint jusqu'à 10 mètres de hauteur. Ses feuilles, longues de 5 à 7 mètres, sont composées de pinnules linéaires ayant un mètre de longueur.

CHAPITRE VII.

ROSEAU A BALAIS.

ARUNDO PHRAGMITES.

Plante monocotylédone de la famille des Graminées.

Anglais. — Reet.   *Hollandais.* — Riet.
Allemand. — Rohr.   *Italien.* — Canella.

Cette graminée, appelée aussi *roseau des marais*, *roseau commun*, *canette*, *roseau aquatique*, était connue des Grecs et des Latins. Elle est vivace et longuement traçante. Elle est commune en Europe, en Amérique, à la Nouvelle-Hollande, etc. Elle croît dans les marais, les étangs et les cours d'eau peu profonds et à courant peu rapide, et le long des digues des polders.

L'*arundo phragmites* ou *phragmites communis* constitue les *roselières* qui existent dans les départements du Gard et des Bouches-du-Rhône, dans le Mecklembourg, le Schleswig, la Suède et la Laponie. Cette plante abonde aussi en Italie, sur les bords des marais et le long des cours d'eau.

Les tiges herbacées, hautes de $1^m,50$ à 2 mètres, sont dressées, raides, creuses et à nœuds pleins. Les feuilles sont grandes, lancéolées, planes et glaucescentes. Ses fleurs sont disposées en belles et grandes panicules très rameuses, qui deviennent soyeuses à leur maturité, après avoir présenté une nuance brune ou violacée.

Le roseau à balais se multiplie par graines et par rejets de souches. C'est ce dernier procédé qui est le plus généralement employé, parce qu'il est le plus rapide et le plus facile.

La plantation des racines a lieu à la fin de l'hiver ou au commencement du printemps. C'est à l'aide de crochets en bois qu'on les fixe dans la terre et sous l'eau.

Cette plante n'exige pas de soins d'entretien pendant sa croissance.

Le plus ordinairement, elle pousse faiblement la première année.

La récolte des tiges a lieu à deux époques :

En juillet, août et septembre, quand les tiges doivent être utilisées à l'état vert ;

En octobre ou novembre lorsqu'on se propose de les employer pour faire des couvertures de bâtiments ruraux.

Lorsqu'on coupe le roseau à balais en pleine végétation, soit pour l'enterrer comme engrais vert entre des rangées de vignes, soit pour le faire sécher et le faire servir à la confection de nattes grossières mais solides, on met l'étang ou le marais presque à sec, ou on se sert d'un batelet, lorsque l'épaisseur de la nappe d'eau le permet, ou enfin, les ouvriers portant de mauvaises chaussures agissent comme si ce roseau croissait sur terre. La coupe se fait à la faucille ou à la faux, suivant les circonstances (fig. 44).

Quand la récolte des tiges a lieu tardivement ou pendant l'hiver, on les coupe au-dessus de la glace.

Le roseau coupé en vert et qu'on a fait sécher au soleil et celui qu'on récolte en automne par une belle journée, se conservent très bien en meule ou sous un hangar.

C'est en août et septembre, quand les panicules commencent à fleurir, qu'on procède à leur récolte. Chaque panicule doit être munie d'un fragment de tige ayant environ 30 centimètres de longueur. Ces panicules, coupées prématurément, servent à faire des *petits balais* qu'on utilise à l'intérieur des habitations et des brosses très douces.

Le produit du roseau à balais est très variable, mais il

peut s'élever à l'état vert jusqu'à 50.000 et même 75.000 kilogr. par hectare.

Dans la Camargue, les 100 bottes de 1 kilog. 250 chacune sont vendues de 2 à 6 francs. Ailleurs, les bottes qui ont 60 centimètres de circonférence valent de 14 à 16 francs

Fig. 44. — Coupe du roseau à balais.

le 100. A Hambourg, où elles ont 15 centimètres de diamètre, on les vend de 11 à 12 francs le cent.

Les tiges qui ont été récoltées à l'état vert servent, en France, en Espagne, dans le Portugal, après qu'elles ont été aplaties, à confectionner des nattes, des paillassons, qu'on utilise à l'intérieur des habitations ou dans la batellerie.

CHAPITRE VIII.

SCIRPE ET MASSETTE.

SCIRPUS ET TYPHA.

Plante monocotylédone de la famille des Cypéracées.

Les scirpes qui fournissent des produits pour la sparterie sont au nombre de deux :

1. SCIRPE DES ÉTANGS.

Scirpus lacustris.

Cette belle espèce est robuste et commune en Europe dans les lacs, les étangs, etc., qui ont un mètre de hauteur d'eau. Elle est très répandue en Sibérie et dans la Debrezcin (Autriche). On la nomme aussi *jonc des chaisiers, jonc des tonneliers, jonc d'eau.*

Les tiges, d'un vert gai, ont de 2 à 3 mètres d'élévation. Elles sont cylindriques, robustes, et elles diminuent de grosseur de la base au sommet. Ses épis sont pédonculés. Son rhizome est très développé et très traçant.

Les tiges du scirpe des étangs servent à faire des nattes, des paniers, à couvrir les habitations et à foncer les chaises. Elles pourrissent difficilement et sont de longue durée, parce que l'eau glisse sur leur surface sans les pénétrer. C'est avec les tiges de cette espèce que les Romains fabriquaient des grands paniers carrés qu'ils nommaient *scirpea.*

2. SCIRPE DES MARAIS.

Scirpus palustris, Heleocharis palustris.

Cette espèce existe dans les marais, les étangs et les fossés remplis d'eau. Elle est commune en Europe et dans l'Amérique septentrionale.

Ses racines sont longues et traçantes. Les tiges, hautes de 60 à 75 centimètres, sont nombreuses, cylindriques, et striées nues, ses épis terminaux, coniques et un peu aigus.

On utilise ses tiges dans la fabrication des nattes, mais celles-ci n'ont pas la force et la résistance des nattes confectionnées avec le scirpe des lacs, quoiqu'elles soient moins grossières.

Les scirpes se propagent aisément par éclats de pieds. Ils demandent impérieusement des terrains très aquatiques.

On doit récolter leurs tiges lorsqu'elles sont encore vertes, c'est-à-dire en juillet, août ou septembre, suivant les contrées. On les fait ensuite sécher à l'air, afin de pouvoir les conserver sous un hangar à l'abri de la pluie. Elles servent à faire des cordes, des nattes grossières et des paillassons communs.

MASSETTE A LARGES FEUILLES.

Typha latifolia.

Cette plante, le *roseau des étangs* ou *massette d'eau*, est répandue dans les parties tempérées et froides de l'hémisphère boréal. On la trouve dans toute l'Europe, dans les canaux de la basse Égypte, à la Jamaïque où elle est appelée *cat's tail*, et dans la Sénégambie, sur les rives du lac de N'gher.

En général, elle est commune dans les eaux stagnantes, sur le bord des lacs et des cours d'eau peu rapides.

Ses tiges, d'un beau vert, ont de 1 à 2 mètres de hauteur.

Ses feuilles sont longues et presque planes ; elles dépassent les tiges en élévation. Ses épis sont gros, cylindriques et très longs, d'abord verts, puis bruns et ensuite noirâtres. Ses racines sont très traçantes.

On propage la massette par la division de ses rhizomes.

Cette massette fournit des feuilles qui servent à faire des paillassons, des nattes communes, à garnir des chaises. On doit les récolter vers la fin de l'été, lorsqu'elles sont encore en végétation.

Les tiges sont employées pour couvrir des habitations rustiques ; elles constituent des couvertures durables.

Les tiges et les feuilles du *Typha angustifolia* sont employées dans l'Inde pour fabriquer des paillassons, des nattes, des cordes grossières et des paniers. Les feuilles sont plus coriaces que celles de l'espèce précédente. Ce typha y est connu sous le nom de *putura* ou *pun*.

Les feuilles du *Typha elephantina* sont souvent employées aux mêmes usages.

En général, les scirpes et les massettes sont des plantes qui abondent dans les sols humides situés dans les contrées tempérées et froides.

Dans l'Inde, on fabrique des chapeaux communs avec les tiges du *Killingia brevifolia*, cypéracée stolonifère qui a des tiges hautes de 30 à 40 centimètres et munies de feuilles linéaires.

C'est l'*Eriophorum cannabinum*, qui y fournit dans l'Inde les fibres dites de *Bhabhur*.

CHAPITRE IX.

ANDROPOGON.

ANDROPOGON ISCHŒNUM.

Plante monocotylédone de la famille des Graminées.

Cette plante est très commune dans l'Émilie (Italie) ; elle est vivace, très traçante ou envahissante, elle végète avec une grande vigueur sur les sols sablonneux et arides.

On arrache les racines avant la maturité des graines, on les fait sécher au soleil et on les fait blanchir ensuite à l'aide de l'eau bouillante. Alors elles sont propres et ont une teinte jaunâtre ou gris-jaunâtre.

Ces racines, lorsqu'elles sont sèches, servent à faire des brosses, des vergettes, etc., qui sont vendues par les parfumeurs. Ces racines sont déliées et assez résistantes.

La brosserie utilise aussi les racines du *Chrysopogon gryllus*, mais celles-ci sont moins longues, moins régulières et surtout moins fines que les précédentes.

La France reçoit annuellement des États-Sardes 120.000 à 130.000 kilogr. de racines à vergettes.

L'*Andropogon invarancusa,* qui est aussi vivace, sert à fabriquer dans les Indes des *paillassons aromatiques.* Ses touffes sont rampantes et ses tiges atteignent de 1 à 2 mètres de hauteur. On le nomme *jonc odorant* ou *jonc aromatique.* (Voir *Plantes à parfums.*)

CHAPITRE X.

TILLEUL DES BOIS.

TILIA EUROPŒA.

Plante dicotylédone de la famille des Tiliacées.

Le tilleul est un arbre bien connu en Europe par l'odeur très agéable que développent ses fleurs quand elles sont épanouies.

Cet arbre est très commun en Russie et aux État-Unis. Il a une croissance rapide. Ses fibres libériennes servent à fabriquer des cordes, des nattes, des paillassons, des sacs, des couvertures et des chaussures communes. Les cordes qui en proviennent ont l'avantage de ne pas tacher le linge.

On fabrique beaucoup de nattes d'écorce de tilleul en Russie, dans les provinces de Kostrama, Vialka, Kasan, Nijni-Novgorod et Vologda. Arkhangel, Saint-Pétersbourg et Riga sont les principaux ports d'expédition.

Le tilleul est cultivé en taillis et exploité tous les quatre ou six ans ou tous les douze ou quinze ans, suivant les contrées. L'écorçage a lieu en mai ou juin, quand les pousses commencent à végéter. L'écorce doit être enlevée dans toute la longueur des pousses; après l'avoir fendue longitudinalement, on la détache à l'aide d'un os aminci et on l'enlève avec la main. Les écorces qu'on a ainsi obtenues sont mises à sécher à mi-ombre; on les réunit en paquets à deux ou trois liens quand elles sont bien sèches.

Quand on veut s'en servir pour tresser des cordes pour le linge ou pour des puits, on les met à tremper dans l'eau pendant plusieurs semaines, on les divise en lanières et on débarrasse celles-ci de leur épiderme ou tissu cellulaire.

Les lanières ainsi préparées pourrissent très difficilement.

Les fibres les plus fines servent, en Amérique, à faire du papier.

Les liens de tilleul qu'on appelle *tils* servent à lier, les céréales en gerbes. On leur donne la souplesse qu'ils ne possèdent plus quand ils sont secs, en les laissant tremper dans l'eau pendant 24 à 48 heures.

Pline a fait connaître que les Romains se servaient de l'écorce de tilleul pour fabriquer des corbeilles, des paniers, etc.

On fabrique aussi, en France et en Angleterre, des cordes avec les écorces du tilleul. Les pêcheurs suédois regardent ces cordes comme très durables.

Les brins écorcés sont coupés et transformés en charbon.

On évalue à 14 millions le nombre de nattes fabriquées annuellement dans la Russie d'Europe avec l'écorce du tilleul.

Le *Tilleul de Hollande* (TILIA CORDATA) fournit des fibres de bonne qualité. Au Japon, on le nomme *Bodaïju*. Les étoffes qu'on fabrique avec ses fibres sont appelées *shinafu*.

Le *Tilleul du Canada* (TILIA AMERICANA) fournit aussi des fibres qui sont utilisées avec succès dans la fabrication du papier.

Le *Lapulier* (TRIUMFETTA LAPPULA) appartient aussi à la famille des Tiliacées. Cet arbrisseau a des tiges flexibles qui servent, à Cayenne, à faire d'excellents paniers. Les fibres qu'on extrait du liber sont douées d'une grande résistance. On les obtient par macération. Le fil qu'elles fournissent est très beau.

Le lapulier existe aussi à la Martinique.

CHAPITRE XI.

BOULEAU BLANC.

BETULA ALBA.

Plante dicotylédone de la famille des Bétulacées.

Le bouleau produit une écorce blanc argenté qui ne permet pas de le confondre avec les autres essences forestières (fig. 45). Cet arbre est indigène dans l'Europe et l'Amérique septentrionale. Il existe aussi au Japon. Il est rare dans les contrées méridionales.

Le bouleau est l'arbre des climats froids. On le rencontre jusqu'à 2.000 mètres d'altitude dans les hautes montagnes de l'Europe. Il végète bien dans les terrains sablonneux de médiocre fertilité. On le propage par les graines, qui arrivent à maturité au commencement de septembre. Sa croissance est rapide jusqu'à cinquante ans.

En Norwège, son écorce sert à fabriquer des nattes, des paniers, des cordages, etc. En Russie, elle fournit le tissu avec lequel on lie les cigares par paquets (1). Le liber, après un rouissage plus ou moins prolongé et qui a pour but la séparation des feuillets concentriques qui le composent, se présente avec des mailles ou espaces vides qui lui donnent un aspect particulier.

Ces lanières presque incorruptibles sont expédiées de Russie en Amérique. On les emploie aussi dans les pépinières pour assujettir les greffes.

(1) Les paquets de cigares sont attachés, à la Havane, avec le liber de l'*Hibiscus alatus*, malvacée qui fournit la *filasse de Cuba*.

Fig. 45. — Bouleau.

Les étoffes fabriquées au Japon avec les fibres du bouleau sont appelées *shinafa*.

Les pousses d'un ou de deux ans du bouleau blanc servent à faire des balais. Son écorce est aussi employée dans le tannage des cuirs.

Le bouleau blanc fournit en Russie une huile aromatique qui est très en usage dans la maroquinerie. (Voir *Plantes oléagineuses*.)

Le *bouleau à papier* (BETULA PAPYRIFERA), appelé aussi *bouleau à canot*, est commun dans le nord des États-Unis et au Canada. Il a été importé en Europe en 1750.

Cette espèce végète principalement en Amérique, sur le versant des collines ou dans le fond des vallées où le sol est fertile. Il atteint 20 mètres de hauteur et 1 mètre de diamètre. Les jeunes pousses, les nervures et les pétioles de ses feuilles sont plus ou moins pubescents. Les feuilles sont ovales, aiguës et à dents un peu inégales ; elles se développent à la fin de l'hiver, 12 à 15 jours plus tôt que les feuilles du bouleau blanc ou ordinaire.

L'exfoliation du liber permet de transformer celui-ci en papier. On emploie aussi son enveloppe péridermique, qui est très résistante et fibreuse et qu'on détache facilement au printemps en grandes lames, pour faire des paniers, des boîtes, des bardeaux pour couvrir les habitations, des canots remarquables par leur légèreté.

CHAPITRE XII.

OSIER.

SALIX.

Plante dicotylédone de la famille des Salicinées.

Historique. — Mode de végétation des espèces. — Terrains. — Multiplication. — Soins d'entretien. — Plantes, insectes et agents nuisibles. — Récolte de l'osier. — Fente et pelage de l'osier. — Produits. — Valeur commerciale. — Emplois des produits.

Historique.

Les osiers proviennent de saules soumis à une taille annuelle. Abandonnés à eux-mêmes, la plupart de ces arbrisseaux atteignent les dimensions auxquelles parviennent les arbres de moyenne grandeur.

Les saules osiers sont des végétaux ligneux très anciens. Ils ont été mentionnés par Pline, Virgile, Columelle, etc., comme servant à fabriquer des paniers (*corbis*), des corbeilles (*canistrum*), des nasses (*nassa*), des vans (*vannus*), des cages à poulets, des cercles, des liens, etc.

Ces arbrisseaux ont une grande importance en France. Ils occupent d'importantes surfaces dans les vallées de l'Aisne, de l'Oise, de la Loire, de la Gironde et sur les rives de la Dordogne et du Rhône. Il existe dans les Ardennes des agriculteurs qui ont jusqu'à 15 et même 20 hectares en *oseraies*.

Les grandes *vimières* de la vallée de l'Aisne appartiennent aux communes d'Hirson, de la Capelle et d'Aubenton.

Mode de végétation des espèces.

Les osiers bien cultivés produisent des pousses allongées,

18

droites, flexibles ou souples. Leur végétation est rapide, quand leurs souches ont été recépées, mais elle se ralentit d'année en année quand les pieds sont abandonnés à eux-mêmes.

Les pousses annuelles constituent la matière première de

Fig. 46. — Osier des vanniers.

la vannerie où elles servent de liens aux vignerons, aux jardiniers et aux tonneliers.

L'osier est un végétal des climats septentrionaux.

Les espèces cultivées sont au nombre de huit, savoir :

1. *Osier des vanniers* (SALIX VIMINALIS).

Cette espèce (fig. 46) a des rameaux droits, longs et flexibles; son écorce est cendrée quand les rameaux sont jeunes, mais elle prend une teinte plus foncée quand les pousses sont aoûtées. Ses feuilles, linéaires, lancéolées, aiguës, six à huit fois plus longues que larges, sont presque entières, à bords roulés en dessous, vertes en dessus et blanchâtres ou soyeuses en dessous.

L'osier des vanniers est aussi appelé *osier viminal, osier vert, osier noir, queue de renard, osier franc, osier blond, osier des rivières, osier des îles, vime à barrique.*

Les pousses ont 2, 3 et même 4 mètres de longueur, selon la fertilité du sol. Ce sont elles que les vanniers emploient principalement. Elles constituent d'excellents liens.

L'osier viminal est très cultivé dans les départements de l'Aisne et des Ardennes.

2. *Osier blanc* (SALIX ALBA).

Cet osier a une écorce blanchâtre. Les rameaux sont droits, effilés, très longs et très beaux quand ils sont jeunes. Les feuilles sont lancéolées, longuement acuminées et finement dentées ; leurs faces sont à reflet argenté, principalement celle du dessous.

Cette espèce est aussi désignée sous le nom de *vime brûle.* Elle a donné naissance à l'osier jaune et à l'osier rouge.

3. *Osier jaune* (SALIX VITELLINA).

L'osier jaune produit des pousses de 1 à 2 mètres de longueur et à écorce jaune vif ou jaune orangé. Ces pousses sont plus allongées, plus grosses que celles de l'osier rouge ; elles sont très souples. Ses feuilles, luisantes et d'un vert un peu jaunâtre en dessus, sont légèrement glauques en dessous, elles sont finement dentées.

L'écorce de cette espèce prend souvent une nuance rougeâtre en hiver.

L'osier jaune est aussi connu sous les noms *d'osier des vignes, osier vitellin, vime jaune, osier franc amarinier.*

4. *Osier rouge* (SALIX RUBRA).

Cet osier produit des jets un peu velus qui, en général, n'excèdent pas 1^m,50 en longueur. Son écorce est rouge plus ou moins vif ou sombre ; ses feuilles sont oblongues, lancéolées et six à sept fois plus longues que larges ; leur pointe est très effilée ; elles sont vertes en dessus et à reflets un peu argentés.

L'osier rouge est le plus fin de tous ; on le fend très aisément.

On le désigne souvent sous les noms de *vime rouge* et *houssin*.

5. *Osier d'amandier* (SALIX AMYGDALINA).

Cette espèce produit des scions effilés, lisses, glabres, à écorce olivâtre ou verdâtre. Ses feuilles, trois à cinq fois plus longues que larges, sont oblongues, lancéolées, finement dentées en scie, glauques et un peu lustrées en dessous, fermes et coriaces.

Cette espèce, appelée aussi *osier brun, osier à trois étamines, gannette,* a un bois mou ; c'est pourquoi on ne le décortique que très rarement. Nonobstant, on le regarde à Beauvais comme un très bon osier.

6. *Osier cendré* (SALIX CINEREA).

L'osier cendré a des rameaux velus et grisâtres, robustes, tomenteux et assez souples ; ses feuilles, 2 à 3 fois plus longues que larges, sont presque lisses en dessus et glaucescentes en dessous ; elles sont obovales, lancéolées et d'un vert grisâtre.

Cet osier est principalement employé dans la vannerie commune et pour confectionner des fascines. Son bois est le plus cassant de tous à l'état sec. Il est très rustique.

7. *Osier pourpre* (SALIX PURPEREA).

Cet osier produit des jets fins, nombreux et à écorce brun-rougeâtre; il est très rustique. Ses feuilles sont lisses, glabres, glauques, obovales, lancéolées et presque sessiles; elles sont quatre à six fois plus longues que larges; elles noircissent par la dessiccation.

L'osier pourpre, appelé souvent *osier des tonneliers, vougine, vime gris, osier noir*, est principalement employé dans la vannerie fine et pour opérer des ligatures. On l'utilise presque toujours après l'avoir fendu. Il se fend aisément et droit.

8. *Osier fragile* (SALIX FRAGILIS).

Cette espèce produit des rameaux souvent un peu rougeâtres, très beaux et assez flexibles. Ses feuilles sont fermes, coriaces, vertes en dessus, glauques en dessous, lancéolées, longuement acuminées, et bordées de dents de scie; elles sont quatre fois aussi longues que larges.

Cet osier est de qualité secondaire. On lui reproche d'être cassant. C'est pourquoi il est peu estimé des vanniers.

Terrains.

Les osiers doivent être plantés dans des terrains bas, argileux, très huméfiés mais non marécageux. Les alluvions de moyenne consistance, mais fertiles et fraîches, situées dans les vallées de la Loire, de la Garonne, de l'Aisne, du Rhin, sont les sols qui leur conviennent le mieux.

Les sols très humides, comme les terrains tourbeux et les sols secs, leur sont peu favorables. L'expérience a démontré cent fois que les osiers n'ont jamais, dans les terrains tourbeux, la force qu'ils doivent avoir pour végéter vigoureusement et persister productifs pendant dix à quinze années.

On ne doit pas oublier que les osiers, en général, redoutent beaucoup les eaux stagnantes, les terrains marécageux.

On ne peut espérer établir une bonne oseraie sur un terrain humide qu'après l'avoir assaini par des rigoles ou par des fossés ou avoir disposé le sol en planches étroites séparées par des rigoles profondes.

L'*osier fragile* est celui qui végète le mieux sur les terres fortes et froides. L'*osier pourpre* et l'*osier viminal* exigent impérieusement des alluvions légères. L'*osier jaune* est le seul qui peut réussir sur des terrains perméables un peu secs.

Sous toutes les latitudes et sur tous les terrains, les osiers demandent des sols bien éclairés. L'ombrage des peupliers, des aulnes est très nuisible à leur qualité.

Multiplication.

Les osiers se multiplient de boutures, c'est-à-dire de parties ayant de 25 à 50 centimètres de longueur et prises sur des brins vigoureux, bien aoûtés et ayant deux ans de végétation.

La plantation de ces boutures ne peut être faite que sur un terrain ayant été bien préparé, divisé profondément par des ouvriers ou à l'aide des instruments aratoires. On commet une faute quand on les plante dans un sol qui n'a été ni labouré ni défoncé.

Quand on doit établir une oseraie sur un sol humide, on le dispose en petites planches ou billons de 1^m,20 à 1^m,50 de largeur, séparées par des rigoles d'assainissement ayant 30 à 35 centimètres de largeur et 40 à 60 centimètres de profondeur (fig. 47).

La mise en place des boutures, *plançons* ou *civelets*, a lieu en février ou mars, c'est-à-dire avant le moment où la sève entre en mouvement. On l'exécute soit en lignes, soit

en carrés, soit en quinconces, suivant les variétés cultivées
et les habitudes locales.

Dans le premier cas, les lignes bien parallèles sont espacées les unes des autres de 50, 75 centimètres à 1 mètre,
suivant la nature du sol, l'espèce cultivée et le produit
qu'on désire obtenir. Les osiers sur ces mêmes lignes sont
espacés de 25 à 35 centimètres.

Les plantations en carrés et en quinconce sont celles qu'il

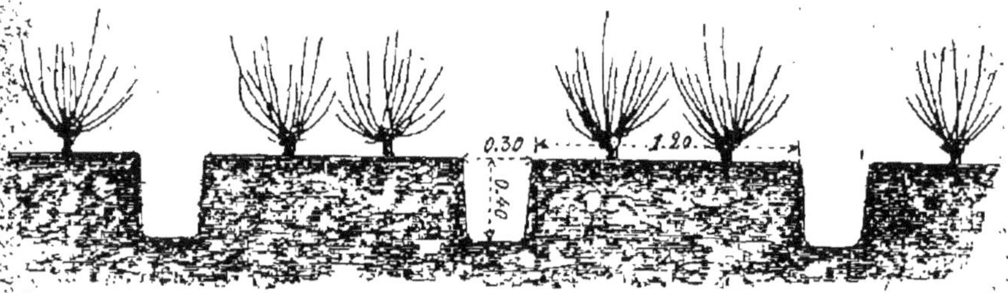

Fig. 47. — Osiers plantés dans un sol marécageux.

faut adopter de préférence, parce que les cultures d'entretien y sont plus faciles, moins coûteuses, et que l'air et les
rayons du soleil ont plus d'action sur les pousses.

La plantation des boutures se fait à l'aide d'un grand
plantoir ou d'une barre de fer. Les plançons doivent être
enfoncés jusqu'à 20, 25 ou 30 centimètres de profondeur,
selon leur longueur. Leur partie supérieure ne doit pas
excéder la surface du sol au delà de 5 à 7 centimètres. Il
est très important que chaque bouture soit bien consolidée.
C'est en pressant la terre contre le plançon avec le pied
qu'on lui donne la fixité qui doit assurer sa réussite.

Soins d'entretien.

Les oseraies ne doivent pas être abandonnées à elles-mêmes. Chaque année, après la récolte des pousses, c'est-à-dire
en février ou mars, on exécute un labour à bras, soit avec

la houe fourchue ou la pioche, soit à l'aide de la bêche ou du louchet. Plus tard, en mai, juin ou juillet, on opère les binages nécessaires afin que la surface du sol soit toujours exempte de mauvaises herbes.

Il est utile aussi, quand les oseraies occupent des terrains argileux et humides, de nettoyer chaque année les fossés ou rigoles destinés à faciliter l'écoulement de l'eau.

Dans la région méridionale, pendant les fortes chaleurs vernales et estivales, on arrose de temps à autres les vimières si cela est possible. La culture de l'osier à l'arrosage est complètement inconnue dans le nord de l'Europe.

Plantes, insectes et agents nuisibles.

Les osiers redoutent l'envahissement du sol par le *liseron des haies* (CONVOLVULUS SEPIUM), plante vivace difficile à détruire et qui a l'inconvénient d'enrouler ses tiges volubiles autour des pousses et de nuire à leur développement.

Les grosses *limaces rouges* s'attaquent aux pousses des boutures, les *vers blancs* et les *vers gris* rongent les racines et les écorces qui sont en terre, ce qui fait parfois périr un certain nombre d'osiers.

La *chrysomèle de l'osier* (CHRYSOMELA VITELLINA) et la *chrysomèle du peuplier* (CHRYSOMELA POPULI), vivent aux dépens des feuilles. La première est bleue et la seconde d'un beau rouge. Ces deux insectes ne sont véritablement nuisibles que quand ils sont très nombreux.

Les *gelées tardives* assez intenses ont l'inconvénient de détruire en totalité ou en partie les jeunes pousses. Les jets développés qui ont été frappés par la *grêle* sont fragiles et cassants. On les utilise difficilement; on ne doit pas les mêler à ceux qui n'ont subi aucune altération. La *rouille*, qui se développe sur les feuilles, amoindrit la vitalité des pousses et nuit sensiblement à leur qualité.

Récolte ou coupe de l'osier.

La coupe de l'osier se fait pendant l'automne ou l'hiver, ou au commencement du printemps. Dans le premier cas, on l'exécute quand la sève est en repos, et dans le second, lorsqu'elle est en mouvement.

La récolte des brins a lieu tous les ans, à partir de la seconde année qui suit la plantation des boutures. C'est à partir de la troisième année que l'osier donne le produit qu'il peut fournir. Ceux qu'on obtient après la première et la seconde année sont toujours faibles. Les pousses qu'on laisse pendant deux années sur les têtards sont ordinairement branchues.

L'osier qui doit être utilisé à l'état brut ou qu'on se propose de fendre, est ordinairement récolté pendant les mois de décembre, janvier et février. Par contre, l'osier qui doit être pelé ou décortiqué est toujours récolté en avril ou mai, quand la végétation commence à se manifester.

Lors de la première récolte, on coupe tous les brins à 8 ou 10 centimètres au-dessus du sol. Avec le temps, la bouture devient un véritable têtard en miniature et présente une tête plus ou moins large et arrondie, sorte de *cabochon* d'où sortent tous les jets qu'elle peut produire.

La coupe doit être faite à l'aide d'une serpette à lame bien tranchante; on laisse l'osier sur le sol pendant quelques jours, pour qu'il abandonne une partie de son eau de végétation. Quand il s'est un peu ressuyé, on le met en grosses bottes et on le rapporte à l'habitation. Alors on le nettoie, on le débarrasse des plantes qui l'enveloppent, on assortit les brins suivant leur grosseur et leur longueur, on le met à sécher pour le lier ensuite en bottes à un ou deux liens, ayant en moyenne 1^{m},15 de circonférence. Le bottelage se fait sur terre ou à l'aide d'un chevalet. Souvent, on passe sous chaque botte une bride dont les deux extrémités sont fixées au premier lien. Cette manière d'agir empêche ce dernier lien de s'éloigner de la partie inférieure de la botte.

Dans le triage, on fait *trois catégories : le grand osier*, qui a de 2 à 3 mètres de longueur; l'*osier moyen*, dont les brins ont 1^m,25 à 1^m,75 de long; le *petit osier*, dont la longueur ne dépasse pas un mètre.

Le triage et le bottelage sont payés de 8 à 10 francs les 100 bottes.

L'osier rouge ou autre qui doit être fendu pendant l'hiver ne doit pas rester exposé à l'action de la gelée. C'est pourquoi il est utile, pendant les temps froids, de bien le couvrir de paille ou de le rentrer sous un hangar ou dans une grange, aussitôt qu'on a la certitude qu'il ne pourra fermenter.

Fente et pelage de l'osier.

L'osier destiné à la tonnellerie est presque toujours *fendu* en trois. Cette opération est faite pendant l'hiver, par des femmes, des enfants ou des ouvriers ; on l'exécute à l'aide d'un coin de bois dur présentant trois sillons et qu'on nomme *fendoir*. Voici comment on procède : avec une ser- pette, on divise la base d'un brin ayant de 1 mètre à 1^m,50 de longueur en trois parties sur une longueur de quelques centimètres. Cette division exécutée, on engage le fendoir entre les trois branches avec la main droite et tenant l'osier dans la main gauche, on le fait glisser jusqu'à l'extrémité déliée du brin d'osier.

Les lanières qu'on obtient par cette opération sont mises ensuite en bottes; chaque botte comprend 100 lanières.

Le *pelage* de l'osier bottelé à un lien avec son écorce est moins simple. Dès que l'osier a été coupé, on le met en bottes à deux liens ou harts. Comme la coupe est faite quand l'osier est en *pleine sève*, on se trouve dans la nécessité de dresser les bottes dans un ruisseau ou une mare, afin qu'elles aient leur partie inférieure dans une couche d'eau épaisse de 20 à 30 centimètres.

Ceci fait, on procède immédiatement à l'écorçage des brins. On *plume* les osiers à l'aide de *pinces à deux branches* en bois dur garnies d'une bande mince d'acier ou de fer. L'ouvrier est devant un chevalet sur lequel une pince a été fixée. Alors, il passe l'osier brin à brin entre les deux branches, qui sont douées d'une certaine élasticité, l'attire à lui pour détacher l'écorce et mettre le bois à nu. Cette première opération terminée, il engage le brin de nouveau, mais en sens contraire dans la fourchette et l'attire encore vers lui. Le plus ordinairement, ces deux opérations suffisent pour que l'osier soit promptement et très bien blanchi ou écorcé.

L'osier fin est plus difficile à *blanchir* que le gros osier.

Le décorticage exécuté à la main est long, mais il est facile, surtout si on a la précaution d'arroser fréquemment les brins pour que la sève ne sèche pas.

Dans ce pelage, on doit éviter l'emploi du fer, qui produit sur l'osier en sève un tannate de fer, sel qui le noircit quand il a été dépouillé de son écorce. On ne doit pas oublier que l'écorce de l'osier contient du tanin.

On termine l'écorçage en faisant sécher très rapidement l'osier pelé. On ne doit le mettre en bottes que lorsqu'il est bien sec. On le conserve dans un endroit très sec, à l'abri de la poussière et surtout de l'humidité, qui lui fait prendre une teinte brune.

Un ouvrier peut décortiquer 20 kilogr. d'osier dans une journée.

On a imaginé, dans ces derniers temps, des machines pour remplacer le travail des bras dans l'écorçage (fig. 48). Ces appareils fonctionnent d'une manière satisfaisante, mais ils ne peuvent être adoptés que lorsqu'on a une forte quantité d'osier à blanchir. Ces machines sont mises en mouvement soit par un manège, soit par une machine à vapeur.

Fig. 48. — Machine à peler l'osier.

La *peleuse* qu'on regarde comme la plus parfaite est celle qui est construite par M. de Meixmoron de Dombasle, à Nancy, d'après le système de Moisson et Page. Elle n'écrase ni fendille l'osier. Elle doit être desservie par un ouvrier et trois enfants. Elle pèle par jour de 40 à 50 bottes d'osier.

Produits.

Le produit de l'osier est très variable. Les bonnes oseraies donnent ordinairement par hectare de 800 à 900 bottes *d'osier gris*, ou de 400 à 500 bottes d'osier écorcé ou *osier blanc*. Chaque botte a 1^m,15 en moyenne de tour.

Dans l'arrondissement de Vouziers, un hectare produit de 90.000 à 100.000 brins à fendre, 100 à 125 bottes d'osier à peler et 40 à 50 bottes de petit osier.

Tous les osiers doivent être conservés à l'abri de la pluie dans un sellier ou un grenier. On les met tremper avant de les employer.

Valeur commerciale.

L'osier gris est vendu, selon sa longueur et sa finesse, de 75 centimes à 1 fr. 25 la botte. Le prix de l'osier pelé varie de 2 à 4 francs la botte, selon sa qualité et sa blancheur.

L'osier pour la grosse vannerie est vendu de 1 franc à 1 fr. 50 la botte ; l'osier à peler, 1 franc à 1 fr. 50 ; l'osier pelé, de 3 à 6 francs. L'osier pour la fente est payé de 2 à 4 francs les 1.000 brins, et le petit osier, de 75 centimes à 1 fr. 25 la botte de 38 centimètres de circonférence.

Soit, au total, une valeur brute variant de 500 à 600 fr. par hectare.

Suivant les contrées, l'osier est vendu à la botte, ou sur pied, ou en bloc, ou au quintal. Dans ce dernier cas, les gros osiers valent 35 francs les 100 kilog., les osiers moyens 50 francs et les osiers fins 60 francs.

Les beaux osiers sont longs, droits, flexibles et sans ramifications.

En général, un brin d'osier qui est bien effilé et offre

une grande résistance à la torsion, est celui qui a le plus de valeur marchande.

Emplois des produits.

Le commerce distingue trois sortes d'osier :

1° Le *gros osier* ou le *vime de cuve*, qui comprend les brins les plus longs et les plus développés ;

2° L'*osier demi-gros* ou *vime de barrique* ;

3° L'*osier fin* ou *osier des vignerons*, qui comprend les brins les plus courts.

L'*osier de grosse vannerie* sert à fabriquer des mannes, des corbeilles, des vans, des hottes, des paniers d'emballage et de jardinier.

L'*osier moyen* est utilisé par la vannerie ordinaire.

L'*osier fin* est employé par la vannerie fine ou de luxe ; il sert à faire des boîtes, des corbeilles, à clisser des bouteilles ou des flacons.

Dans le premier cas, on l'emploie à l'état entier, dans le second, on n'utilise que l'osier pelé, rond ou fendu.

Très souvent les objets de luxe qu'il permet de fabriquer sont peints, vernis, bronzés ou dorés. Ces produits donnent lieu à d'importantes transactions commerciales.

Les tonneliers n'emploient généralement que des osiers fendus. Ces osiers sont de première qualité quand ils ont peu de bois et lorsque les fibres de leur écorce ont une grande ténacité.

Les osiers sont souvent utilisés en France et en Hollande pour consolider les berges des cours d'eau ou les digues des polders.

TROISIÈME PARTIE.

LES PLANTES A CARDER.

On donne le nom de *plante à carder* à la plante connue sous le nom de *cardère* ou *chardon à foulon*.

Cette plante est bisannuelle. Elle fournit les têtes qui servent à peigner les draps et autres étoffes de laine.

On avait pensé un instant qu'on pourrait remplacer ces têtes par des cardes métalliques, mais l'expérience a démontré que les cardes végétales avaient une supériorité marquée dans le cardage des étoffes de prix. C'est pourquoi on continue de cultiver le chardon à foulon dans les contrées où la culture remonte à une époque lointaine.

Autrefois, pour coucher tous les filaments dans le même sens, on suspendait les draps verticalement et on agissait sur leur surface avec des brosses formées de têtes de cardère ayant le même diamètre.

Les chardons sont maintenant utilisés en draperie après avoir été placés sur un cylindre tournant dit *laineuse*. Les étoffes feutrées ne sont soumises à l'action de cette brosse mécanique qu'après avoir été dégraissées, lavées et séchées.

Les petits objets de bonneterie, comme les bas, les chaussons, etc., sont ordinairement cardés à la main.

CHAPITRE UNIQUE.

CARDÈRE OU CHARDON A FOULON.

DIPSACUS FULLONUM, Will.

Plante dicotylédone de la famille des Dipsacées.

Anglais. — Fuller's thistle.　　*Italien.* — Cardo da cardare.
Allemand. — Weberdistel.　　*Espagnol.* — Cardo peinador.

Historique. — Mode de végétation. — Terrain. — Quantité d'engrais à appliquer. — Semis. — Transplantation. — Soins d'entretien. — Maladies. — Plantes, animaux, insectes agents atmosphériques nuisibles. — Récolte. — Conservation des cardères. — Produit que fournit un hectare. — Commerce des cardères. — Valeur commerciale. — Emballage. — Emplois des produits.

Historique.

Cette plante, à laquelle on a donné les noms de *chardon à bonnetier, chardon à foulon, chardon à carder, chardon lainier, chardon cardière*, est cultivée depuis longtemps en Europe. Dioscoride et Mathioli l'ont mentionnée.

Au seizième siècle, la Bourgogne était la province qui produisait en France le plus de cardères.

La France a exporté, en 1855, 1.020.054 kilogr. de cardères ayant une valeur de 1.530.081 francs.

Le commerce désigne les têtes de cardère sous les noms de *brosses, peignes* ou *pommes de cardères*.

La cardère est cultivée soit au nord ou au midi de l'Europe, dans les contrées où il existe des fabriques de drap.

En France, on la cultive en Normandie, dans les environs de Louviers et d'Elbeuf; dans les Ardennes, près de Sedan; dans l'Ile-de-France, à Mézières; dans le Languedoc, aux environs de Montpellier, de Cette et de Carcassonne ; dans la Provence, à Tarascon et surtout à Saint-Rémy. Elle est aussi cultivée dans quelques localités de la Flandre, de la Bourgogne et de l'Orléanais.

La cardère occupait, en 1862, 2.326 hectares ; en 1882, elle s'étendait sur 1.897 hectares. Les départements où elle est principalement cultivée sont les suivants :

Bouches-du-Rhône	1.095	hectares.
Vaucluse	324	—
Eure	180	—
Aude	173	—

On la cultive aussi en Angleterre, en Belgique, en Prusse, en Saxe, en Bavière, etc.

Mode de végétation.

La cardère (fig. 49) est une plante robuste, bisannuelle et trisannuelle. Sa racine est longue, fusiforme et pivotante ; sa tige est droite, raide, sillonnée et à peine munie d'aiguillons ; elle s'élève de $1^m,50$ à 2 mètres et donne naissance à des rameaux opposés qui se développent à l'aisselle des feuilles. Ses feuilles sont un peu coriaces, entières et presque sans épines, opposées deux à deux et soudées ensemble à la base, de manière à former une sorte de réservoir dans lequel se conserve l'eau pluviale ou celle produite par les rosées. Ses fleurs lilas sont réunies en capitules cylindriques, globuleux ou pyramidaux ; leur involucre est à folioles non épineuses, et leur réceptacle est armé de *bractées* ou *paillettes recourbées* au sommet (fig. 50). Ses graines sont allongées, striées, brunâtres, et un peu plus grosses que celles de la chicorée sauvage.

Cette espèce diffère des deux cardères sauvages en ce que celles-ci ont une tige épineuse, des feuilles caulinaires crénelées ou très découpées, et des *paillettes droites et non réfléchies*.

La cardère végète lentement pendant la première année;
elle ne présente jusqu'au printemps qui suit l'époque à la-

Fig. 49. — Cardère ayant été étêtée.

quelle elle a été semée, que quelques feuilles radicales. Ces
feuilles ont naturellement une belle teinte verte, mais ordinairement elles rougissent ou prennent une légère teinte
violacée en automne et surtout en hiver, quand la température descend au-dessous de zéro.

Cette dipsacée résiste très bien aux froids ordinaires de
l'hiver quand elle n'a poussé que des feuilles radicales, qui

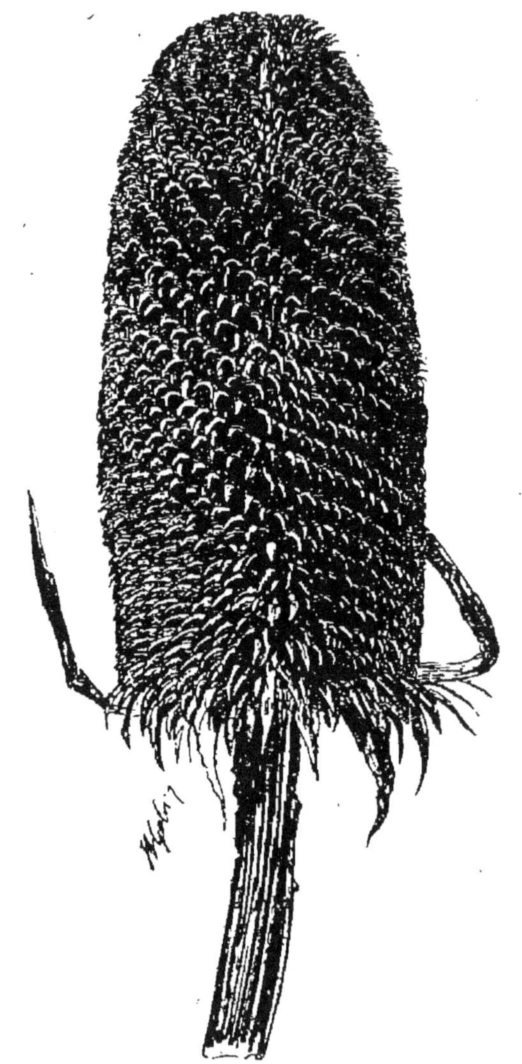

Fig. 50. — Tête de Cardère.

sont plus lancéolées, plus étroites que les feuilles caulinaires. Dans les contrées du Nord et du Midi, sa tige
périt pendant l'hiver si elle se développe en automne.

Sa tige apparaît et s'élève quand la température, au printemps, dépasse 8 à 10 degrés. C'est en mai, juin ou juillet, selon les latitudes, que les fleurs s'épanouissent. Ces organes apparaissent d'abord à la base des capitules, et toujours elles forment en se développant une couronne lilas qui gravit lentement de la partie inférieure au sommet du capitule.

La cardère termine ordinairement son existence lorsqu'elle a reçu, pendant la seconde année, environ 3.000 degrés de chaleur.

En général, cette plante ne végète convenablement que lorsque la température, pendant la première année, a été régulière.

Terrain.

NATURE. — La cardère doit être cultivée sur des terres saines, aérées, exposées au sud, profondes et plutôt légères que compactes. Elle redoute les terrains humides et ceux sur lesquels les eaux sont stagnantes pendant l'hiver.

Les sols qui lui conviennent le mieux sont les terres silico-argileuses et silico-calcaires, les terrains à chanvre et les sols graveleux et pierreux.

Les terres sur lesquelles on cultive la cardère, à Mézières (Seine-et-Oise), se louent en moyenne 200 francs l'hectare.

FERTILITÉ. — Les terres qu'on consacre à cette plante ne doivent être ni trop riches ni trop pauvres. Cultivée sur des terrains substantiels, elle fournit des têtes volumineuses et garnies de crochets qui manquent d'élasticité. C'est sur les sols sains et de fertilité moyenne, c'est-à-dire sur les terres à froment, qu'elle produit des têtes recherchées des industriels pour leur grosseur moyenne et uniforme et pour l'élasticité et la résistance de leurs bractées. Ordinairement, la valeur des produits qu'elle fournit quand on la cultive sur des sols pauvres, des terres épuisées, ne couvre pas les dépenses qu'elle occasionne.

PRÉPARATION. — Les terres doivent recevoir une préparation complète. Ainsi, on doit, par des labours et des hersages, les diviser, les ameublir aussi profondément que le permet l'épaisseur de la couche arable, et les débarrasser des plantes vivaces à racines traçantes qui les ont envahies.

Quantité d'engrais à appliquer.

La cardère est épuisante et s'empare facilement des anciens engrais. Toutefois, elle n'exige pas, pour donner des produits abondants et égaux, que les terres soient fécondées par des engrais abondants. M. de Gasparin dit qu'il faut appliquer 5.000 kilogr. de fumier par chaque 100 kilogr. de têtes qu'elle peut fournir. Ainsi, une terre qui fournirait en moyenne 700 kilogr. de têtes devrait recevoir 35.000 kilogr. Ce chiffre est beaucoup trop élevé. La quantité de fumier qu'elle exige est de 1.500 kilogr. par 100 kilogr. de têtes, quantité qui porte la fumure moyenne à 12.000 kilogr. par hectare.

Semis.

On cultive la cardère de deux manières. Ici, on la sème en place ; ailleurs, on la cultive d'abord en pépinière pour transplanter les plants lorsque la saison le permet.

SEMIS EN PLACE. — Les semis en place se font tantôt sur une terre nue, tantôt sur des terrains occupés par une céréale d'hiver en végétation.

SEMIS SUR SOL NU. — Ce procédé est celui qu'on adopte ordinairement en Normandie, dans l'Ile-de-France et les Ardennes. On le suit quelquefois dans la Provence.

En lignes. — Lorsqu'on sème la cardère en lignes, on projette la graine avec la main dans des rayons tracés avec un rayonneur, ou on la répand avec un semoir à brouette ou à cheval, ou bien encore on la sème sous raies.

Les rayons doivent être espacés les uns des autres de 40 à 70 centimtères, selon la fertilité du sol et les plantes qu'on doit cultiver entre les lignes, pendant la première année. Nonobstant, celles-ci doivent être assez espacées pour que les ramifications, qui s'écartent de 30 à 35 centimètres de la tige principale, puissent se développer facilement.

Dans les circonstances ordinaires 50 centimètres de distance entre les lignes sont suffisants pour que la cardère puisse végéter librement.

On recouvre légèrement les graines par un hersage ou à l'aide d'un fagot d'épines ou d'un râteau. L'enfouissement au râteau est souvent pratiqué par les femmes ou les enfants, qui projettent les graines dans les rayons.

C'est à tort qu'on a recommandé de ne pas enterrer les semences. Si ces graines restaient sur la terre ou dans les rayons sans être enterrées, les oiseaux, qui en sont très friands, désensemenceraient en partie le champ.

A la volée. — Autrefois on semait la cardère à la volée. La plupart des agriculteurs la cultivent aujourd'hui en lignes, parce qu'ils ont reconnu que ce procédé était beaucoup plus avantageux sous tous les rapports.

SEMIS SUR SOL OMBRAGÉ PAR UNE CÉRÉALE. — Dans la Provence et le Languedoc, on sème ordinairement la graine de cardère sur les champs ombragés par une céréale d'hiver ou en même temps qu'on exécute les semailles de blé, de seigle ou d'avoine.

Voici comment on exécute ces semis spéciaux :

On sème deux raies de charrue en blé ou en seigle et on évite d'ensemencer la troisième, puis on sème les deux suivantes en négligeant encore d'ensemencer la sixième, et ainsi de suite jusqu'à la fin du champ. En suivant ce procédé, la ligne non occupée par la céréale est séparée par deux bandes ou sillons de blé ayant environ 50 à 60 centimètres de largeur. Cette distance est suffisante pour que la cardère puisse librement se développer l'année suivante. J'observerai que la semaille de la céréale a lieu sous raies.

Lorsque le moment de semer la cardère est arrivé, on trace un sillon ou rayon sur le milieu des bandes non ensemencées. Ce travail se fait de diverses manières. Tantôt on le pratique avec un araire traîné par un cheval et appelé *fourcat*, tantôt on l'exécute avec la houe à main ou au moyen d'un petit sep d'araire armé d'une faible pointe de fer.

A mesure que l'ouvrier trace les rayons, une femme le suit et y laisse tomber de la graine de cardère. On recouvre ensuite celle-ci avec un râteau, avec une planche traînée en guise de herse ou avec *l'araire fourcat*. Quand on se sert de ce dernier instrument, on trace une légère raie à côté de celles qui ont été ensemencées, de manière à les combler en partie de terre.

On peut aussi exécuter les semis à l'aide d'un semoir à cheval muni de trois tubes espacés les uns des autres de 20 à 25 centimètres. Ainsi, si l'on dispose le réservoir à graines de manière qu'il alimente le tube médian de graines de cardère et les deux autres de semences de blé, on sèmera à chaque rayage deux lignes de froment et une ligne de cardère. Alors les lignes de cardère seront séparées par deux lignes de blé occupant un espace ayant 40 à 50 centimètres de largeur.

L'expérience a démontré qu'il faut, autant que possible, tracer les rayons de l'est à l'ouest, afin que les cardères puissent profiter largement de l'influence de la lumière et de la chaleur du soleil pendant l'été de la seconde année.

Cette culture simultanée présente un avantage incontestable, en ce qu'elle permet d'occuper utilement la terre pendant l'année qui suit le semis.

Cet avantage explique pourquoi on a l'habitude, dans les

contrées où les ensemencements sont exécutés sur un sol nu, de cultiver entre les lignes de cardère, durant la première année de végétation de cette plante, des haricots, des carottes, des pommes de terre, des betteraves, etc. Cette association est rationnelle : elle n'oblige pas à porter au compte de cette plante industrielle deux années de loyer ; en outre, les façons d'entretien que réclament les carottes, haricots, etc., lui sont favorables et l'aident dans son développement, puisqu'elles sont faites dans le but d'ameublir et nettoyer la couche arable.

Quantité de graines. — On répand par hectare de 8 à 10 litres de graines.

Cette quantité n'est pas trop élevée. En général, les bonnes graines sont mêlées à des graines infertiles qui proviennent de la partie supérieure des capitules ou de la base de têtes récoltées trop prématurément.

Les graines de mauvaise qualité ont une teinte blanchâtre et elles sont très légères. Celles qui peuvent germer sont grises et lourdes.

Un hectolitre de graines de bonne qualité pèse de 36 à 40 kilogr.

Époque des semis. — La cardère se sème soit en automne, soit au printemps.

Dans le Midi, aux environs de Saint-Rémy, d'Eyragues, de Tarascon, etc., on confie ordinairement la graine à la terre en automne, au mois de septembre ou octobre. Ce n'est qu'accidentellement qu'on la sème en août ou pendant les mois de février ou de mars.

Les cultivateurs des communes d'Aix, Salon, Charleval, Orgon (Bouches-du-Rhône), sèment souvent la cardère au printemps.

Aux environs d'Elbeuf, de Louviers, de Mantes, de Verviers, d'Aix-la-Chapelle, de Mézières, etc., on exécute presque toujours les semis en mars ou avril.

SEMIS EN PÉPINIÈRE. — Quelques cultivateurs de Mézières (Ardennes), Mézières (Seine-et-Oise), Louviers (Eure), sèment la cardère en pépinière. Ce mode de culture présente quelques avantages sur les semis en place. Ainsi, par cette méthode, la cardère occupe la terre pendant moins de temps, drageonne peu, résiste mieux aux froids rigoureux de l'hiver et pousse plus régulièrement.

Ces semis se font toujours plus tardivement que les semis en place. Ordinairement on les exécute en mai ou en juin, sur des terres de bonne qualité et fraîches, que l'on a préalablement labourées à la bêche et fumées.

Un hectare bien garni de plants suffit à la transplantation de 8 à 12 hectares, suivant l'écartement qu'on met entre les lignes et les plants.

Transplantation.

La mise en place des plants a lieu, dans le nord de la France, pendant le mois de septembre. En Allemagne, on l'exécute en juillet et août.

Cette opération doit être faite avec beaucoup de soin ; on l'exécute soit au plantoir, soit à la bêche, sur des terres labourées en planches de 3 à 5 mètres de largeur, afin que les dérayures servent de rigoles d'écoulement aux eaux pluviales pendant l'automne et l'hiver. Il est utile de la pratiquer autant que possible par un temps couvert ou pluvieux, afin que la reprise des plants soit plus assurée.

Il est utile aussi de bien choisir les plants. On doit planter de préférence ceux qui sont forts et vigoureux, parce qu'ils sont moins sujets à produire des rejets.

Un homme, aidé par un enfant ou une femme, plante un hectare en dix à douze journées.

Ce travail, qui constitue une opération assez longue, à cause du développement que présentent les racines, est payé à Mézières (Seine-et-Oise), où l'hectare contient 20.000 pieds, de 50 à 60 francs.

Soins d'entretien.

Première année.

PREMIER BINAGE. — On donne un binage quelques semaines après la levée des graines, afin d'ameublir la terre et de détruire les mauvaises herbes.

ÉCLAIRCISSAGE. — Aussitôt que les feuilles ont 5 à 8 centimètres de longueur, on éclaircit les plants de manière qu'ils soient espacés sur les lignes de 30 à 40 centimètres.

Il est utile de mettre en réserve un certain nombre de pieds surperflus pour pouvoir regarnir les places vides au mois de septembre suivant.

Souvent on exécute cet éclaircissage lorsqu'on pratique le deuxième binage.

BINAGE EXÉCUTÉ PENDANT L'ÉTÉ. — Cette seconde culture d'entretien s'exécute en juin ou juillet.

Lorsque la cardère a été associée au froment, on lui donne un bon binage aussitôt que la récolte de cette céréale a eu lieu. Cette opération détruit la dureté que le sol a acquise pendant la végétation du froment et le débarrasse des mauvaises herbes qui envahissent sa surface. On ne doit pas oublier que la cardère qui provient d'un semis exécuté dans une céréale, soit à l'automne, soit au printemps, ne commence véritablement à végéter qu'après la moisson.

ARROSEMENT. — Dans le Midi, on arrose quelquefois les cardères après la récolte de la céréale à l'abri de laquelle elle s'est développée. Cette irrigation, si elle est modérée, excite la végétation des plantes et les rend plus robustes, plus rustiques.

On a constaté dans le département de Vaucluse, qu'un débit de 50 centilitres, par hectare et par seconde, ou

1.800 litres par heure, était suffisant pour pratiquer cet arrosement.

BUTTAGE. — Au mois de septembre ou octobre, on exécute un buttage soit avec la houe ou la pioche, soit au moyen d'une charrue à deux versoirs ou d'un buttoir. Cette opération, que l'on pratique ordinairement en Angleterre et en Belgique, est faite dans le but de garantir les plantes du froid pendant l'hiver et de faciliter l'écoulement des eaux pluviales. Quelquefois, on ne l'opère que partiellement, c'est-à-dire on se borne à chausser les plantes au nord seulement des rayons. Alors on se sert d'une charrue légère traînée par un seul animal.

ABRIS PENDANT L'HIVER. — Quand les plantes sont faibles et qu'on craint des gelées très intenses pendant l'hiver, on répand, sur toute la surface du champ, une couverture de paille ou de fumier pailleux.

Deuxième année.

BINAGE. — En mars ou avril de la seconde année, on exécute un nouveau binage. Cette opération doit être terminée avant l'époque à laquelle la cardère commence à montrer sa tige, parce que celle-ci, qui se développe toujours très rapidement, ne permettrait plus aux ouvriers d'exécuter le binage sans endommager les plantes.

ÉTÊTAGE OU TAILLE. — Il est utile, lorsque la cardère végète vigoureusement au printemps de la seconde année, de l'étêter aussitôt qu'elle a atteint 50 à 60 centimètres au maximum.

Cette taille s'exécute en avril, mai ou juin, suivant le climat ; elle consiste à couper plus ou moins la tige principale de chaque plante. Lorsque la cardère végète sur des sols riches, on la rabat au-dessus du premier ou du second étage de feuilles.

Cette solution de continuité favorise le développement des tiges secondaires et des têtes qui se développent à leur extrémité. Si, sur les terres fertiles, on abandonnait les plantes à elles-mêmes, la tige principale se développerait vigoureusement, au détriment des rameaux latéraux, puisqu'elle absorberait une grande partie de la sève. Alors, la tête que fournit cette tige deviendrait volumineuse et difforme, et les rejets qui se développent à l'aisselle des feuilles ne présenteraient que de très petites cardères.

C'est par l'étêtage qu'on augmente la vigueur des rameaux inférieurs et qu'on peut seulement obtenir des têtes régulières de forme et de grosseur.

Dans le Midi, à Arles, par exemple, on châtre la tige principale et souvent on répète cette taille une ou deux fois sur les jets latéraux qui se développent trop vigoureusement. Alors, on ne laisse sur chaque pied que 8 à 12 têtes, selon la nature et la richesse du sol.

Enfin, dans d'autres contrées, cette opération n'est exécutée que partiellement, suivant l'extension que prennent les cardères.

La taille retarde toujours de plusieurs semaines la maturité des têtes. Ceci explique pourquoi elle est plus en usage dans les contrées du midi que dans les provinces du nord.

Quoi qu'il en soit, il est utile de supprimer avec soin toutes les têtes qui se montrent tardivement et qui n'ont pas la force nécessaire pour acquérir un développement convenable.

L'écimage de la cardère constitue, dans le Vaucluse, l'opération que l'on nomme *capouiller*.

SUPPRESSION DES DRAGEONS. — Au printemps, on supprime aussi les drageons qui se développent à la base des cardères cultivées sur des sols riches.

Ces rejets ont le défaut d'affamer considérablement les

pieds qui les produisent, et de nuire par conséquent à la beauté et à la régularité des têtes.

On désigne les cardères qui drageonnent sous le nom de *chardons gras*.

Enlèvement des têtes avariées. — On doit aussi supprimer, pendant la végétation des cardères, les têtes avariées ou mal conformées ; celles qui se flétrissent, qui sont trop volumineuses, trop petites, ou qui noircissent, et celles dont les paillettes ou bractées ne sont pas recourbées vers le pédoncule.

Maladies.

Cette plante est sujette à deux altérations. Ainsi, tantôt elle se couvre d'un duvet blanchâtre qu'on nomme *blanc*, *blanquet* ou *surdige*, tantôt elle est affectée par une sorte de *pourriture*, pour laquelle on ne connaît aucun remède. Cette seconde altération se manifeste principalement sur les cardères qui végètent dans les sols riches et humides.

On doit arracher avec soin tous les pieds qui prennent le *blanc*, parce que cette altération se propage aisément.

Plantes, animaux, insectes et agents atmosphériques nuisibles.

La cardère est attaquée par l'*orobanche rameuse* (OROBANCHE RAMOSA, L.), qui l'épuise et la fait périr.

Les mulots font quelquefois de très grands dégâts dans les cultures de cardères ; aussi doit-on chercher à les détruire dans les champs où ils rongent les racines de ces plantes.

La cardère est attaquée pendant sa végétation par une *pyrale* (PYRALIS DIPSACANA, Val.). Cet insecte a été mentionné par Pline. Il rend les piquants des têtes plus faibles.

On l'observe dans les tiges, d'avril à juillet, et dans les têtes après la récolte. On ne connaît malheureusement aucun moyen pour arrêter ses ravages.

La cardère redoute les sécheresses intempestives et prolongées ; mais dans les années ordinaires, elle supporte très bien les grandes chaleurs, à cause de la disposition de ses feuilles.

Les pluies continuelles lui sont aussi nuisibles ; elles affaiblissent les crochets ou bractées et font pourrir les têtes. Les brouillards intenses et prolongés du bassin du Rhône et de la Normandie les noircissent et diminuent leur valeur commerciale.

Récolte.

SIGNES DE MATURITÉ. — On procède à la récolte des têtes, quand celles-ci et leurs pédoncules ont pris une teinte jaunâtre ou vert doré et lorsque la chute des fleurs est complète.

On ne doit pas attendre pour l'exécuter que les graines se détachent d'elles-mêmes et que les têtes aient pris une teinte légèrement roussâtre.

Lorsqu'on opère la récolte trop tôt, les bractées manquent de résistance et restent molles ; si on l'exécute trop tardivement, elles sont dures, cassantes, et les pluies ou les brouillards peuvent en altérer la couleur.

La cardère qui végète sur des sols secs et pauvres ne monte souvent à graine que la troisième année.

ÉPOQUE. — La récolte se fait depuis la seconde quinzaine de juillet jusqu'à la fin d'août, suivant les localités.

EXÉCUTION. — On coupe les pédoncules de manière que les têtes soient munies d'une queue de 10, 20, ou 40 centimètres, suivant les usages des contrées.

Les cardères sans queue ont une faible valeur.

On se sert, pour couper les pédoncules, d'une petite serpe semblable à celle dont on fait usage dans le Midi pour tailler la vigne, et que l'on désigne sous le nom de *faucillon.*

L'ouvrier qui opère, porte à sa ceinture, ou suspendu à son cou, un panier ou un sac à large ouverture, dans lequel il dépose les têtes qu'il a détachées à l'aide d'un coup sec de la serpe. Il doit saisir par la main gauche la tête que porte le pédoncule qu'il doit couper.

Lorsque le sac ou le panier est plein, on le vide sur une des toiles qui servent à transporter les têtes à la ferme.

La récolte ne s'exécute pas en une seule fois, parce que les têtes ne mûrissent pas toutes en même temps. On la répète tous les huit à dix jours. Quelquefois elle dure de vingt à trente jours.

A Mézières (Seine-et-Oise), la coupe des cardères se paye de 30 à 40 centimes les mille têtes.

Un homme peut récolter par jour de six à huit mille têtes.

DESSICCATION DES TÊTES. — Aussitôt que chaque récolte partielle est terminée, on s'occupe de la dessiccation des têtes. A cet effet, on les dépose sous un hangar ou à l'air libre, si le temps est beau, mais de préférence à l'ombre.

Quand on expose les cardères à l'air, il faut les étendre, autant que possible, sur un endroit pavé, macadamisé ou bien battu et exempt d'herbes.

La dessiccation ne doit pas être précipitée, car elle rend les bractées cassantes; en outre, il faut éviter de l'opérer par la pluie, pour que les têtes ne perdent pas leur belle couleur blonde. C'est sous l'action simultanée de la rosée et de la lumière du soleil, que les cardères prennent la légère teinte roux-verdâtre si recherchée par le commerce.

Enfin, il est nécessaire de retourner les têtes une fois par jour au moyen d'une fourche en bois, pour éviter qu'elles fermentent. Cette opération est délicate, et il faut agir avec prudence afin de ne pas briser les crochets.

MISE EN PAQUETS. — Lorsque les têtes sont sèches, et elles le sont ordinairement après trois à six jours, selon la latitude et l'état de l'atmosphère, on procède à la mise en paquets.

Pendant cette opération, on procède au triage des têtes et on rejette toutes celles qui ont des taches de moisissures et qui sont noirâtres, véreuses ou fendues. En outre, on fait tomber des têtes les fleurs qui y sont adhérentes et qui les feraient déprécier.

Le nombre des têtes qui composent un paquet varie suivant les contrées. Ici, les paquets en contiennent vingt-cinq; ailleurs, ils en renferment cinquante; plus loin, ils en contiennent cent.

Quelquefois, on forme des poignées de vingt-cinq têtes et des ballots de mille.

Enfin, dans quelques localités, les têtes avec lesquelles on fait les paquets sont d'inégale grosseur.

Nonobstant, la mise en paquets doit être faite dans une chambre ou sur une bâche, afin qu'on puisse recueillir les graines qui se détachent des têtes, lorsqu'on secoue celles-ci avant de les réunir à l'aide de liens d'osier.

Lorsque les têtes sont desséchées, on coupe ou on arrache les pieds, on les met en bottes pour les conserver en meules.

Il faut les soustraire à l'action de la pluie, si on doit les utiliser comme combustible.

Conservation des cardères.

Lorsque les cardères doivent être conservées pendant plusieurs mois dans les bâtiments de la ferme où elles ont été recueillies, on les empile en les superposant les unes aux autres, de manière à former des tas ayant la forme d'un énorme hérisson. Cette manière d'agir est nécessaire; elle empêche les rats et les souris, qui sont très friands de graines, de se réfugier dans les tas et d'endommager les têtes en rongeant les bractées.

Les bâtiments dans lesquels on conserve les cardères ne doivent être ni trop secs ni trop humides. Dans le premier cas, les têtes diminuent de poids; dans le second, les bractées perdent l'élasticité qui en fait tout le mérite.

Produit que fournit un hectare.

Le produit que la cardère fournit par hectare varie suivant l'espacement des lignes et des plants, et le nombre moyen des têtes que chaque plante a développées. Voici les rendements qu'on a observés :

Burger...................	100.000 à 170.000	têtes.
Mathieu de Dombasle	400.000	—
De Gasparin.............	500 à 1.000	kilogr.

On peut évaluer le produit moyen à 700 kilogr. par hectare.

A Verviers (Belgique), on récolte par hectare 12.400 paquets de 25, ou 310.000 têtes; à Mézières (Seine-et-Oise), où l'hectare contient environ 20.000 pieds, on obtient en moyenne sur cette surface 16.000 poignées de 25, ou 400.000 têtes.

C'est par exception qu'on récolte sur la même superficie de 500.000 à 600.000 têtes.

La statistique de 1882 porte le rendement moyen à 940 kilogr. par hectare, par suite d'évaluations un peu exagérées. Ainsi, on obtiendrait les produits maximum ci-après :

Basses-Alpes...............	2.500	kilog.
Eure....................	2.000	—
Bouches-du-Rhône.........	1.500	—
Seine-Inférieure..........	1.200	—
Vaucluse.................	1.100	—

Le produit dans le département de l'Hérault ne dépasserait pas 500 kilogr.

Commerce des cardères.

Le commerce des cardères ne se fait pas partout de la même manière.

Dans le Midi, on les divise en six classes, savoir :

Poids de têtes.	Longueur.	1 kil. contient :
N° 1 9gr.	0m,027 à 0m,033	100 à 110 têtes.
— 2 6gr.	0m,033 à 0m,040	150 à 165 —
— 3 4gr, 1/2	0m,040 à 0m,047	200 à 220 —
— 4 3gr, 1/2	0m,047 à 0m,054	285 à 300 —
— 5 2gr, 1/2	0m,054 à 0m,066	380 à 400 —
— 6 1gr, 1/2	0m,066 à 0m,080	730 à 760 —
Moyennes 4 gr. 1/2		307 à 325 —

M. Portal de Moux, à Conques (Aude), divise les cardères qu'il récolte en cinq classes, savoir :

N° 0	Têtes de cardères n'ayant que	0m,027 de largeur.	
— 1	—	—	0m,027 —
— 2	—	—	0m,030 —
— 3	—	—	0m,036 —
— 4	—	—	0m,043 —

Toutes ces têtes sont calibrées à l'aide d'un appareil inventé par M. Portal de Moux.

Ailleurs, on les partage en *trois catégories* :

La *première* comprend les têtes des tiges principales qu'on n'a pas taillées ou étêtées ; ces têtes portent le nom de *maîtres*. La *seconde* embrasse les têtes des tiges secondaires ; ces têtes sont connues sous le nom d'*ailes*. La *troisième* comprend les petites têtes qu'on nomme *turlupins*. On donne ordinairement deux *turlupins* pour une *aile*. Ces petites têtes entrent pour un vingtième dans la récolte totale d'un hectare.

Enfin, le commerce de Paris divise les cardères en deux

classes : la première comprend les *mâles*, que l'on appelle quelquefois *reines* ou *bourdons*. Ces têtes sont celles qui ont une grosseur uniforme, qui sont les plus longues et qui ont les bractées les plus résistantes. La seconde embrasse les *femelles*. Ces têtes sont rondes et ont des bractées moins raides.

Quoi qu'il en soit, plus les cardères sont droites, allongées, cylindriques, et armées de beaux crochets recourbés en bas, et plus elles sont recherchées par les drapiers. Ces derniers divisent les chardons en trois catégories : 1° les *drapiers*, qui sont les plus longs ; 2° les *bonnetiers*, qui sont les moyens ; 3° les *foulons*, qui sont les plus petits. Les uns et les autres sont fixés dans les cadres qui servent à garnir les cylindres tournants qu'on emploie pour redresser les filaments laineux abattus par le foulage. Les premiers servent à la première passe, les seconds à la deuxième et les plus petits à la dernière.

Valeur commerciale des cardères.

Le prix des cardères non classées varie de 80 à 120 francs les 100 kilogr., ou 45 à 50 francs la balle contenant 10.000 têtes et le kilogramme en moyenne 200 têtes.

Les *mâles*, ou cardères de premier choix, se vendent de 5 à 7 francs les 100 têtes, et les *femelles* de 2 à 3 francs.

Le prix des *turlupins* varie de 200 à 240 francs les 100 kilogr.

A Tarascon, les 100 kilogr. de têtes classées se vendaient, en 1857, ainsi qu'il suit :

N° 1	avec bractées rapprochées, de	289 à 350 fr.
— 2	avec bractées ordinaires, de	300 à 320 —
— 3	—	280 à 300 —
— 4	—	220 à 250 —
— 5	—	150 à 180 —
— 6	—	80 à 160 —

Les 100 kilogr. de cardères calibrées avec l'appareil de M. Portal de Moux sont cotés comme il suit : nº 0, 160 francs, nº 1, 200 francs, nº 3, 160 francs.

Le cultivateur a intérêt à vendre les têtes qu'il a récoltées dans le mois de septembre. En agissant ainsi, il évite les pertes qu'occasionnent les rats et l'humidité.

Emballage.

On livre les cardères au commerce dans des balles, ou de grands paniers, ou de grandes futailles en bois léger contenant environ 10.000 têtes.

Lorsqu'on les destine à l'exportation lointaine, on les emballe dans des tonneaux de 2 mètres de hauteur sur 1 mètre de diamètre, et pesant en moyenne 45 kilogr. Ces tonneaux, une fois remplis, pèsent, brut, 230 à 240 kilogr., et net, environ 180 kilogr.

Un ouvrier emballe 10.000 têtes dans une journée.

Emplois des produits.

TÊTES. — Les têtes *mâles* servent pour peigner les couvertures et les bas dits drapés ; on emploie les têtes *femelles* pour peigner les draps fins.

GRAINES. — Les graines servent à nourrir les volailles, ou on les convertit en terreau après les avoir imbibées d'urine.

TIGES. — On emploie les tiges pour chauffer les fours ; on les utilise rarement dans les foyers, parce qu'elles ont l'inconvénient de pétiller.

Elles servent aussi à faire des haies sèches ou des abris.

TABLE ALPHABÉTIQUE

DES MATIÈRES

(Les plantes formant chapitre sont en **lettres grasses;** les noms scientifiques des plantes sont en *italiques*).

FIN DE LA TABLE ALPHABÉTIQUE DES MATIÈRES.

LIBRAIRIE AGRICOLE

DE LA

MAISON RUSTIQUE

RUE JACOB, 26, A PARIS

☞ *La* Librairie agricole de la Maison Rustique *envoie franco, à toute personne qui en fait la demande, son catalogue le plus récent.*

Un numéro spécimen AVEC PLANCHE COLORIÉE *du* Journal d'agriculture pratique *ou de la* Revue horticole *est adressé à toute personne qui en fait la demande accompagnée de 30 centimes en timbres-poste pour chaque journal.*

(Voir l'*Avis important* à la page suivante.)

DIVISION DU CATALOGUE

AVIS IMPORTANT

La Librairie agricole, ne pouvant ouvrir un compte à toutes les personnes qui s'adressent à elle, est forcée de n'exécuter que les commandes accompagnées de leur paiement.

Toute commande de livres doit donc être accompagnée du montant de sa valeur et des **frais de port**.

Envois par la poste. — Si l'envoi doit se faire par la poste, ajouter pour les frais de port 0 fr. 25 au montant de toute commande inférieure à 2 fr. 50, et 10 0/0 du montant de la commande au-dessus de 2 fr. 50.

Envois par colis postaux. — Si l'envoi peut se faire par colis postal, le prix d'un colis postal étant de 0 fr. 60 pour l'expédition en gare, et de 0 fr. 85 pour l'expédition à domicile, calculer le montant des frais de port à raison d'un colis postal par commande de 20 francs.

Nos clients peuvent payer leurs commandes par l'envoi de mandats-poste dont le talon sert de quittance, bons de poste, chèques ou mandats sur Paris, à l'ordre du *Directeur de la Librairie agricole de la Maison rustique*. (Les très petites sommes ou les appoints peuvent être envoyés en timbres-poste.)

On ne reçoit que les lettres affranchies.

Conditions spéciales offertes aux abonnés
du Journal d'Agriculture pratique et de la Revue horticole.

Les abonnés du *Journal d'Agriculture pratique* et de la *Revue horticole* ont droit à une remise de 10 % *sur tous les livres qui figurent au présent catalogue*, lorsqu'ils viennent les prendre directement à la Librairie agricole, rue Jacob, 26, à Paris.

Au lieu de la remise de 10 % ci-dessus spécifiée, les abonnés ont droit à l'*envoi franco*, quand les livres doivent leur être remis à domicile ; mais ce droit à l'*envoi franco*, est réservé aux abonnés de France ; il ne s'applique à l'étranger que si l'expédition peut se faire par la poste, et reste comprise dans *l'Union postale*.

La commande doit toujours être accompagnée du montant de sa valeur.

I. — MAISON RUSTIQUE DU XIXᵉ SIÈCLE. — TRAITÉS GÉNÉRAUX D'AGRICULTURE

Maison rustique du XIXᵉ siècle, cinq volumes grand in-8° à deux colonnes comprenant ensemble 2,700 pages, avec 2,500 gravures, publiée sous la direction de MM. Bailly, Bixio et Malpeyre.

Tome Iᵉʳ. — Agriculture proprement dite.

Climat.	Desséchement.	Récoltes.	Plantes-racines.
Sol et sous-sol.	Labours.	Voies de communica-	Plantes fourragères.
Amendements.	Ensemencements.	tion, clôtures.	Maladies des végé-
Engrais.	Arrosements.	Céréales.	taux. — Animaux
Défrichement.	Irrigations.	Légumineuses.	et insectes nuisibles

Tome II. — Cultures industrielles; animaux domestiques.

Cultures industrielles.		*Animaux domestiques.*	
Plantes oléagineuses.	Houblon.	Pharmacie vétéri-	Cheval, âne, mulet.
— textiles.	Mûrier.	naire. — Maladies.	Races bovines.
— économiques.	Arbres : olivier.	Anatomie.	— ovines.
— médicinales.	— noyer.	Physiologie.	— porcines.
— aromatiques.	— de bordures.	Élevage et engraisse-	Basse-cour.
— tinctoriales.	— de vergers.	ment.	Chiens.

Tome III. — Arts agricoles.

Lait, beurre, fro-	Laine.	Sucre de betterave.	Résines.
mages; fruitières.	Vers à soie.	Lin, chanvre.	Meunerie.
Incubation artifi-	Abeilles.	Fécule.	Boulangerie.
cielle; élevage.	Vins, eaux-de-vie.	Huiles.	Sels.
Conservation des	Cidres, vinaigres.	Charbon, tourbe.	Chaux, cendres.
viandes; salaisons.	Bière.	Potasse, soude.	Arts divers.

Tome IV. — Forêts, étangs; législation, administration.

Pépinières.	Droits de propriété.	Choix d'un domaine.	Personnel, attelages
Culture des forêts.	Distinction des biens.	Estimation.	mobilier.
Exploitation.	Bail, cheptel.	Acquisition.	Bétail, engrais.
Estimation.	Biens communaux.	Location.	Systèmes de culture
Pêche, Étangs.	Police rurale.	Améliorations.	Ventes et achats.
Empoissonnement.	Des peines.	Capital.	Comptabilité.

Tome V. — Horticulture.

Terrain, engrais.	Semis, greffes, taille.	Jardin fruitier.	Plans de jardins.
Outils de jardinage.	Pépinières.	— fleuriste.	Calendriers du jardi-
Couches, bâches.	Arbres à fruits.	— potager.	nier, du forestier,
Orangerie et serres.	Légumes.	Culture forcée.	du magnanier.

Il n'y a pas d'agriculteur éclairé, pas de propriétaire qui ne consulte assi-dûment la *Maison rustique du dix-neuvième siècle*, qui est encore l'expression la plus complète de la science agricole.

Prix des 5 volumes (ouvrage complet), brochés, 39 fr. 50. — Reliés, 52 fr.

Chaque volume se vend séparément, broché, 8 fr. — Relié, 10 fr. 50.

BORIE (Victor). — **Les Travaux des champs** (*Bibl. du Cultiv.*). In-18 de 188 pages et 121 grav. 1.25

—— **Les Jeudis de M. Dulaurier,** Cours élémentaire d'agriculture. 2 vol. in-18 de 216 pages et 67 grav. 1.50

DOMBASLE (de). — **Traité d'agriculture.** 4 vol. in-8° ensemble de 1,702 pages. . . . . 20. »

    Tome Ier. *Économie générale.* 1 vol. in-8° de 410 pages.

    — II. *Pratique agricole*, 1re *partie* : améliorations du sol, engrais et amendements, assolements, instruments ; 1 vol. in-8° de 456 p. et 19 grav.

    — III. *Pratique agricole*, 2e *partie* : cultures préparatoires, céréales, fourrages, racines, prairies ; récolte et conservation des produits. 1 vol. in-8° de 400 pages et 6 grav.

    — IV. *Le Bétail.* 1 vol. in-8° de 436 pages.

    Chaque volume se vend séparément . . . . 5. »

—— **Calendrier du bon cultivateur.** 11e édition. 1 vol. in-12 de 912 pages et 39 gravures. 4.75

La première partie de l'ouvrage, aujourd'hui classique, de l'illustre agronome Mathieu de Dombasle, renferme l'indication, mois par mois, de tous les travaux à faire aux champs, à la ferme, au jardin et dans les forêts. — Dans la seconde partie l'auteur traite des conditions nécessaires pour la bonne conduite des entreprises d'améliorations agricoles : conditions matérielles et morales ; administration du personnel ; irrigations ; engrais et amendements ; assolement ; amélioration du bétail à cornes ; instruments perfectionnés d'agriculture.

—— **Abrégé du Calendrier,** ou manuel de l'agriculteur praticien. (*Bibl. du Cultiv.*). In-12 de 280 pages 1.25

—— **Extrait de l'Abrégé du Calendrier.** In-12 de 98 pages. 0.50

FRUCHIER (Dr J.-A.). — **Traité d'agriculture théorique et pratique,** plus spécialement appliqué aux conditions agricoles du midi de la France. 1 vol. in-8° de 816 pag. et 140 gr. suivi d'un dictionnaire des plantes cultivées, des animaux domestiques, et de leurs principaux produits. . . . . . . 8. »

GASPARIN (Comte de). — **Cours d'agriculture.** 6 vol. in-8° de plus de 4,000 pages et 235 grav. 39.50

    Tome Ier. Terrains agricoles, propriétés physiques des terres, valeur des terrains, amendements, engrais.

    — II. Météorologie agricole, constructions rurales.

    — III. Mécanique agricole, agriculture générale, cultures spéciales, céréales et plantes légumineuses.

    — IV. Plantes-racines, plantes oléagineuses, tinctoriales, textiles, fourragères ; vigne et arbres fruitiers.

    — V. Assolements, systèmes de culture, organisation et administration de l'entreprise agricole.

    — VI. Principes de l'agronomie ; nutrition et habitation des plantes, appendices sur les machines.

    Chaque volume se vend séparément . . . . 7. »

GIRARDIN ET DU BREUIL. — Traité élémentaire d'agriculture. 2 vol. in-18 de 1500 pages et 955 fig. . . . . 16. »

   Tome Ier. — Agronomie; le sol, assainissement, irrigations, labours;
amendements et engrais; défrichements; arts agricoles; plantes alimentaires cultivées pour leur semence; céréales, plantes légumineuses.
   Tome II. — Plantes fourragères à racines alimentaires; prairies artificielles et prairies naturelles; plantes textiles, tinctoriales, économiques;
plantes potagères de grande culture, assolements, notions sommaires
d'économie agricole; organisation d'un domaine, exploitation.

GRANDEAU. — Cours d'agriculture de l'École forestière :
   Tome Ier. — La Nutrition de la plante, un beau volume
      grand in-8° de 624 pages, 39 fig. et 1 planche; prix :
      cartonné à l'anglaise . . . . 12. »
         Le tome Ier seul a paru.

JOIGNEAUX (P.). — Le Livre de la ferme et des maisons de
   campagne, publié sous la direction do M. P. Joigneaux,
   avec la collaboration d'un grand nombre de savants et de
   praticiens, formant une véritable encyclopédie : nouvelle
   édition entièrement refondue et augmentée. 2 vol. in-4° de
   2,116 pages à 2 colonnes avec 1,829 figures dans le texte.

   Tome Ier. — *Agriculture proprement dite :* Terrains et engrais;
labours, roulages, binages; méthodes de culture et instruments; assolements et cultures spéciales; céréales, légumineuses, racines, fourrages, plantes industrielles, plantes nuisibles. — *Zootechnie générale :*
élevage des bestiaux; chevaux, ânes, mulets, bœufs et vaches laitières,
laitages et laiteries; moutons, porcs; basses-cours et colombiers;
abeilles et vers à soie; pisciculture; animaux et insectes nuisibles.
   Tome II. — *Arboriculture et horticulture :* Généralités, pépinières,
semis; vignes, vendanges et vinification; eaux-de-vie et vinaigres;
jardin fruitier, poirier, pommier, pêcher, cerisier, etc.; vergers; culture potagère; fleurs; parcs et jardins paysagers; arbres et arbustes
d'ornement, sylviculture. — *Connaissances utiles :* Hygiène de l'homme
et du bétail; comptabilité, droit civil, pêche et chasse; recettes diverses.

   Prix des deux volumes : brochés. . . . . 32. »
            Les mêmes, reliés, 40 fr.

—— Les Champs et les Prés (*Bibl. du Cult.*), entretiens sur
   l'agriculture : Sols et sous-sols; labourage, engrais; semis,
   plantation et récoltes; plantes racines, légumineuses, fourragères, oléagineuses, textiles; prairies naturelles. In-18 de
   154 pages. 1.25

—— Traité des graines de la grande et de la petite culture, importance et choix des bonnes graines; durée des facultés ger-
   minatives; fixation des variétés; porte-graines de la grande
   culture, du potager, du parterre et des arbres. (*Bibl. du Cult.*).
   In-18 de 168 pages. 1.25

JOIGNEAUX (P.). — Petite École d'agriculture (*Bibl. des
   écoles primaires*). L'outillage agricole de l'enfant. — Le fumier, le drainage, les labours, les grains, les semis, les soins
   d'entretien. — Le jardin fruitier. — L'herbier de l'enfant.
   —Les insectes utiles et nuisibles.—A l'œuvre pour la récolte.
   — Petit bétail et petite volaille. — Des petites industries.
   Un vol. in-18 de 124 pages et 42 gravures, cartonné toile. 1.25

Laurençon. — **Traité d'agriculture élémentaire et pratique** (*Bibl. des écoles primaires*). 2 vol. in-18, ensemble de 248 pages et 44 grav. 1.50

Lenoir. — **Notions usuelles d'agriculture**, manuel théorique et pratique à l'usage des instituteurs et des jeunes praticiens. 1 vol. in-8° de 160 pages. . . . .   2. »

Millet-Robinet (Mme). — **Maison rustique des enfants**. In-4° imprimé avec luxe, de 320 pages, 120 grav. dans le texte, dessins de Bayard, O. de Penne, Lambert, etc., et 20 planches hors texte . . . .   8. »
    Richement relié . . . . 13. »

Moll et Gayot. — **Encyclopédie pratique de l'agriculteur**, publiée sous la direction de MM. *Moll,* ancien professeur d'agriculture au Conservatoire des arts et métiers, et *Eug. Gayot,* ancien directeur de l'administration des Haras, avec la collaboration d'un grand nombre de savants. 13 vol. in-8° à 2 col., contenant de nombreuses grav. insérées dans le texte.   90. »

Olivier de Serres. — **Le Théâtre d'agriculture et mesnage des champs**, d'Olivier de Serres, seigneur du Pradel, dans lequel est représenté tout ce qui est requis et nécessaire pour bien dresser, gouverner, enrichir et embellir la maison rustique, édition conforme au texte original, augmentée de notes et d'un vocabulaire, publiée par la Société d'agriculture du département de la Seine. 2 forts vol. gr. in-4° ensemble de 1856 pages. . . . . 50. »

> *Tome I. — Du devoir du Mesnager, c'est à dire de bien cognoistre et choisir les Terres ; du Labourage des Terres à grains ; de la Culture de la Vigne ; du Bestail à quatre pieds, et des Pasturages.*
>
> *Tome II. — De la Conduicte du Poulailler, du Colombier, du Rucher et des Vers à Soye ; des Jardinages pour avoir des Herbes et Fruicts potagers, des Fleurs odorantes, des Herbes médicinales et des Fruits des Arbres ; de l'eau et du bois ; de l'usage des Aliments.*
>
> La Société centrale d'agriculture de Paris, en publiant cette nouvelle édition du *Théâtre d'agriculture* ne voulut pas que le style fût changé ; elle voulut, au contraire, qu'il conservât son originalité, son langage pur et naïf et qu'il fût publié tel qu'Olivier de Serres l'avait livré à l'impression dans les éditions corrigées par lui. Ce livre remarquable à tant de titres est resté l'un des chefs-d'œuvre de la littérature agricole.

Richard (du Cantal). — **Dictionnaire raisonné d'agriculture et d'économie du bétail**, définitions des termes techniques, économie rurale, animaux domestiques, art vétérinaire, etc., etc.; 2 vol. gr. in-8°, ensemble de 1462 pages. 15. »

—— **Vocabulaire agricole et horticole** à l'usage des élèves des collèges et des écoles primaires (*Bibl. des écoles primaires*). 2e éd. 1 vol. in-18 de 466 pages avec figures. . .   3.50

Schwerz. — **Préceptes d'agriculture pratique**, traduction par MM. de Schauenburg et J. Laverrière (1839-1847), ouvrage ayant obtenu la grande médaille d'or de la Société centrale d'agriculture de France. 4 vol. in-8º ensemble de 1442 pages. 19.50

Chaque volume se vend séparément aux prix suivants.

1re *Partie.* — Préceptes généraux, climat et sol, amendements, engrais animaux, végétaux et minéraux, litières et fumiers, valeurs comparatives et application des engrais. 1 vol. in-8º, 330 pages . . . . .   6. »

2º *Partie.* — Culture des plantes à grains farineux, céréales et plantes à cosses; froment, épeautre, seigle, orge, avoine, maïs et millet. — Pois, vesces, lentilles, fèves, haricots, sarrazin. — Assolements, labours, quantité de semence, récolte et son rendement, paille, son rapport avec le grain, ses propriétés comme fourrage. 1 vol. in-8º, 472 pages. . . . . . .   6. »

3º *Partie.* — Culture des plantes fourragères, trèfle, luzerne, esparcette; fourragères supplétives. — Navets, betteraves, choux-raves, carottes, pommes de terre, topinambours, choux, leur récolte, leur conservation et leurs différents emplois économiques dans l'alimentation des chevaux et du bétail. 1 vol. in-8º, 408 pages. . . . .   5. »

4º *Partie.* — Culture des plantes économiques, oléagineuses, textiles et tinctoriales, trad. par M. Laverrière. Lin, chanvre, colza, navette, pavot, tabac. — Gaude, pastel, garance, etc. 1 vol. in-8º 232 pages.   3.50

—— **Manuel de l'agriculteur commençant** (*Bibl. du Cult.*), traduit par Villeroy. In-18 de 332 pages. 1 25

—— **Assolements et culture des plantes de l'Alsace** (1839), ouvrage traduit par V. Rendu, couronné par la Société centrale d'agriculture. 1 vol. in-8º de 312 pages. . .   3. »

Theisserenc de Bort (Edmond). — **Petit Questionnaire agricole** à l'usage des écoles primaires des pays de pâturage (*Bibl. des écoles primaires*). In-18 de 192 pages et 15 grav.   1.25

Thoüin. — **Cours de culture** comprenant la grande et la petite culture des terres, celle des jardins, les semis et plantations, la taille, la greffe des arbres fruitiers, la conduite des arbres forestiers et d'ornement, un traité de la culture de la vigne et des considérations sur la naturalisation des végétaux (1845), publié par Oscar Leclerc. 3 vol. in-8º ensemble de 1618 pages et un atlas de 65 planches représentant les instruments d'agriculture et de jardinage, les greffes, taillis, boutures, les haies, clôtures, etc. . . . .   18. »

Vidalin (Félix). — **Agriculture du centre de la France :** Les agents naturels de la végétation; le sol et les engrais; les champs, les prés, les bois; le bétail; conseils d'hygiène. 2 vol. in-18 cart. de 300 pages avec fig. . . . .   3. »

II. — ÉCONOMIE RURALE. — SYSTÈMES DE CULTURE ET COMPTABILITÉ. — MÉLANGES D'AGRICULTURE.

(Voyages, annales, congrès, enquêtes. — Études agricoles appliquées à des régions particulières et monographies d'exploitations rurales.)

Maison rustique du XIXᵉ siècle, tome IV. (*voir page* 3).

Almanach du Cultivateur, publié chaque année au mois de septembre, et comprenant toutes les nouveautés agricoles. 192 pages in-32 et nomb. grav . . . . » . 50

Annales de l'Institut agronomique de Versailles.

1ʳᵉ Partie : Rapports sur l'administration, par Lecouteux; sur l'alimentation du bétail, par Baudement; sur les insectes du colza, par Focillon; etc., etc. In-4° de 272 p. et 3 pl. . 3. »

2ᵉ Partie : Recherches sur l'alucite des céréales, par Doyère. In-4° de 146 pages. . . . . 2. »

BORIE (Victor). — **Étude sur le crédit agricole et le crédit foncier** en France et à l'étranger. 1 v. in-8° de 304 p. 5. »

« J'ai voulu, dit l'auteur dans sa préface, utiliser au profit de l'agriculture, à laquelle j'ai consacré la meilleure partie de ma vie, l'expérience que j'ai pu acquérir en me trouvant mêlé pendant près de dix ans, aux grandes opérations financières de notre temps. » Tous ceux qui s'intéressent à la question depuis si longtemps à l'étude, du crédit agricole, liront avec profit l'ouvrage de M. Victor Borie.

CHAMBRELENT. — **Les Landes de Gascogne :** Assainissement; desséchement des marais, mise en culture; exploitation et débouchés des produits agricoles. In-8° de 116 p. et 2 pl. . . . . 4. »

DESBOIS. — **Le Barême agricole** pour l'évaluation des terres, des prés, des vignes et le prix de leur fermage, des récoltes en grains, vins, huiles, foin, paille, du rendement des grains en farine et en huile, etc. Broch. in-4° de 108 p. ou tableaux. . 2. »

DOMBASLE (de). — **Annales agricoles de Roville** (1829-1837), 8 vol. in-8° avec une table alphabétique et raisonnée des matières contenues dans les huit volumes, et un supplément.

Extrait de la table générale des matières : Administration d'un établissement agricole; inventaires; comptabilité. — Bail de Roville. — Améliorations foncières; défrichements, labours, irrigations, amendements, écobuage; façons du sol, hersages, binages, etc., systèmes de culture. — Chimie agricole et physiologie végétale; nutrition des plantes; engrais, fumiers. — Animaux de trait, attelages; bétail; bœufs et vaches, bêtes à laine, chevaux, porcs, etc.; engraissement. — Céréales, froment, seigle, orge, avoine, maïs; betteraves, carottes, navets, pommes de terre, fèves, gesses, trèfle, luzerne, sainfoin, ray-grass, chanvre, colza, houblon, vigne, tabac, forêts et plantations. — Bâtiments de la ferme et instruments aratoires.

Prix de l'ouvrage complet, 9 vol. cartonnés. . . . . . 45. »

DOMBASLE (de). — **Économie générale**, personnel, bâtiments, etc. (tome Ier du *Traité d'agriculture*, voir page 4). 1 vol. in-8° 410 pages. . . . . 5. »

—— **Économie politique et agricole**, études sur le commerce international dans ses rapports avec la richesse des peuples, et sur l'organisation du travail. In-18 de 196 pages. 1.50

—— **Écoles d'arts et métiers**. In-18 de 104 pages . . . . 1. »

DREUILLE (de). — **Du Métayage et des moyens de le remplacer**. 1 vol. in-18 de 104 pages. . . . . 1. »

DUBOST et PACOUT. — **Comptabilité de la ferme**; notions générales, inventaire, comptabilité-matières, comptabilité-espèces, compte moral, produit brut et bénéfices. (*Bibl. du Cultiv.*) 1 vol. in-18 de 124 pages ou tableaux. 1.25

—— **Registres pour la comptabilité de la ferme**, cinq registres in-folio pot avec instructions pratiques. . . . . 10. »

Livre d'inventaire. — Livre de magasin de la ferme. — Livre de magasin à l'usage de la fermière. — Livre de caisse de la ferme. — Livre de caisse de la fermière.

Chaque volume se vend séparément . . . . 2. »

DUBRIEUX. — **Monographie du paysan du Gers**; sol, industrie, population, mœurs, caractères, statistique, histoire de la famille, aliments, hygiène, habitation, moyens d'existence, étude sur le régime des successions. 1 vol. in-18 de 260 pages. 3.50

F.*** P.***. — **Des Réunions territoriales**, étude sur le morcellement en Lorraine. In-8° de 48 pages. . . . . ».75

FONTENAY (L. de). — **Voyage agricole en Russie**. 1 vol. in-18 de 570 pages. 3.50

FRANÇOIS. — **Manuel de l'expert des dommages causés par la grêle**; effets de la grêle sur les différentes natures de récoltes; maladies et insectes dont les dégâts ne doivent pas être confondus avec ceux de la grêle; des expertises. (*Bibl. du Cultiv.*). 1 vol. in-18 de 108 pages. 1.25

GASPARIN (Comte de). — **Cours d'agriculture, tome V** : assolements, systèmes de cultures, organisation et administration de l'entreprise agricole, etc. (voir page 4).

—— **Fermage**, guide des propriétaires des biens affermés; estimation, baux, etc. (*Bibl. du Cultiv.*) In-18 de 216 pages . . 1.25

—— **Métayage**, contrats, effets, améliorations, culture des métairies (*Bibl. du Cultiv.*). In-18 de 164 pages 1.25

IMBART-LATOUR. — **De la Crise agricole** relative à la vente et à la consommation du bétail en France, notamment en ce qui concerne le Nivernais. Br. in-8° de 62 pages 1.50

LAVERGNE (Léonce de). — **Économie rurale de la France depuis 1789.** 4e édition, 1 vol. in-18 de 490 pages. 3.50

—— **Essai sur l'économie rurale de l'Angleterre, de l'Écosse et de l'Irlande.** 5e éd. 1 vol. in-8° de 474 pages. . . .   8.50

—— **L'Agriculture et la Population.** 1 vol. in-18 de 472 pages.   3.50

LAVERGNE (Bernard). — **Agriculture des terrains pauvres :** assainissement des terrains humides ; prairies naturelles et artificielles ; reboisements ; vigne ; économie agricole, engrais, bestiaux, comptabilité ; 2e édit. 1 vol. in-18 de 302 pages.   3.»

LE CONTE. — **L'Agriculture dans ses rapports avec le pain et la viande,** écarts entre les cours du blé et des animaux et ceux du pain et de la viande, leurs causes, remèdes à apporter. Broch. in-8° de 132 pages.. . . . . . .   2. »

LÉCOUTEUX (Ed.). — **Cours d'économie rurale,** professé à l'Institut national agronomique. 2e éd. 2 vol. in-18, 984 p.   7. »

> Tome Ier. *Les milieux économiques :* Les richesses sociales et leur valeur ; les agents directs de la production, la population, la propriété, la terre, le capital ; l'État et ses institutions ; les débouchés et le régime commercial ; l'œuvre économique du dix-neuvième siècle.
> Tome II. *Les entreprises agricoles et les systèmes de culture :* l'entrepreneur et ses moyens d'action, le domaine, le capital d'exploitation, le travail, les engrais ; les produits agricoles ; les systèmes de culture ; administration et comptabilité agricoles.

—— **Principes de la culture améliorante.** 1 vol. in-18 de 412 pages. 3. 50

> Principes généraux de la culture améliorante. — Culture de temporisation ; culture intensive. — Défoncements, défrichements, irrigations, dessèchements et drainage. — Labours, emblavures, récoltes. — Prairies et pâturages. — Amendements, fumiers de ferme et engrais chimiques. — Assolements et rotations.

LEFOUR. — **Comptabilité et géométrie agricoles** (*Bibl. du Cultiv.*). In-18 de 214 pages et 104 grav. 1.25

LULLIN DE CHATEAUVIEUX. — **Voyages agronomiques en France.** 2 vol. in-8°, ensemble de 1,032 pages. . . . .   12. »

MALÉZIEUX. — **Études agricoles sur la Grande-Bretagne,** climat, plantes, opérations agricoles. — Cheval, bœuf, mouton, porc, volaille. 1 vol. in-8°, 642 pages et 14 pl.   7.50

MÉHEUST. — **Économie rurale de la Bretagne.** In-18 de 220 p.   2.50

NICOLLE. — **Des Assolements et des systèmes de culture :** De la fertilité et des exigences de certaines récoltes ; des assolements qui conviennent aux différents sols et climats ; choix de l'assolement. 1 vol. in-8° de 140 pages. . . .   2. »

NOAILLES, DUC D'AYEN (J. de). — **L'Agriculture et l'industrie devant la législation douanière** (1881). Broch. in-8° de 80 pages 1.50

PICHAT. — **Pratique des semailles à la volée,** 1 vol. in-8° 110 pages et 16 fig. . . . .   2. »

PICHAT et CASANOVA. — **Examen de la question agricole en Dombes.** In-8° de 72 pages avec tableaux. 1.50

POIRSON (Ch.). — **De la production de la viande** et de ses conséquences dans l'économie rurale. In-8° de 96 pages . . . . 1. »

RIEFFEL. — **Manuel du propriétaire de métairies**, principalement dans l'ouest de la France. Considérations générales, conventions, comptabilité, capitaux, bestiaux, assolements. — Pratique du métayage, avec indication, mois par mois, des travaux à exécuter. 1 vol. in-18 de 300 pages 3.50

RIONDET. — **Agriculture de la France méridionale**, ce qu'elle a été, ce qu'elle est, et pourrait être. In-18 de 384 p.   3.50

SAINTOIN-LEROY. — **Cours complet de comptabilité agricole.**

1° *Manuel de comptabilité agricole pratique*, en partie simple et en partie double, troisième édition, avec modèle des écritures d'une exploitation rurale pour une année entière. 1 vol. gr. in-8° de 192 p. et tableaux.   3. »

2° *Comptabilité simplifiée, agricole et commerciale*, mise à la portée de la moyenne et de la petite culture. 1 vol. gr. in-8° de 96 pages et tableaux.   2. »

Registres pour la tenue de la comptabilité.

Registre-Mémorial de l'agriculteur (comptabilité-matières), réunion de tous les tableaux nécessaires à la constatation de tous les faits d'une exploitation rurale. 1 vol. gr. in-4° oblong . . . . . 3. »

Livre de caisse (comptabilité-espèces), registre en tableaux. Gr. in-4° obl.   2.50

Journal, registre en blanc réglé. 1 vol. gr. in-4° oblong 2.50

Grand-Livre, registre en blanc réglé et folioté. 1 vol. gr. in-4° oblong.   3. »

Registre unique du cultivateur pour l'application, dans les écoles, de la comptabilité simplifiée. 1 vol. petit in-4° oblong, de 25 pages . .   ».60

TOURDONNET (Cte de). — **Traité pratique du métayage.** Partage des fruits, apports mutuels, charges domaniales, comptabilité et baux ; améliorations domaniales ; développement du métayage. 1 vol. in-18 de 372 pages. 3.50

TROGUINDY (Cte de). — **Mémoire sur le domaine du Brohet-Beffou**, plans, climat, cultures, matériel, bétail, comptabilité, etc. 1 vol. in-4° de 150 pages avec plans. . . .   4. »

TURŎT (Paul). — **L'Enquête agricole de 1866-1870 résumée**, ouvrage honoré d'une médaille d'or par la société nationale d'agriculture. 1 vol. grand in-8° de 520 pages.   8. »

WAGNER (J. Ph.). — **Mathématiques et Comptabilité agricoles.** 2e édition. 1 vol. in-8° de 740 pages et 568 fig.   15. »

Arithmétique élémentaire appliquée à l'agriculture et à la vie usuelle. — Arithmétique agricole ; renseignements et problèmes divers relatifs à la culture du sol, aux engrais, semailles et plantations, à l'alimentation et à l'élevage du bétail, à l'économie rurale. — Cours théorique et pratique de comptabilité agricole. — Géométrie pratique appliquée au calcul des surfaces, à l'arpentage, au nivellement, au levé des plans, au cubage, jaugeage, etc. — Éléments de mécanique et d'hydraulique agricoles, irrigations et drainage.

La 1re partie de cet ouvrage : **Arithmétique élémentaire appliquée à l'agriculture**, spécialement destinée aux écoles rurales, se vend séparément. 1 vol. in-8° de 202 pages et 33 fig. .   1.25

III. — CHIMIE ET PHYSIOLOGIE AGRICOLES.
SOLS, ENGRAIS ET AMENDEMENTS.
PHYSIQUE, MÉTÉOROLOGIE.

Maison rustique du XIX° siècle, tome I (*voir page* 3).

BORTIER. — **Coquilles animalisées**, leur emploi. In-8° de 8 pag.　　D.50

DEHÉRAIN (P.-P.). — **Traité de chimie agricole.** *Du développement des végétaux* : de la germination ; assimilation du carbone, de l'azote ; composition minérale des végétaux ; nutrition minérale des plantes ; du mouvement de l'eau dans la plante ; accroissement et maturation, etc. — *La terre arable* : formation, propriétés physiques, analyse chimique, constitution chimique, stérilités des terres arables. — *Amendements et Engrais* ; amendements calcaires, marnes, chaux, etc., engrais : végétaux, d'origine animale ; fumier de ferme, gadoues ; phosphates ; engrais de potasses ; prix et valeur des engrais. 1 vol. in-8° de 916 pages et 54 grav. . . . .　16.»

DOMBASLE (de). — **Améliorations du sol, engrais et amendements.** (Tome II du *Traité d'agriculture*, voir page 4.)

FOUQUET (G.). — **Entretiens sur l'agriculture**, labours, fumier, épuisement du sol par les plantes et le bétail, production fourragère, etc. 1 vol. in-18 de 162 pages. . . . . .　1.50

GAIN. — **Manuel juridique de l'acheteur et du marchand d'engrais et d'amendements.** 1 vol. in-12 de 372 p. . 3.50
　Commentaires des lois et règlements concernant la répression de la fraude dans le commerce des engrais ; produits ou engrais protégés par la loi ; contrats donnant lieu à l'action pénale ; fraudes prévues et punies ; pénalité, compétence, prescription, échantillonnage, etc.

GASPARIN (comte de). — **Cours d'agriculture, tomes I, II, et IV** : terrains agricoles, engrais et amendements, météorologie, nutrition des plantes, etc. (voir page 4).

GAUCHERON. — **Mes Veillées au village**, entretiens d'un Beauceron sur l'agriculture et la chimie agricole, les amendements et les engrais. 1 vol. in-18 de 244 pages. . . . . . .　2. D

GRANDEAU (Louis). — **Chimie et physiologie appliquées à la sylviculture** (Annales de la station agronomique de l'Est, travaux de 1868 à 1878). 1 vol. grand in-8° de 414 pag. . 9. D

—— **La Nutrition de la plante** : les doctrines agricoles, l'atmosphère et la plante (tome I°° du *Cours d'agriculture de l'École forestière*), un beau vol. grand in-8° de 624 pages, 39 figures et une planche, cartonné à l'anglaise. . . .　12. D

JOULIE. — **Guide pour l'achat et l'emploi des engrais chimiques.**
　(6°° *édition, épuisée.* — *La septième est en préparation.*)

LEFOUR. — **Sol et Engrais** (*Bibl. du Cult.*). In-18 de 176 pages et 54 grav. . . . .　1.25

LÉVY. — **Amélioration du fumier de ferme** (*Bibl. du Cult.*) par l'association des engrais chimiques et la création de nitrières artificielles. In-18 de 152 pages . . . .　1.25

MARCHAND (Eug.). — **Le Blé à Rothamsted**, résumé des expériences de MM. Lawes et Gilbert, et discussion des résultats. Br. gr. in-8° de 48 pages en tableaux. . . . . . .　2.50

Marchand (Eug.) — **Le Blé, l'Avoine et l'Orge à Rothamsted**, résumé des expériences de MM. Lawes et Gilbert et discussion des résultats, 2e partie : origine, utilisation et déperdition de l'azote. Br. in-8° de 48 pages ou tableaux. . .   2.50

Marguerite-Delacharlonny. — **Le Fer dans la végétation.** Expériences du docteur Griffiths ; amélioration des plantes par le fer ; doses nécessaires. Br. in-18 de 80 pages . . . . . .   1. »

—— **Le Sulfate de fer** en horticulture, son emploi comme engrais, pour la destruction des mousses et contre la chlorose ; doses à employer. Br. in-18 de 80 pages. . . . . . .   1. »

Marié-Davy. — **Météorologie et physique agricoles.** 1 vol. in-18 de 400 pages et 53 grav. 3.50

L'atmosphère, sa composition, ses propriétés ; températures de l'air, du sol, des végétaux. — Vents et tempêtes ; eau atmosphérique, orages, pluies. — Physique agricole, action des vents, de la chaleur, de la lumière et de l'eau sur la végétation ; régime des eaux courantes ; limites des cultures ; régions agricoles ; pronostics du temps.

Masure. — **Leçons élémentaires d'agriculture,** à l'usage des agriculteurs praticiens.

Première partie : les plantes de grande culture, leur organisation et leur alimentation. (*Épuisée.*)

Deuxième partie : Vie aérienne et vie souterraine des plantes de grande culture. 1 vol. in-18 de 477 pages et 20 grav.   3.50

Mauroy (de). — **Utilité, composition, emploi des engrais chimiques** (*Bibl. du Cultiv.*) ; leur application aux prairies naturelles et artificielles, aux céréales et aux plantes racines. 2e édition, 1 vol. in-18 de 140 pages. 1.25

Muller (Dr P.-E.). **Recherches sur les formes naturelles de l'Humus et leur influence sur la végétation et le sol,** traduit de l'allemand, par Henry Grandeau. 1 vol. in-8° de 252 pages et 7 tableaux. . . . . .   10. »

Mussa (Louis). — **Pratique des engrais chimiques,** suivant le système Georges Ville (*Bibl. du Cult.*). In-18 de 144 pages.   1.25

Petermann. — **La Composition moyenne des principales plantes cultivées.** Tableau colorié . . . . . .   3. »

Pierre (Isidore). — **Chimie agricole** ou l'agriculture considérée dans ses rapports principaux avec la chimie. 2 vol. in-18 ensemble de 778 pages et 25 figures. . . . .   7. »

Chaque volume se vend séparément.

Tome Ier. — *L'atmosphère, l'edu, le sol et les plantes :* L'air, sa constitution, ses altérations, etc. ; l'eau atmosphérique ; composition chimique des plantes, cendres ; composition chimique et analyse des sols, irrigations et amendements ; théorie, chimique des assolements. .   3. 50

Tome II. — *Les engrais :* Considérations générales ; engrais organiques d'origine végétale, engrais verts, pailles, etc. ; engrais d'origine animale, urines, déjections, excréments ; engrais mixtes, litières et fumiers ; engrais d'animaux divers ; composts, boues, etc. ; engrais minéraux ou salins, sels ammoniacaux, nitrates, phosphates, etc. . . .   3. 50

Risler. — **Géologie agricole,** 2 vol. gr. in-8°, et une carte géologique 17.50

Les 2 vol. et la carte se vendent séparément.

TOME Ier. — Utilité de la géologie pour l'étude des terres arables. — Terres formées par la décomposition des roches : granite, gneiss, etc. — Terres formées par la décomposition des roches volcaniques : trachytes, basaltes, laves, etc. — Terrains de transition. — Terrains houillers, permiens, pénéens. — Le trias. — Terrains jurassiques. I vol. av. in-8° de 400 pages 7.50

TOME II. — Terrains infracrétacés des montagnes du Jura, du sud et du nord de la France, de l'Angleterre, etc. — Terrains crétacés de la France, de l'Angleterre, de la Belgique et de l'Allemagne. — Terrains tertiaires. 1 vol. gr. in-8° de 24 pages et 11 planches. . .   7.50

CARTE GÉOLOGIQUE et statistique des gisements de phosphate de chaux exploités en France. 2.50

RISLER. — Météorologie agricole, observations faites à Calèves (Suisse) de 1867 à 1876. Br. gr. in-8° de 22 pages et 3 fig.   1. »

—— **Recherches sur l'évaporation du sol et des plantes.** Br. in-8° de 72 pages et 3 fig. . . . .   1. »

BONNA (A.). — Chimie appliquée à l'agriculture, travaux et expériences du Dr A. Woelcker; sols, plantes, engrais, recherches culturales; expériences d'alimentation du bétail; etc. 2 vol. gr. in-8°, ensemble de 1008 pages. .   16. »

—— **Eaux d'égout de la ville de Reims**, irrigation ou épuration chimique. Broch. grand in-8° de 76 pages ou tableaux.   2. »

SACC. — Chimie du sol (*Bibl. du Cult.*). In-18 de 148 pages. . .   1.25

—— **Chimie des végétaux** (*Bibl. du Cult.*). In-18 de 220 pages.   1.25

—— **Chimie des animaux** (*Bibl. du Cult.*). In-18 de 154 pages.   1.25

STOCKHARDT. — Chimie usuelle, appliquée à l'agriculture et aux arts, traduite par Brustlein. In-18 de 524 p. et 225 gr.   4.50

Chimie inorganique. — Réactions chimiques; l'eau et la chaleur. —Métalloïdes : oxygène, hydrogène, azote, carbone, soufre, phosphore, chlore, etc. — Acides : azotique, carbonique, sulfurique, phosphorique, etc. — Métaux : potassium, sodium, calcium, etc.; fer et ses combinaisons, zinc, étain, plomb, cuivre, etc., etc. — *Chimie organique.* — Matières végétales : cellulose, amidon et fécule, sucres, alcools, éthers; huiles, beurres, savons; matières colorantes, etc. — Matières animales : œufs (albumine), lait (beurre, caséine), sang (fibrine), chair musculaire, peau, os (phosphate de chaux), urines, etc.

VILLE (Georges). — Les Engrais chimiques. Entretiens agricoles donnés au champ d'expériences de Vincennes.

Tome Ier. — *Les engrais chimiques : Les principes et la théorie.* In-18 de 408 pages et 2 planches. 3.50

Tome II. — *Les engrais chimiques : Les cultures spéciales.* In-18 de 408 pages et 2 planches. 3.50

Tome III. — *Les engrais chimiques, le fumier et le bétail : La pratique fécondée par la théorie.* In-18 de 420 pages et 2 planches. . .   3.50

—— **Les Engrais chimiques.** Conférences données à Bruxelles; la betterave; la doctrine des engrais chimiques; l'analyse de la terre par les végétaux. 2e édition. 1 vol. in-18 de 172 pages.   2. »

—— **La Production végétale et les engrais chimiques.** Conférences agricoles faites au champ d'expériences de Vincennes, 3e édition. 1 vol. gr. in-8° de 478 pages, 9 figures et 3 planches. . . . .   8. »

V.LIE (Georges). — Le Propriétaire devant sa ferme délaissée. Conférences données à Bruxelles, 4e édit. : la production agricole, les engrais, l'aménagement des forces et leur résultat, la sidération. 1 vol. in-18 de 226 pages . . . . . 2. »

—— L'École des Engrais chimiques, premières notions de l'emploi des agents de fertilité. In-12 de 148 pages et 1 planche . . . . 1. »

IV. — CULTURES SPÉCIALES.

(Céréales, plantes fourragères, vigne, etc., etc.; maladies des plantes, insectes nuisibles.)

Maison rustique du XIXe siècle, tomes I et II (*voir page 3*).

BOBIT. — Viticulture de l'Anjou. 1 vol. in-18 de 140 pages. 1.50

COLLIGNON D'ANCY. — Mode de culture et d'échalassement de la vigne (1847). In-8º de 200 p. et 3 planches . . . . 3. »

COURTIN. — Utilisation et effets de l'eau sur les prés; utilité de l'irrigation, systèmes divers, ensemencement et entretien du pré, engrais. Br. in-8º, 78 pages et 16 fig. . . . 2. »

DAUBEL (Joseph). — Éléments de viticulture avec description des cépages les plus répandus ; greffons et greffage, producteurs directs américains, plantation, taille, engrais et amendements ; maladies et traitements, description des cépages : vignes européennes, vignes américaines et hybrides. 2e édition. 1 vol. in-8º de 154 pages. 2.50

—— Quelques Mots sur les vignes américaines, leur greffage, les producteurs directs dans la région du Sud-Ouest, les maladies cryptogamiques et leur traitement. 5e édition. 1 vol. in-18 de 136 pages. 1.50

DÉJERNON. — Les Vignes et les vins de l'Algérie.
    Tome Ier — L'Algérie agricole et viticole ; compte d'un hectare algérien complanté en vignes. — Physiologie de la vigne ; climats, terrains, situation, exposition, engrais et amendements ; moyens de reproduction de la vigne ; monographie de dix-sept cépages et leur façon de se conduire en Algérie. 1 vol. in-8º de 320 pages . . . . 5. »
    Tome II (*épuisé*).

DOMBASLE (de). — Pratique agricole, culture des plantes, récolte et conservation des produits, etc. (tome III du *Traité d'agriculture*, voir page 4), 1 vol. in-8º de 400 pages. . . . 5. »

DOYÈRE. — Recherches sur l'alucite des céréales ; histoire naturelle de l'alucite, origine, nature et étendue de ses ravages, moyens de destruction (2e livraison des *Annales de l'Institut agronomique de Versailles*). In-4º de 146 pages. . 2. »

GASPARIN (cte de). — Cours d'agriculture, tomes III et IV : cultures spéciales, céréales, plantes légumineuses, plantes-racines, tinctoriales, textiles, fourragères, etc. (voir page 3).

GRAFTIAU (Firmin). — Note sur la production de la graine
de betterave à sucre. 2ᵉ éd. brochure in-18 de 48 p.   1.»

GUYOT (Jules). — **Culture de la vigne et vinification**. 2ᵉ éd.
1 vol. in-18 de 426 pages et 30 grav. (*Voir page 24*) . .   3. 50

—— **Viticulture de la Charente-Inférieure**. 1 vol. in-4°
de 60 pages 2.50

—— **Viticulture de l'est de la France**. 1 vol. in-4° de 204
pages et 46 grav. 3.50

HEUZÉ (Gustave). — **Plantes fourragères**, 2 vol. in-18.

> Tome Iᵉʳ. — *Les plantes à racines et à tubercules, et les plantes cul-
> tivées pour leurs feuilles* : betteraves, carottes, panais, raves, na-
> vets, rutabagas, pommes de terre, topinambours, choux à vaches,
> 5ᵉ édit. 1 vol. in-18 de 324 pag. et 89 fig. 3.50
>
> Tome II. — *Les Prairies artificielles* : luzerne, sainfoin, raygrass,
> trèfle, lupuline, vesce, gesse, jarosse, serradelle, moha de Hongrie,
> sorgho, maïs, etc., etc. ; fourrages mélangés, feuilles d'arbres, plantes
> diverses proposées et non encore acceptées ; météorisation ; calendrier
> aide-mémoire. 5ᵉ édition. 1 vol. in-18 de 398 pages et 53 figures. . .   3.50

—— **Les Pâturages, les prairies naturelles et les herbages.** 1 vol. in-18 de 372 pag. et 47 fig. 3.50

> Pâturages permanents et temporaires, consommation des pâturages.
> Classification des prairies naturelles, influence du climat et du ter-
> rain, flore des prairies, création, entretien et irrigation des prairies,
> fenaison, valeur alimentaire des produits, rendement et défriche-
> ment des prairies. Création des herbages, clôtures et abreuvoirs, soins
> d'entretien. Usages locaux relatifs à la location des herbages.

—— **La Pratique de l'agriculture**, 2 vol. in-18.

> Tome Iᵉʳ. — Les agents de la production, agents atmosphériques,
> sol et sous-sol ; les opérations culturales, labours, hersages, roulages,
> ploutrage, défrichements ; les applications des engrais ; les semailles.
> 1 vol. in-18 de 340 pages et 141 fig. 3. 50
> Tome II. — Cultures d'entretien, fenaison, moisson, nettoyage et
> conservation des produits, organisation et direction du domaine. .   3. 50

—— **Culture du pavot**; variétés, engrais, semailles, cultures
d'entretien, récolte et emploi ; nature et propriété du tourteau. In-18 de 44 pages et 12 fig. D.75

HOOIBRENK. — **Fécondation artificielle des céréales.**
Broch. in-8° de 24 pages. D.50

JOULIE. — **La Production fourragère** par les engrais ; prairies
et herbages : classification usuelle et composition chimique
des fourrages ; flore des prairies et des herbages, exigences
de la production du foin, valeur alimentaire du foin ; composition des terres de prairies, eaux météoriques et d'irrigation ;
formation, entretien, régénération, défrichement des prairies
et herbages. 1 vol. in-8° de 320 pages ou tableaux. 3.50

JULLIEN. — **Topographie en 1866 de tous les vignobles
français et étrangers** : position géographique, genre et
qualité des produits de chaque cru ; lieux où se font les char-
gements et le principal commerce des vins ; nom et capacité
des tonneaux et des mesures en usage, moyens de transport
ordinairement employés, tarifs des douanes de France et des
pays étrangers. Ouvrage couronné par l'Institut. 1 vol. in-8°
de 580 pages. 7.50

KANDLER. — **Culture du coton** en Algérie. Br. in-18, 24 p.   0.50

LA LAURENCIE (c⁺ᵉ de). — **Pratique de plantation et greffage des vignes américaines** (*Bibl. du Cult.*) Ouvrage orné de 26 figures dessinées par l'auteur, in-18 de 180 pages et 31 gravures 1.25

LECOUTEUX. — **Le Blé**, sa culture intensive et extensive, commerce, prix de revient, tarifs et législation des céréales. 1 vol. in-18 de 422 pages et 60 figures 3.50

—— **Le Maïs, et les autres fourrages verts, culture et ensilage**; les fourrages verts et l'alimentation du bétail, théorie, pratique, conséquences agricoles et économiques de l'ensilage. 1 vol. in-18 de 320 pages et 15 figures. 3.50

LENOIR (B. A.). — **Traité de la culture de la vigne, et de la vinification.** Préceptes généraux de culture, théorie de la fermentation, et application à la fabrication des vins rouges et blancs, des vins de liqueur naturels, artificiels, des vins mousseux; soins à donner aux vins, etc. 1 vol. in-8° de 618 pages et 8 planches. 7.50

MARTIN (Léon). — **Reconstitution des vignobles** par les riparias géants glabres, et les jacquez fructifères : semis, bouturage, greffage, engrais, insecticides. Br. in-8° de 68 pages.   1.50

MOUILLEFERT. — **Les Vignobles et les vins de France et de l'étranger**, territoire, climat et cépages des pays vignobles avec la description, culture et vinification des principaux crus. 1 vol. in-8° de de 560 pages avec 7 cartes coloriées (répartition des vignes dans le monde, régions viticoles de France, cartes des vignobles de la Gironde, des Charentes, du Beaujolais et du Mâconnais, de la Bourgogne, de la Champagne) et 117 fig. . . . .   10. »

La viticulture en France : le midi, le Bordelais, les Charentes, la Bourgogne, la Champagne, et autres régions de France. — Classification des vins de France. — Vignobles et vins étrangers : Espagne, Baléares, Canaries, Portugal, Madère, Açores ; Italie, Suisse, Alsace-Lorraine, Allemagne, Autriche, Hongrie, Serbie et Roumanie, Russie, Grèce, Turquie d'Europe, Bulgarie, Crète, Turquie d'Asie, pays d'Orient, cap de Bonne-Espérance, Australie, Nouvelle-Zélande, Amérique. Classification des vins étrangers.

—— **La Truffe** : histoire naturelle, production, récolte, qualités et emplois. Brochure in-18 de 88 pages et 18 fig. . . . .   1. »

MUHLBERG ET KRAFT. — **Le Puceron lanigère** : sa nature, les moyens de le découvrir et de le combattre. 1 brochure in-8° de 64 pages avec une planche coloriée, représentant dans tous leurs détails l'insecte et ses ravages. . . . .   2. »

NANOT. — **Culture du pommier à cidre, fabrication du cidre, et modes divers d'utilisation des pommes et des marcs** : généralités ; culture dans la pépinière, semis, repiquages, etc. ; culture en plein champ, plantation, soins, maladies ; récolte des pommes. — Fabrication du cidre, de l'eau-de-vie et du vinaigre ; cidres mousseux ; maladies du cidre. — Conservation des pommes ; marmelade, gelée, etc. 1 vol. in-18 de 324 pages et 50 figures 3.50

ODABT (Comte). — **Ampélographie universelle** ou Traité des cépages les plus estimés dans tous les vignobles de quelque renom ; considérations préliminaires sur le choix des cépages, la variation des espèces, les systèmes de classification ; plan et division de l'ouvrage ; étude des diverses régions. 6ᵉ éd. 1 vol. in-8° de 650 pages. 7.50

PAILLIEUX (A.). — **Le Soya,** sa composition chimique, ses variétés, sa culture, ses usages. 1 vol. grand in-8° de 128 p.   2.50

PATRIGEON (Dʳ G.). — **Le Mildiou,** son histoire naturelle, son traitement, suivi d'une description comparative de l'**érinose de la vigne** : caractères extérieurs, développement, effets du mildiou ; traitements, bouillie bordelaise, solution simple de sulfate et d'acétate de cuivre, ammoniure de cuivre ; examen comparatif, description, avantages des principaux pulvérisateurs ; l'Érinose, caractères, effets et traitements. 1 vol. in-18 de 216 pages avec 38 fig. et 4 planches coloriées.   3.50

—— **Un Nouveau Parasite** de la vigne, le *lopus albomarginatus* : Description et mœurs du lopus à ses différentes phases, dégâts. 1 brochure in-18 de 92 pages et 12 fig. . . . . . .   1. »

PRUDHOMME PÈRE. — **Guide pratique pour la reconstitution des vignes phylloxérées** : Sulfurage des vignes ; engrais pour les vignes, cépages étrangers. Br. in-18, 28 p. .   1. »

ROBERT (G.), — **Résumé sur les campagnols et les mulots,** ravages, caractères zoologiques ; caractères distinctifs ; mœurs comparées ; Moyens de destruction ; action administrative. 1 Br. in-8°, 56 pages 8 fig. . . . . , . . .   1. »

ROYER. — **La Ramie,** utilisation industrielle, culture et récolte, prix de revient. Broch. in-18 de 80 pages. . . . . . .   1. »

SCHAUENBURG. — **Culture du houblon** en France (1836). Broch. in-8° de 84 pages et 4 pages. . . . .   2. »

SOL (Paul). — **Étude pratique sur l'Anthracnose,** instructions sur les procédés suivis pour la guérison du charbon de la vigne. Broch. in-8° de 16 pages . . . .   ».60

STEBLER ET SCHRŒTER. — **Les Meilleures Plantes fourragères,** figurées en planches coloriées et décrites d'après les rubriques suivantes :

Dénomination, historique, valeur agricole, description botanique, variétés, habitat, exigences relatives au climat et au sol, engrais, végétation, récolte, mode d'exploitation et rendement, qualités, impuretés et falsifications des semences ; semis ; maladies.

Ce remarquable ouvrage, publié au nom du département fédéral suisse de l'agriculture, renferme l'étude approfondie des trente meilleures plantes fourragères. Chaque plante est en outre figurée en une planche coloriée, d'une exécution très soignée, représentant le port de la plante et sa description botanique complète.

2 beaux vol. grand in-4°, ensemble de 200 pages, avec 30 planches coloriées et de nombreuses figures noires . . . . .   12. »

VERMOREL, BARBUT, ETC., ETC. — **Agenda viticole et agricole,** publié chaque année, destiné à inscrire les notes journalières, avec un Recueil des renseignements les plus utiles. Carnet de poche, cartonné toile, tranches rouges, de 300 pages.   2.50

VIAL. — **Culture de la vigne en chaintres**, plantation, labours, fumure, taille, ébourgeonnement, conduite; transformation en chaintres des vieilles vignes, rendement, frais de culture (*nouvelle édition en préparation*). 2.50

VILLE (Georges). — **La Betterave et la Législation des sucres** (1868). Grand in-8° de 48 pages et 2 planches 1.25

V. — ANIMAUX DOMESTIQUES.

(Économie du bétail, races, élevage, maladies, etc.)

Maison rustique du XIXᵉ siècle, tome II (*voir page 2*).

AUJOLLET. — **La Vache et ses produits**, veau, viande, lait, fumier, travail (*Bibl. du cultiv.*). 1 vol. in-18 de 252 pages et 20 fig. 1.25

BARDONNET DES MARTELS. — **Traité des maniements** ou de l'appréciation des animaux domestiques, des épreuves, et des moyens de contention et de gouverne qu'on emploie sur les espèces chevaline, bovine, ovine et porcine, suivi de la coupe des animaux de boucherie en France et en Angleterre. 1 vol. in-18 de 463 pages et 67 fig. 4.50

BÉNION. — **Traité des maladies du cheval**, notions usuelles de pharmacie et de médecine vétérinaires; description et traitement des maladies. 1 vol. in-18 de 340 pages et 25 grav. . 3.50

BERNARDIN (Léon). — **La Bergerie de Rambouillet et les mérinos.** 1 vol. in-8° de 140 pages . . . . 3. »

BONNEVAL (cᵗᵉ de). — **Les Haras français**, de 1806 à 1833, production, amélioration, élevage. 1 vol. in-8° de 308 pages . 5. »

BORIE (Victor). — **Les Animaux de la ferme, espèce bovine**; races françaises : flamande, normande, bretonne, parthenaise, charollaise, limousine, comtoise, garonnaise, etc.; races étrangères : Durham, Hereford, Angus, Schwitz, Fribourg, Hollandaise, etc. 1 très beau vol., grand in-4°, imprimé avec luxe, de 336 pages avec 65 gravures dans le texte et 46 planches coloriées d'après les aquarelles d'Ol. de Penne, représentant tous les types de la race bovine. Cartonné . . 85 »

Richement relié, 100 fr.

DAMPIERRE (de). — **Races bovines** (*Bibl. du Cult.*). 2ᵉ éd. In-18 de 192 pages et 28 grav. 1.25

DOMBASLE (de). — **Le Bétail** (tome IV du *Traité d'agriculture*, voir page 4). 1 vol. in-8° de 436 pages . . . . 5. »

GAYOT. — **Les Chevaux de trait français** : Origines et familles; trait léger et gros trait; l'étalon et la jument; le boulonnais, le percheron, le breton, l'ardennais, le franc-comtois, le poitevin mulassier; élevage, alimentation, travail. 1 vol. in-18 de 360 pages et 2 fig. 3.50

LÉOUZON. — **Manuel de la porcherie** (*Bibl. du Cult.*). In-18 de
168 pages et 38 grav. 1.25

—— **La Race Durham laitière.** In-8° de 68 pages et 1 grav.   1.50

LE PELLETIER. — **Manuel des vices rédhibitoires des animaux domestiques**, commentaire théorique et pratique
de la loi du 2 août 1884, avec un *formulaire complet de tous
actes et formalités*, comprenant en outre les règles à suivre.
2° édition. 1 vol. in-18 de 356 pages. 3.50

LEROY. — **Aviculture** : outillage spécial ; éclosion ; animaux nuisibles ; reproduction en volière, hygiène des volières ; repeuplement des chasses ; faisans, perdrix, cailles, etc., etc. 1 vol.
in-18 de 422 pages et 51 fig. . . . .   3. »

—— **La Poule pratique,** par un praticien : races de parquet, races
de ferme ; hygiène et nourriture des poules ; exploitation
de la volaille, couveuses naturelles et artificielles, incubation,
éclosion, élevage. 1 vol. in-18 de 320 pages et 57 fig. . . . .   3. »

MAGNE. — **Choix des vaches laitières** (*Bibl. du Cult.*). In-18
de 144 pages et 39 grav. 1 25

MALÉZIEUX. — **Manuel de la fille de basse-cour,** contenant
des instructions pour élever, nourrir, engraisser et soigner
tous les animaux de la basse-cour, poules, dindons, pintades,
oies, canards, pigeons, lapins, vaches et cochons. 1 vol.
in-18 de 332 pages, avec 39 fig. . . . .   3. »

MILLET-ROBINET (Mme). — **Basse-cour, Pigeons et Lapins**
(*Bibl. du Cult.*). In-18 de 180 pages et 26 grav. 1.25

PELLETAN. — **Pigeons, Dindons, Oies et Canards** (*Bibl. du
Cult.*). 1 vol. in-18 de 180 pages et 20 grav. 1.25

RICHARD (du Cantal). — **Étude du cheval de service et de
guerre** ; d'après les principes élémentaires des sciences naturelles appliquées à l'agriculture, 6° éd. In-18 de 590 pages.   5.50

—— **La Production du cheval de guerre** : rapport fait le 23
mars 1849 à l'Assemblée nationale Constituante, au nom de
ses comités de l'Agriculture et de la Guerre, réunis pour étudier la production du cheval au point de vue des besoins de
l'armée. 1 vol. in-18 de 200 pages. . . . .   2. »

ROCHE (Ed.). — **Les Martyrs du travail, le cheval, l'âne,
le mulet et le bœuf,** notions de médecine vétérinaire ;
protection et conservation ; conseils au charretier et à l'agriculteur. — Maladies du mouton, de la chèvre, du lapin, du
chien, du chat, et des oiseaux. — Étude générale des amis
et ennemis de l'homme, quadrupèdes, mammifères, oiseaux,
etc. 1 vol. in-18 de 360 pages orné de 224 figures. . . . .   2 »

ROULLIER-ARNOULT. — **Instructions pratiques sur l'incubation et l'élevage artificiels des volailles,** poules, dindons, oies et canards (*Bibl. du Cult.*). 2° édition. 1 vol
in-18 de 172 pages et 49 figures. 1.25

****

SANSON (André). — **Traité de zootechnie, ou Économie du bétail,** nouvelle édition. 5 vol. in-18, ensemble de 2,016 pages et 236 gravures 17.50

> TOME Ier. — Objet de la zootechnie; fonctions physiologiques et économiques du bétail; appareils de la locomotion, de la digestion, de la respiration, de la circulation, de la dépuration urinaire, de l'innervation, des sens, et de la génération.

> TOME II. — Lois de l'hérédité, de la classification zoologique, de l'extension des races; méthodes de reproduction, de gymnastique fonctionnelle, d'exploitation, d'encouragement, de classification.

> TOME III. — Fonctions économiques des équidés; races chevalines brachycéphales et dolichocéphales; populations métisses; races asines; mulets et bardots; production des équidés; institutions hippiques; production et exploitation de la force motrice.

> TOME IV. — Fonctions économiques des bovidés; races bovines dolichocéphales et brachycéphales; populations métisses; production des jeunes bovidés; production du lait, de la force motrice et de la viande.

> TOME V. — Fonctions économiques des ovidés; races ovines brachycéphales et dolichocéphales; races caprines; production des jeunes ovidés; production du lait et de la viande. — Races porcines; production des jeunes suidés; production de la chair de porc.

Chaque volume se vend séparément. 3.50

—— **Alimentation raisonnée** des animaux moteurs et comestibles : digestion, aliments, boissons; alimentation des bovidés, équidés, ovidés, suidés; tables de la composition chimique des aliments. (*Bibl. du Cult.*). 1 vol. in-18 de 180 pages ou tableaux et 3 fig. 1.25

—— **Notions usuelles de médecine vétérinaire** (*Bibl. du Cult.*). In-18 de 174 pages et 13 grav. 1.25

—— **Les Moutons** (*Bibl. du Cult.*). In-18 de 168 p. et 56 grav. 1.25

—— **La Maréchalerie,** ou ferrure des animaux domestiques (*Bibl. du Cult.*). In-18 de 164 pages et 34 fig. 1.25

SERRES (E.). — **Guide hygiénique et chirurgical pour la castration et le bistournage** du cheval, du taureau, de la vache, du bélier, du verrat, etc., etc. 1 vol. in-18 de 560 pages et 20 figures. 3.50

TEISSERENC DE BORT (Edmond). — **Considérations sur la pureté et les qualités de la race bovine du Limousin.** Broch. in-8° de 28 pages et 5 fig. D.50

VIAL (A. A.). — **Connaissance pratique du cheval,** traité d'hippologie à l'usage des sportsmen, officiers de cavalerie, vétérinaires, marchands de chevaux, éleveurs, cultivateurs, etc. 4e édition. 1 vol. in-18 de 372 pages et 72 fig. 3.50

VIAL. — **Engraissement du bœuf** (*Bibl. du Cult.*). In-18 de 180 pages et 12 grav. 1.25

VILLEROY. — **Manuel de l'éleveur de bêtes à cornes** (*Bibl. du Cult.*). In-18 de 308 pages et 65 grav. 1.25

VI. — INDUSTRIES AGRICOLES.

(Abeilles et vers à soie ; vins, cidre et boissons diverses ; laiterie ;
arts agricoles divers.)

Maison rustique du XIX⁰ siècle, tome III (*voir page* 3).

ALBÉRIC. — **Les Abeilles et la Ruche à porte-rayons.**
Les abeilles ; description de la ruche à porte-rayons et ses applications ; le rucher ; instruments de l'apiculteur ; maladies
et ennemis des abeilles. 142 pages 1.50

ANDERSON, CHAPTAL, ETC. — **L'Art de faire le beurre et les**
meilleurs fromages, par Anderson, Desmarets, Chaptal,
etc. (3⁰ édition). Manière de préparer le lait et la crème, de
faire le beurre, de le saler, de le colorer et de le conserver ;
et de fabriquer toutes espèces de fromages. 1 vol. in-8⁰,
360 pages et 10 planches 4.50

BERTRAND. — **Conduite du rucher** calendrier de l'apiculteur
mobiliste : reines, ouvrières, mâles, pondeuses ; maladies des
abeilles ; essaimage, récolte du miel ; animaux nuisibles, outillage de l'apiculteur ; ruches et ruchers ; hydromel, eau-de-vie
et vinaigre de miel. 6⁰ édit. 1 vol. in-16 de 300 p., 84 fig. et 1 pl.   2.50

BOISSY (l'abbé). — **Le Livre des abeilles,** ou manuel d'apiculture : reines, ouvrières, pondeuses, bourdons ; multiplication
des abeilles, essaimage ; maladies des abeilles, remèdes ; animaux nuisibles ; ruches et ruchers ; miellée ; calendrier apicole. 5⁰ édit. 1 vol. in-18 de 312 pages et 6 planches hors texte.   2.50

BOULLENOIS (de). — **Conseils aux nouveaux éducateurs de**
vers à soie ; observations préliminaires sur l'industrie de
la soie ; mûriers ; plantation, taille, culture ; de la magnanerie, mobilier et installation ; des vers à soie, éducation,
maladies ; filature des cocons. 3⁰ édit. In-8⁰ de 248 pages .   3.50

BRUNEL (L.) et B. POUSSIER. — **Étude sur le fromage de**
Géromé. 1 vol. in-18 de 130 pages avec 40 fig. et 2 pl. . .   2. »

DEROSNE. — **Exposé sommaire de l'apiculture mobiliste ;**
description et emploi de la ruche-album ; récolte du miel,
outillage de l'apiculteur. 1 vol. in-18 de 180 pages et 2 pl. ;   2. »

DURIER. — **Étude sur la flacherie.** Broch. gr. in-8⁰ de 32 pages   1. »

FIGUIER (Louis). — **Le Raffinage du sucre en fabrique et**
ses nouveaux procédés : procédé général ; procédés
par la strontiane et l'ébullition ; procédé par l'osmose. Broch.
de 60 pages gr. in-8⁰ avec 8 fig. . . . .   2. »

GIRARD (Maurice). — **Les Insectes utiles, abeilles et vers**
à soie, à l'exposition de 1867. In-8⁰ de 39 pages.   1.50

GIRET et VINAS. — **Chauffage des vins,** en vue de les conserver,
les muter et les vieillir. 2⁰ éd. 1 vol. in-18 de 143 p. et 3 grav.   1.25

GIVELET (Henri). — **L'Ailante et son bombyx ;** culture de l'ailante, éducation de son bombyx et valeur de la soie qu'on
en tire. 1 vol. grand in-8⁰ de 164 pages et 19 planches .   5. »

GUYOT (Jules). — **Culture de la vigne et vinification.** 2ᵉ éd.
1 vol. in-18 de 426 pages et 30 grav 3.50
    Principes de la culture de la vigne; culture en lignes basses et sur
souche, taille, etc; engrais et amendements; cépages; façons à donner à la vigne; création des vignobles, conduite de la vigne depuis sa
plantation jusqu'à sa pleine production. — Vinification; principes généraux, vendanges, égrappage, foulage, pressurage, cuves et cuvaison,
soutirage, collage. — Classification des vins : vins rouges, vins ro-
sés, vins de macération, vins artificiels, sucrage des vins; vins de
liqueur, vins mousseux, marcs, maladies des vins, dégustation. —
Coup d'œil sur la création d'un vendangeoir.

LANGSTROTH. — **L'Abeille et la Ruche,** ouvrage traduit,
revu et complété par Ch. Dadant. 1 fort vol. in-16 de 646
pages orné de 183 fig., richement cartonné 7.50

MARTIN (DE). — **Rapports sur l'œnotherme Terrel des
chênes et sur les chaudières à échauder la
vigne.** Broch. in-8° de 24 pages avec deux planches. . . . 1.50

NANOT. — **Culture du pommier à cidre, fabrication du
cidre et modes divers d'utilisation des pommes
et des marcs.** (Voir page 17.) 1 vol. in-18 de 324 pages
et 50 figures. 3.50

PERSONNAT. — **Le Ver à soie du chêne** (bombyx Yama-maï),
son histoire, sa description, ses mœurs, ses produits. 4ᵉ éd.
In-8° de 132 pages, 2 grav. noires, et 3 planches coloriées. 3. »

POURIAU. — **La Laiterie,** art de traiter le lait, de fabriquer le
beurre et les principaux fromages français et étrangers,
4ᵉ édit. 1 vol. in-18 de 564 pages et 306 figures. . . . . . 6. »

SAGOT ET DELÉPINE. — **Les Abeilles** (*Bibl. du Cultiv.*), leur histoire, leur culture avec la ruche à cadres et greniers mobiles:
notions sur les abeilles, description et fabrication de la ruche;
manière de s'en servir habilement; calendrier apicole indiquant
ce qu'il faut faire mois par mois pour bien diriger les ruches;
matériel de l'apiculteur, législation. 1 vol. in-18 de 180 pages
et 15 fig. 1.25

SÉGUIN-ROLLAND. — **Soins à donner aux vins fins de la
Côte-d'Or,** depuis la vendange jusqu'à leur mise en consommation. Broch. gr. in-8° de 20 pages et 7 grav. . . . . 1. »

SOULLIÉ. — **Manuel de viniculture** par un vigneron algérien, ou
conseils pratiques pour faire et conserver le vin : foulage,
encuvage, plâtrage des vendanges; soutirage du vin; maladies et sophistication des vins. Br. in-32, de 138 pages. . . 1.25

SOURBÉ. — **Traité théorique et pratique d'apiculture
mobiliste,** les abeilles, leur physiologie, leurs maladies;
les ruches à cadres mobiles; organisation et conduite du rucher; essaims artificiels; italianisation du rucher; sélection
apicole; travaux apicoles d'automne; jurisprudence apicole,
flore apicole française. (Nouvelle édition en préparation.)

TOUAILLON (fils). — **La Meunerie, la boulangerie, la bis-
cuiterie et les autres industries agricoles alimentaires :** vermicellerie, amidonnerie, décortication des
légumineuses, féculerie; glucoserie, rizerie, huilerie, choco-
laterie, conserves alimentaires, margarine et moutarde avec
un chapitre sur le broyage des engrais. 1 vol. in-8° de 504 p. 7. »

VII. — GÉNIE RURAL. — DRAINAGE, IRRIGATIONS. — MACHINES ET CONSTRUCTIONS AGRICOLES.

Maison rustique du XIX° siècle, tomes Ier et IV (voir page 3).

AUBERJONOIS. — **Les Constructions agricoles du domaine de Beau-Cèdre,** album de 35 planches in-plano représentant le plan général et les plans, coupes et élévations des constructions du domaine, hangars, bâtiments avec détails, écuries et remises, vacherie, porcherie, laiterie, basse-cour, forge, buanderie, four, etc., avec notice explicative de 30 pages. . . 20 »

BARRAL. — **Drainage des terres arables.** 3° éd. 2 vol. in-18 ensemble de 960 pages, 443 grav. et 9 planches . . . . 7 »

TOME Ier. — Histoire du drainage. — Drainage sans tuyaux. — Des terres drainables. — Fabrication des tuyaux de drainage : choix des matériaux, préparation des terres, formes à donner aux tuyaux, étirage des tuyaux. — Description des machines à étirer les tuyaux. — Fabrication des tuiles, briques ordinaires et briques creuses. — Fours à cuire ; cuisson.

TOME II. — Exécution du drainage : levé du plan des terres à drainer, nivellement, exemples de drainage ; saisons convenables pour l'exécution ; tracé des drains, formes des tranchées ; outils de drainage ; ouverture des tranchées, règlement des pentes, pose des tuyaux et remplissage des tranchées. — Statistique du drainage. — Encouragement au drainage.

—— **Législation du drainage, des irrigations et autres améliorations foncières permanentes.** 1 vol. in-18 de 664 pages, avec 18 grav. et 1 planche . . . . 7 »

Situation par département, du drainage en France. — Du drainage dans les colonies. — Du drainage en Belgique, dans la Grande-Bretagne, en Suisse, en Italie, en Allemagne, en Danemark, en Russie, aux États-Unis. — Législation anglaise sur le drainage et les autres améliorations agricoles permanentes. — Législation belge, allemande. — Législation française : lois, arrêtés et circulaires relatives au drainage.

BERTIN. — **Des Chemins vicinaux** (1853). In-8° de 111 pages. 1 »

—— **Code des irrigations.** 1 vol. in-8° de 182 pages . . . 3 »

BOUCHARD-HUZARD. — **Traité des constructions rurales.** 3 vol. gr. in-8°, ensemble 1096 pages et 940 fig. . . . . . 25 »

Tome Ier (1re *livraison*) : Maisons d'habitation pour petites, moyennes et grandes exploitations ; logements des animaux domestiques ; étables, bergeries, parcs, porcheries, chenils ; lapinières, garennes artificielles ; poulaillers ; ruchers ; magnaneries ; abris pour instruments agricoles et outils ; ateliers ; hangars ; remises.

Tome Ier (2e *livraison*) : Abris pour les récoltes, granges, gerbiers, graineries, silos ; fruiteries ; séchoirs ; cuveries, celliers, caves ; laiteries, beurreries, fromageries ; glacières ; boulangeries, fours ; distilleries rurales ; féculeries ; blanchisseries, buanderies, lavoirs ; fosses à fumier ; latrines ; réservoirs ; abreuvoirs, puisards ; barrières, clôtures, chemins, ponts.

Tome II : Emplacement et situation relative des bâtiments ; distribution générale du domaine ; dispositions diverses des bâtiments pour les petites, moyennes et grandes exploitations ; fermes anglaises ; annexes ; matériaux de construction ; terrassements, maçonnerie, charpenterie, menuiserie, couverture vitrerie ; frais des constructions devis.

DUMUR ET CUGNET. — **Les Bâtiments agricoles**; conditions générales qu'ils doivent remplir; locaux divers con-
sidérés dans leurs détails; plans et devis de bâtiments d'exploitation pour une propriété de 20 hectares. *Mémoires cou-
ronnés par la Société d'agriculture de Lausanne.* 1 vol. in-8° de
232 pages avec un atlas de 115 figures donnant, à l'échelle, les
plans, coupes et élévations des bâtiments et des détails . . .   10. »

DUPLESSIS. — **Traité de nivellement**, comprenant les principes
généraux, la description et l'usage des instruments, les opérations et les applications. 1 vol. gr. in-8° de 364 p. et 112 fig.   8. »

—— **Traité du levé des plans et de l'arpentage.** 2e éd.
1 vol. in-8° de 136 pages et 102 figures. . . . .   4. »

GASPARIN (comte de). — **Cours d'agriculture, tomes II,
III et VI,** constructions rurales, mécanique agricole, machines, etc. (voir page 4).

GRANDVOINNET (J. A.). — **Traité élémentaire des constructions rurales.** (*Bibl. du Cult.*) : Principes généraux
de construction : terrassement, maçonnerie, charpenterie,
couverture, menuiserie, serrurerie, plomberie, peinture et
vitrerie. — Bâtiments ruraux : habitations, écuries, bouve-
ries, bergeries, porcheries, poulaillers, granges, fenils, greniers,
laiteries, etc. 2 vol. in-18 ensemble de 308 pag. et 306 fig.   2.50

—— **Les Bergeries**; considérations générales sur les habitations
du mouton; parcs temporaires ou mobiles; parcs permanents
ou refuges; abris plantés; bergeries couvertes, conditions d'é-
tablissement, détails de constructions, dispositions d'ensemble;
matériel meublant. 1 vol. in-18 de 314 pages et 169 fig. .   5. »

LECOUTEUX. — **Labourage à vapeur et labours profonds**,
résultats du concours international de Petit-Bourg en 1867.
1 vol. grand in-8° à deux colonnes de 96 pages et 14 grav. .   3. »

LEFOUR. — **Culture générale et instruments aratoires**
(*Bibl. du Cultiv.*). In-18 de 174 pages et 135 grav. 1.25

—— **Comptabilité et géométrie agricoles** (*Bibl. du Cult.*).
In-18 de 214 pages et 104 gravures 1.25

LONDET. — **Les Instruments agricoles,** machines, appareils
et outils employés en agriculture, description, choix, emploi,
manœuvre, avantages, conditions où ils conviennent (1858).
1 fort vol. in-8° de 303 pages et 54 planches. 7.50

PIGNANT (P.). — **Principes d'assainissement des habitations** des villes et de la banlieue; travaux divers d'assainissement, épuration et utilisation agricole des eaux d'égout.
1 vol. gr. in-8° de 528 pages avec atlas de 36 pl. in-folio. 30. »

RINGELMANN (Maximilien). — **L'Electricité dans la ferme**;
notions préliminaires; production de l'énergie électrique; la
ligne électrique; l'éclairage électrique; transmission de la
puissance; emmagasinement de l'énergie électrique; résumé
et conclusions. Broch. gr. in-8° de 64 pages avec 60 figures.   3. »

VIDALIN (F.). — **Pratique des irrigations** en France et en
Algérie (*Bibl. du Cult.*). In-18 de 180 pages et 22 grav. . . .   1.25

VILLEROY ET MULLER. — **Manuel des irrigations**; action de
l'eau sur le sol; préparation du sol des prés arrosés, fossés
et rigoles; des prés et de leur entretien; jouissance de l'eau
en commun. 1 vol. in-18 de 263 pages et 123 grav. . . .   3.50

VIII. — BOTANIQUE. — HORTICULTURE.

Maison rustique du XIX⁰ siècle, tome V (*voir page* 3).

Almanach du jardinier, publié chaque année comprenant les nouveautés horticoles, 192 pages in-32 avec gravures . . . . . » 50

Le Bon Jardinier, almanach horticole pour 1891 (135⁰ édition) par Poiteau, Vilmorin, Decaisne, Naudin, Neumann, Pepin, Carrière, Heuzé, etc. — *Ouvrage couronné par la Société nationale d'horticulture de France.*

1ʳᵉ *partie*. — Calendrier du jardinier, ou indication mois par mois des travaux à faire dans les jardins. Aide-mémoire, et vocabulaire des principaux termes de jardinage et de botanique. — Principes généraux de culture : notions de botanique et de physiologie végétale, chimie et physique horticoles, climats ; abris pour la conservation des plantes, outils, façons du sol ; multiplication des plantes, semis, marcottes, boutures, greffes ; taille des arbres, maladies des plantes et insectes nuisibles. — Arbres fruitiers : des jardins fruitiers et du verger ; description et culture des meilleures sortes de fruits. — Plantes potagères, description et culture. — Propriétés et culture des principales plantes médicinales. — Grande culture : plantes à fourrage, céréales et plantes économiques.

2ᵉ *partie : Plantes et arbres d'ornement.*) — Caractères des familles naturelles. — Description et culture des plantes et arbres d'ornement de pleine terre et de serre, classés par ordre alphabétique. — Les listes des variétés recommandées ont été revues avec le plus grand soin ; variétés anciennes les plus méritantes, et variétés nouvelles. — Classement des végétaux de pleine terre suivant leur emploi dans les jardins. — Création et entretien des gazons.

(La 1ʳᵉ édition du *Bon Jardinier* remonte à 1754 : une édition nouvelle a été publiée régulièrement chaque année depuis 1755, à trois exceptions près : 1815, 1871, 1888. — L'édition de 1889 (la 133⁰) a été entièrement revue.)

Un vol. in-18 de 1700 pages . . . . 7 »
Cartonné, 8 fr. — Cartonné en 2 vol., 9 fr.

Gravures du Bon Jardinier. (*La* 24ᵉ *édition, qui sera entièrement refondue, est en préparation.*)

AMÉ (G.). — **Le Jardin d'essai du Hamma** à Mustapha près d'Alger, description des familles, groupes et genres les mieux représentés au jardin, brochure in-8⁰ de 64 pages et 7 pl. . . 2 »

ANDRÉ (Ed.). — **L'Art des jardins**, traité général de la composition des parcs et jardins : Historique depuis l'antiquité ; Jardins paysagers ; esthétique. Principes généraux ; division et classifications ; la pratique ; travaux d'exécution ; exemples de parcs et jardins classés suivant leur destination ; constructions et accessoires d'utilité et d'ornement. 1 vol. gr. in-8⁰ de 900 pages, avec 11 pl. en chromolith. et 500 fig. 35 »

—— **Bromeliaceæ Andreanæ**, description et histoire des Broméliacées récoltées dans la Colombie, l'Ecuador et le Venezuela, par Ed. André ; 143 espèces et variétés, dont 91 nouvelles. 1 vol. gr. in-4⁰ de 130 pages, illustré de 39 planches figurant toutes les espèces nouvelles . . . . 25 »

—— **L'École nationale d'Horticulture de Versailles**, broch. gr. in-8⁰ de 64 pag., ornée d'un plan colorié et 12 fig. 2 »

AUDOT. — **Traité de la composition et de l'ornementation des jardins**, 16ᵉ éd. représentant en plus de 600 fig. des plans de jardins, modèles de décoration ; machines pour élever les eaux, etc. 2 vol. in-4° oblong avec 168 planches gravées.   25. »

BALTET (Ch.). — **L'Art de greffer** arbres et arbustes fruitiers, arbres forestiers et d'ornement, 4ᵉ édition, augmentée de la greffe des plantes herbacées. Définition, but, et conditions de succès du greffage. — Outils, ligatures, engluements. — Choix des sujets et des greffons. — Procédés de greffage. — Liste par ordre alphabétique des arbres, arbrisseaux et arbustes, avec indication du mode de greffage à appliquer à chacun d'eux. 1 vol. in-18 de 464 pages et 175 fig. . . .   4. »

———— **Traité de la culture fruitière**, commerciale et bourgeoise : Fruits de dessert, de cuisine, de pressoir, de séchage, de confiserie, de distillation; choix des meilleurs fruits pour chaque saison ; plantations de vergers et de jardins fruitiers ; taille et entretien des arbres ; animaux nuisibles et maladies ; récolte des fruits, leur emballage et leur emploi. 2ᵉ éd. 1 vol. in-18 de 640 pages et 350 fig. . . . . . .   6. »

———— **L'Horticulture française**, ses progrès et ses conquêtes depuis 1789, conférences de l'exposition universelle internationale de 1889 ; broch. in-8° de 64 pages. 3.50

———— **De l'action du froid sur les végétaux** pendant l'hiver 1879-1880, ses effets dans les jardins, pépinières, parcs, forêts et vignes. 1 vol. in-8° de 340 pages. . . . . . .   5. »

BELLAIR (G.). — **Traité d'Horticulture pratique.** Culture maraîchère ; le marais et le potager, légumes racines, légumes herbacés, légumes fruits, légumes condiments ; arboriculture fruitière, de la taille en général ; cultures spéciales, poirier, pommier, pêcher, etc., etc. Animaux nuisibles et maladies ; multiplication des végétaux ; floriculture ; arbres et arbustes d'ornement. 1 vol. in-18 de 750 pages et 340 fig. . . . .   6. »

BONCENNE. — **Cours élémentaire d'horticulture** (*Bibl. des écoles primaires*). 2 vol. in-12 ensemble de 310 pages et 85 grav. . .   1.50

BUTRET (Baron de). — **Taille raisonnée des arbres fruitiers** et autres opérations relatives à leur culture, 21ᵉ éd. augmentée des différentes espèces de greffes et de la conservation des fruits. 1 vol. in-18 de 148 pages avec 4 pl.   2. »

CARRIÈRE. — **Encyclopédie horticole** ; vocabulaire raisonné de tous les termes employés en botanique et en horticulture. 1 vol. in-18 de 550 pages. 3.50

———— **Semis et mise à fruit des arbres fruitiers** (*Bibl. du Jard.*). 1 vol. in-18 de 158 pages. 1.25

———— **Pommiers microcarpes ou pommiers d'ornement**, pommiers à fleurs doubles, pommiers de la Chine, pommiers baccifères, pommiers de Sibérie (*Bibl. du Jard.*), etc. 1 vol. in-18 de 180 pages et 18 figures. 1.25

———— **Les Pépinières** (*Bibl. du Jard.*). In-18 de 134 p. et 29 grav.   1.25

———— **Production et fixation des variétés dans les végétaux.** 1 vol. in-8° de 72 pages avec 13 grav. et 2 pl. col.   2. »

———— **Les Arbres et la Civilisation.** In-8° de 416 pages. . .   5. »

———— **Variétés de pêchers et de brugnonniers**, description et classification. Grand in-8° de 104 pages et 1 planche. . .   2. »

CARRIÈRE. — **Du sulfatage horticole et industriel.** 1 vol.
in-18 de 104 pages 1.25

CATROS-GÉRAND ET Joseph DAUREL. — **Manuel pratique des
jardins et des champs**, pour le sud-ouest de la France,
3e édition. 1 fort volume in-18 de 688 pages, avec gravures . 3.50

DAUREL (Joseph). — **Des Plantes maraîchères de grande
culture** et de la culture intercalaire dans les vignes, broch.
in-8° de 24 pages 0.50

DECAISNE ET NAUDIN. — **Manuel de l'amateur des jardins**,
traité général d'horticulture, 4 vol. petit in-8° ensemble de
plus de 3.000 pages, comprenant plus de 800 fig. . . . . 30 »
      Chaque volume se vend séparément 7.50

DELCHEVALERIE. — **Les Orchidées**, culture, propagation, nomenclature (*Bibl. du Jard.*). In-18 de 134 pages et 32 grav. . 1.25

——— **Plantes de serre chaude et tempérée** ; construction
des serres, culture, multiplication, etc. (*Bibl. du Jard.*). In-18
de 156 pages et 9 grav. 1.25

DUPUIS. — **Arbrisseaux et Arbustes d'ornement de pleine
terre** (*Bibl. du Jard.*). In-18 de 122 pages et 25 grav. . . 1.25

——— **Arbres d'ornement de pleine terre** (*Bibl. du Jard.*).
In-18 de 162 pages et 40 grav. 1.25

——— **Conifères de pleine terre** (*Bibl. du Jard.*). In-18 de
156 pages et 47 grav. 1.25

DUVILLERS. — **Parcs et Jardins**, ouvrage récompensé de 21 mé-
dailles ou diplômes, 2 vol. grand in-folio, sur beau papier,
ensemble de 160 pag. de texte avec 80 planches imprimées
avec luxe, représentant les plans de squares et jardins pu-
blics, de parcs particuliers, jardins paysagers, fruitiers, po-
tagers, écoles pratiques, etc.
      Prix des 2 vol. avec pl. en noir 200; en couleur . . . 260 »
Chaque partie, comprenant 80 pag. de texte et 40 pl. se vend
séparément : avec pl. en noir 100; en couleur . . . . . 130 »

DYBOWSKI. — **Traité de la culture potagère**, petite et grande
culture; procédés employés par les spécialistes. 1 vol.
in-18 de 492 pages et 144 figures . . . . 5 »

EGORCHARD (Dr). — **Nouvelle Théorie élémentaire de la botanique**, suivie d'une analyse des familles des plantes qui
croissent en France, ou y sont cultivées, et d'un dictionnaire
des termes de botanique. 1 vol. in-18 de 520 p. et 210 grav. . 6 »

FORNEY. — **La Taille des arbres fruitiers**, avec une étude
sur les bons fruits. Nouvelle édition entièrement refondue.
      Tome Ier. — Principes généraux, étude de l'arbre, multiplication,
plantation, taille ; le poirier et le pommier : conduite des productions
fruitières, charpente et formes, restauration, maladies et insectes nuisibles ; choix des poires et des pommes ; les arbres du verger. 1 vol.
in-18 de 320 pages et 169 figures dessinées par l'auteur 3.50
      Tome II. — Le pêcher, taille, restauration, maladies et insectes,
choix des pêches ; — l'abricotier, le prunier, le cerisier ; — la vigne,
taille, formes pour le vignoble, formes pour l'espalier, treille à la
Thomery ; maladies et insectes ; choix des meilleures variétés ; — le
figuier, le framboisier, le groseiller ; — les espèces non soumises à une
taille régulière : amandier, cognassier, néflier, noyer, noisetier ; récolte et conservation des fruits. 1 vol. in-18 de 360 pages et 183 fig. . 3.50

HARDY. — **Traité de la taille des arbres fruitiers**, 9ᵉ éd.
1 vol. grand in-8° de 436 pages et 140 figures. 5.50

Notions sur le développement des arbres, la plantation. — But, époque
de la taille, formes à donner aux arbres, pyramide, vase, buisson,
espalier, etc. — Taille du Poirier, Pommier, Pêcher, Cerisier, Abricotier, Prunier. — Culture de la Vigne dans les jardins, treille à la
Thomery. — Du verger. — Culture du Figuier, Groseillier, Framboisier, Cognassier, Noisetier. — De la greffe; principes généraux; greffes
en fente, par scion et en couronne; greffes en approche; greffes en
écusson; du marcottage et de la bouture. — Récolte, conservation et
emballage des fruits. — Maladies des arbres fruitiers et animaux
nuisibles. — Engrais, labour, chaulage, arrosements. — Nomenclature des principales variétés de fruits.

HÉRINCQ, JACQUES ET DUCHARTRE. — **Manuel général des plantes, arbres et arbustes**, classés selon la méthode de
Candolle; description et culture de 25.000 plantes indigènes
d'Europe ou cultivées dans les serres. 4 vol. grand in-18 jé-
sus à 2 colonnes, ensemble de 3.200 pages, cartonnés. . . .   36. »

C'est un recueil à la fois scientifique et pratique. La botanique et la
culture ont été réunies dans cet ouvrage. Les espèces et variétés anciennes et nouvelles y sont décrites avec la plus scrupuleuse exacti-
tude; leur culture et leur entretien y sont traités avec le même soin.
Ce livre convient également aux savants et aux praticiens.

SOIGNEAUX. — **Conférences sur le jardinage et la culture
des arbres fruitiers**; légumes, semis et travaux d'entretien; arbres fruitiers, taille et soins d'entretien; récolte et
conservation des produits (*Bibl. du Jard.*). In-18 de 144 p.   1.25

———— **Traité des graines** de la grande et de la petite culture
(Voir page 40). 1 vol. in-18 de 168 pages. 1.25

———— **Les Cultures maraîchères de Paris** pendant le siège
(du 11 octobre 1870 au 28 janvier 1871). Br. in-8° de 80 pag.   1. »

LA BLANCHÈRE (de). — **La Plante dans les appartements :**
soins généraux et particuliers aux diverses plantes d'appartement : balcons, terrasses, fenêtres, jardinières, corbeilles, sus-
pensions, serres de salon. 1 vol. in-18 de 208 pages et 91 fig.   3. »

LACHAUME. — **Le Rosier**, culture et multiplication; considérations générales sur la culture; semis, boutures, marcottes,
greffes; taille et entretien du rosier; variétés; insectes nuisibles. (*Bibl. du Jard.*). In-18 de 180 p. et 34 grav. . . .   1.25

———— **Le Champignon de couche**, sa culture bourgeoise et
commerciale, récolte et conservation (*Bibl. du Jard.*). In-18
de 108 pages et 8 grav. 1.25

LAUMAILLE. — **Culture et soins à donner aux plantes en
appartement** : noms, description et arrosage mensuel
des plantes. Br. in-8° de 59 pages. . . . .   1. »

LE BRETON (Mᵐᵉ). — **A travers champs**; botanique populaire
pour tous, histoire des principales familles végétales, 2ᵉ édition, revue par M. Decaisne. 1 beau vol. in-8° de 550 pages
et 746 figures. . . . .   7. »

LEMAIRE. — **Les Cactées**, histoire, patrie, organes de végétation,
culture, etc. (*Bibl. du Jard.*). In-18 de 140 pages et 11 grav.   1.25

———— **Plantes grasses autres que Cactées** (*Bibl. du Jard.*).
In-18 de 136 pages et 13 grav. 1.25

LE MAOUT ET DECAISNE. — **Flore élémentaire des jardins et des champs**, avec les clefs analytiques conduisant promptement à la détermination des familles et des genres. Des herborisations et de l'herbier; de l'emploi des clefs analytiques; séries des familles; synopsis de la clef analytique des familles; description des familles, genres et espèces; vocabulaire des termes techniques. 1 v. gr. in-18 de 940 pages, cart.   9 »

LOISEL. — **Asperge**, culture naturelle et artificielle (*Bibl. du Jard.*). In-18 de 108 pages et 8 grav.   1.25

—— **Melon**, nouvelle méthode de le cultiver sous cloches, sur buttes et sur couches (*Bibl. du Jard.*). In-18 de 108 pages et 7 grav.   1.25

MAFFRE. — **Culture des jardins maraîchers du midi de la France**, contenant la culture de chaque espèce de légumes, les travaux journaliers d'exploitation d'un jardin maraîcher, le choix et la récolte des graines, et tout ce qui concerne les cultures hâtives, salades, melons, fraises, etc. (1844). 1 vol. in-8° de 475 pages. 5.50

MOREAU et DAVERNE. — **Manuel pratique de la culture maraîchère de Paris**, 4e édition. Histoire de la culture maraîchère de Paris; statistique; outils et instruments; exposition, mois par mois, des travaux à exécuter et des produits à récolter; culture des primeurs, dite culture forcée, pour les divers légumes, salades, melons, fraises, etc., ouvrage ayant obtenu la grande médaille d'or de la Société centrale d'horticulture de France. 1 vol. in-8° de 376 pages.   5 »

MORTILLET (H. de). — **Vade mecum du mycophage** pour les 12 mois de l'année; publié sous le patronage et les auspices de la société horticole Dauphinoise. Brochure in-8° de 64 pages. 1.50

MOUILLEFERT. — **Arboretum de l'école nationale d'agriculture de Grignon**, catalogue des arbres qui y sont cultivés. Broch. in-8° de 104 pages. . . . . . .   2 »

NAUDIN. — **Le Potager**; établissement du potager; terrains, travail des terres, instruments; principes généraux de culture; cultures naturelles, de primeurs et forcées; culture des divers légumes (*Bibl. du Jard.*). In-18 de 180 pages et 34 grav.   1.25

—— **Serres et Orangeries de plein air.** In-8° de 32 pages.   0.75

NAUDIN ET MULLER. — **Manuel de l'Acclimateur**, ou choix des plantes recommandées pour l'agriculture, l'industrie et la médecine : acclimatation des plantes, genre des plantes déjà utilisées ou qui peuvent l'être; énumération des plantes, leurs usages, leur culture. 1 vol. in-8° de 572 pages et 1 fig.   7 »

NICHOLSON (G.). — **Dictionnaire pratique d'Horticulture et de Jardinage**, traduit, mis à jour et adapté à notre climat, à nos usages, par S. Motter, illustré de plus de 3500 figures et de 80 pl. chromolithographiques hors texte. Est publié par livraisons de 48 pages contenant chacune une pl. chrom. Il paraîtra une livraison par mois, l'ouvrage complet en 80 livraisons à. 1.50
souscription à l'ouvrage complet, en payant d'avance .   90 »
Les livraisons 1, 2, 3 et 4 sont en vente.

NOISETTE. — **Manuel complet du jardinier** (1860). 5 vol. in-8°, cartonnés, ensemble de 2.500 pages et 25 planches.   25 »

OUVRAY (E.). **Manuel d'arboriculture fruitière**, appendice
sur la vigne : traitement des maladies cryptogamiques, phyllo-
xéra, reconstitution des vignobles par les plants américains.
1 vol. in-18 de 248 p. 83 fig. 2.50

PAILLIEUX ET BOIS. — **Le Potager d'un curieux** : histoire, culture et usages de 200 plantes comestibles, peu connues ou
inconnues. 2ᵉ édition entièrement refaite. 1 vol. in-8° de 604
pages 54 fig. 10.50

PONCE (J.). — **La Culture maraîchère pratique des environs de Paris** ; composition d'un jardin maraîcher ; engrais, travaux préparatoires ; soins généraux ; soins spéciaux
à donner aux divers légumes ; cultures spéciales des ananas,
champignons et fraisiers ; calendrier du maraîcher, tableau des
semis et plantations. 1 vol. in-18 de 320 pages et 15 pl. . .   2.50

PRÉCLAIRE. — **Traité théorique et pratique d'arboricul-
ture.** 1 vol. in-8° de 182 pages et un atlas in-4° de 15 planches.   5 »

PUVIS. — **Arbre fruitiers**, taillé et mise à fruit (*Bibl. du Jard.*).
In-18 de 168 pages 1.25

RAFARIN. — **Traité du chauffage des serres.** 1 vol. in-8° de
76 pages et 25 grav. 3.50

SAINT-BEIAC (J. de). — **L'Arbre fruitier des jardins.** *L'arbre
inculte :* la terre végétale, développement de l'arbre inculte,
fructification. — *L'arbre cultivé :* préparation du sol, plantation des arbres, formes à leur donner, multiplication des
arbres, greffe, soins à donner aux arbres et aux fruits ; maladies ; animaux nuisibles. 1 vol. in-18 de 172 pages et 20 fig.   2. »

VALETTE. — **Notice sur la culture des fraisiers** ; préparation
du terrain, plantation, multiplication, cueillette et emballage
des fraises ; culture forcée ; ennemis des fraisiers. 1 vol. in-18
de 88 pages. 1.25

VAUVEL. — **Culture de l'Asperge à la charrue**, culture
forcée au thermosiphon et au fumier. 1 brochure in-18 de
108 pages. . . . .   1. »

VIALON (P.). — **Le Maraîcher bourgeois** ; outillage, qualités
des terres, culture des divers légumes (*Bibl. du jardinier*).
In-18 de 128 pages 1.25

VILMORIN-ANDRIEUX. — **Les Fleurs de pleine terre.** (*Nouvelle édition en préparation.*)

—— **Les Plantes potagères**, description et culture des principaux légumes des climats tempérés. 1 beau vol. grand in-8°
de 750 pages avec 760 fig. environ. 2ᵉ édition. . . . . . .   12, »

IX. — EAUX ET FORÊTS. — CHASSE ET PÊCHE.

Maison rustique du XIXᵉ siècle, tome IV (*voir page* 3).

ARBOIS DE JUBAINVILLE (d'). — **Observations sur la vente
des forêts de l'État** (1865). Br. in-8° de 12 pages. . . .   ».50

BAUDRAIN (Victor). — **Des dégâts causés aux champs par les lapins** : Responsabilité des propriétaires et locataires de chasse, existence du dommage, preuve, procédure, arrêts et jugements. 1 vol. in-8° de 124 pages 2.50

BOUCHON-BRANDELY. — **Traité de pisciculture pratique et d'aquiculture** en France et dans les pays voisins, ouvrage publié avec l'encouragement du ministère de l'agriculture. 1 beau vol. grand in-8° de 500 pages avec 40 gravures et 20 planches hors texte. . . . . 20. »

BROCCHI (P.). — **Traité d'ostréiculture**, organisation et classification des mollusques, étude anatomique de l'huître, les centres de production, d'élevage et d'engraissement; législation; maladies et ennemis des huîtres, pratique ostréicole actuelle, 1 vol. in-18 de 800 pages 3.50

BRUS (Marc de). — **Les Chasses aux braconniers** : renards, blaireaux, lacets, pièges, élevage du gibier, conseils aux chasseurs. 1 vol. in-18 de 168 pages et 5 fig. . . . . 2. »

CHAMBRAY (marquis de). — **Traité des arbres résineux conifères à grandes dimensions** : Influence de la latitude et de l'altitude sur la végétation des arbres résineux conifères; reproduction et exploitation; insectes nuisibles. 1 vol. gr. in-8°, de 445 pages et 7 planches hors texte, en noir . . . 12. »
    Le même avec planches coloriées . . . . 25. »

DASTUGUE. — **Chasse et pêche**, traité pratique; 1 vol. in-18 de 328 pages et nombreuses figures. . . . . 3. »

    Lièvre, lapin, renard, loup; chasse au chien courant et au chien d'arrêt. — Caille, perdrix rouge, perdrix grise. — Oiseaux de passage : bécasse, grive, alouette, canard sauvage, etc. — Chasses amusantes et utiles : corbeau, geai, pie. — Fusils cartouches, règles du tir. — Conseils à un jeune chasseur. — Pêche : barbeaux, goujons, carpes, etc., etc. Appâts et amorces; calendrier du pêcheur.

DOUSSARD. — **Manuel du naturaliste préparateur**, manière d'empailler oiseaux et quadrupèdes. In-8° de 52 pag. et 8 fig. 1.50

GRANDEAU. — **Chimie et physiologie appliquées à la sylviculture** (Annales de la station agronomique de l'Est, travaux de 1868 à 1878). 1 vol. grand in-8° de 414 pages. . 9. »

GURNAUD. — **Traité forestier pratique**, manuel du propriétaire de bois : culture, taillis, sapinières, futaies, qualités des bois, cubage, estimation, emplois et usages des bois; aménagement et exécution des coupes; comptabilité forestière; administration et surveillance; vente, marchés, tables de cubage, tables diverses. 3° édition augmentée de nombreux développements techniques, de calculs d'accroissement et de modèles remplis pour la comptabilité. 1 vol. in-18 de 260 pages ou tableaux. 3.50

—— **La Sylviculture française** : méthodes forestières, comparaison de la méthode allemande et de la méthode française; exposé d'une méthode nouvelle. Broch. in-8° de 94 pages. . 1. »

—— **La Sylviculture française et la méthode du contrôle** : 1 vol. gr. in-8° de 124 pages. . . . . 3. »

—— **La Méthode du Contrôle à l'Exposition universelle de 1889.** Broch. in-8° de 16 pages. 0.75

HENNON. — **Géodésie pratique des forêts** à l'usage des agents forestiers, des propriétaires, régisseurs, agents-voyers etc. Instruments propres au levé des plans de forêts, triangulation, problèmes divers; Assiette et réarpentage des coupes; Aménagement; Cartes forestières; Cubage des bois en grume et équarris. 1 vol. in-8° de 172 pages et 8 planches .. 4.50

KOLTZ. — **Traité de pisciculture pratique** : nomenclature des poissons; fécondation artificielle, frayères; incubation et éclosion; appareils; élevage des jeunes poissons; maladies; transport des œufs et des poissons; frais d'établissement et d'exploitation. 1 vol. in-18 de 186 pages, avec 60 fig... 2.50

LAVAVASSEUR. — **Traité pratique du boisement et reboisement** des montagnes et terrains incultes. In-8° de 56 p. 1.25

MARTINET. — **Considérations et recherches sur l'élagage des essences forestières.** In-12 de 180 pag. et 41 fig. 1.50

—— **Le Pin sylvestre** et sa culture en Sologne. Broch. in-8° de 48 pages. 1. »

MORANGE (Amédée). — **Le Guide de** l'élagueur dans les parcs et les forêts (*Bibl. du Jard.*). In-18 de 144 pages et 20 fig. 1.25

NANOT (Jules). — **Établissement et entretien des plantations d'alignement, et élagage des arbres** : étude et choix des essences, plantation, élagage, restauration, transplantation des arbres, maladies et insectes nuisibles. 1 vol. in-18 de 350 pages et 82 fig. 3.50

NOEL (Arthur). — **Essai sur les repeuplements artificiels et la restauration des vides et clairières des forêts**, flore forestière; principes généraux de repeuplement, graines des principales essences, plants et pépinières, semis forestiers, plantations forestières; repeuplements, rédaction des projets, devis, etc. Ouvrage couronné par la Société des Agriculteurs de France. 1 vol. in-8° de 382 pages. 6. »

NOIROT. — **Traité de culture des forêts** ou de l'application des sciences agricoles et industrielles à l'économie forestière. 2e édition (1839); croissance des arbres, méthodes d'aménagement des taillis et des futaies, choix des essences, réglage des coupes, élagage, pratique des semis et plantations, exploitation, cubage, etc. 1 vol. in-8°, 484 pages.. 7.50

ROUSSET (Antonin). — **Culture et exploitation des arbres,** application des conditions climatériques, et des principes de la physiologie végétale aux conditions normales d'existence, de propagation, de culture et d'exploitation des arbres isolés ou en massifs. 1 vol. in-8° de 448 pages. . . . . 7. »

—— **Études de maître Pierre sur l'agriculture et les forêts.** 1 vol. in-18 de 29 pages. . . . . 1. »

THOMAS. — **Traité général de la culture et de l'exploitation des bois** (1840); désignation et qualités des arbres forestiers, bois durs, blancs et résineux; pépinières, semis, plantations, aménagements, coupes; conservation des bois; maladies des arbres; exploitation des bois : sciages, charpente, merrain, etc., etc.; charbonnage; cubage et mesurage; flottage, etc. 2 vol. in-8°, ensemble de 1,076 pages. . . . 10. »

X. — DROIT USUEL. — ÉCONOMIE DOMESTIQUE. — HYGIÈNE. — CUISINE.

AUDOT (L. E.). — **La Cuisinière de la campagne et de la ville**, 1 vol. in-12 de 676 pages avec 300 grav. . . . . . . 3 »

COQUEBGNIOT. — **L'Avocat des propriétaires et locataires**, avec les modèles de tous actes, la solution de toutes les questions usuelles et les principaux usages locaux. 1 vol. in-8º de 420 pages . . . . 4 »

CUNISSET-CARNOT. — **L'Avocat de tout le monde**, guide pratique contenant le résumé des cinq codes, 1 vol. in-8º de 450 p. 4 »

EMION (Victor). — **La Taxe du pain**, avec préface par Victor Borie. In-8º de 168 pages . . . . 4 »

GEORGE (Dr H.). — **Traité d'hygiène rurale**, suivi des premiers secours en cas d'accidents, comprenant :

L'alimentation : préparation et cuisson des aliments; ustensiles; assaisonnements. — Viande de boucherie, de Porc, de Cheval; Gibier, Volaille, Poissons; Œufs, Lait, Fromage, Beurré. — Aliments farineux, Légumes verts, Fruits. — L'eau potable; ses caractères, Eaux de source, de puits, de pluie, de rivières ou de fleuves; eaux impures; leur purification. — Les boissons fermentées : Piquette, Cidre, Bière, Vin. — Les boissons alcooliques et aromatiques. — Le régime alimentaire : les repas, les fonctions du ventre; l'obésité.

L'air : sa pureté; la chaleur atmosphérique; l'électricité atmosphérique; la sécheresse et l'humidité; le froid; la lumière et l'éclairage.

Le travail : l'exercice musculaire; les fonctions cérébrales.

Les maladies contagieuses : peste, fièvre jaune, choléra, fièvre typhoïde, dysenterie, etc., etc.

Les accidents : empoisonnements, asphyxies, blessures, congestion, apoplexie, syncope, morts subites.

Un vol. in-18 de 432 pages et 12 figures 3.50

MAUGRAS. — **L'Avocat de la famille**, guide pratique traitant des droits et obligations légales de la famille. 1 vol. in-8º de 476 pages. . . . . 4 »

—— **L'avocat des communes et des administrés de la commune**, guide pratique traitant de la législation et de l'administration communales, des attributions du maire, etc.; avec répertoire des questions usuelles d'administration et de polices municipales, 1 vol. in-8º de 466 pages . . . . . . 4 »

MILLET-ROBINET (Mme). — **Maison rustique des dames, 13e éd.**

Tenue du ménage : Devoirs et travaux de la maîtresse de maison. — Des domestiques. — De l'ordre à établir; Comptabilité; Recettes et dépenses. — La maison et son mobilier, son entretien; linge, blanchissage, chauffage, éclairage. — Cave et vins, boulangerie et pain. — Provisions du ménage; confitures; conserves.

Manuel de cuisine : Manière d'ordonner un repas. — Potages, jus, sauces, garnitures. — Viandes, gibier, poisson, légumes. — Purées et pâtes. — Entremets, pâtisserie, etc.

Médecine domestique : Petite pharmacie, médicaments. — Ce qu'il faut faire avant l'arrivée du médecin dans les indispositions les plus fréquentes, empoisonnements, asphyxie.

Jardin : Disposition générale du jardin. — Jardin fruitier, potager, fleuriste. — Calendrier horticole.

Ferme : La ferme et son mobilier. — Nourriture des gens de la ferme. — Basse-cour, vacherie, laiterie et fromagerie; bergerie et porcherie. — Abeilles et vers à soie.

2 vol. in-18 comprenant ensemble 1.400 pages avec 236 fig. 7.50

Les 2 vol. reliés, 11 fr. — Reliés, tranches dorées, 13 fr.

Ces 2 vol. ne se vendent pas séparément.

Millet-Robinet (Mme). — **Économie domestique**, notions élémentaires sur les travaux d'une maîtresse de maison; lessive; provisions et conserves; confitures, liqueurs et fruits à l'eau-de-vie; utilisation du porc; etc. (*Bibl. du Cul-tiv.*). In-18 de 228 pages et 77 gravures 1.25

Millet-Robinet (Mme) et le Dr **Émile Allix**. — **Le Livre des jeunes mères**, la nourrice et le nourrisson. (3e *Édition*).

Le devoir maternel.

Le berceau et la layette : berceau en fer et en osier; sa garniture. — Layette; méthodes diverses; description, composition, entretien; planche de patrons.

La grossesse : durée, signes, hygiène, choix de l'accoucheur.

L'accouchement : disposition des lits et de la chambre; l'accouchement et la délivrance, soins à la mère et au nouveau-né après l'accouchement.

Les maux de sein : inflammation, abcès, gerçures et crevasses.

L'allaitement : allaitement maternel, le lait et la tétée, hygiène de la nourrice. — Allaitement mercenaire, nourrices sur lieu et nourrices de campagne, choix, surveillance. — Allaitement artificiel, modes divers, biberons, règlement de l'allaitement artificiel. — Allaitement mixte.

Sevrage et dentition : les nouveaux aliments; précautions à prendre pour le nourrisson et la nourrice; marche de la dentition.

Hygiène du nourrisson : toilette, soins de propreté, bains, sorties, exercices, hochets, etc.

L'enfant en état de santé, comment il vit, agit et se développe : respiration, circulation, digestion, sensations et mouvements; développement physique.

Maladies de l'enfant : angines, indigestion, diarrhée, constipation, vers, croup, bronchites, coqueluche, scarlatine, rougeole, variole, convulsions, etc., etc. Maladies de la peau, des oreilles, des yeux; blessures, plaies, brûlures, etc.

Éducation morale de l'enfant.

La protection de l'enfance: crèches sociétés de protection.

Un vol. in-18 de 392 pages avec 48 figures et une planche de patrons pour la layette. 3.75

Le volume relié, 5 fr.

Pennetier (Dr G.). — **Leçons sur les matières premières organiques** : matières alimentaires, lait, œufs, viandes, féculents; épices et aromates; fibres textiles; matières tinctoriales et tannantes; gommes, gommes-résines, baumes, essences, etc.; matières oléagineuses; substances médicinales; dépouilles et débris d'animaux; tabacs.

Chacune des matières premières organiques fait l'objet d'une étude complète : origine, provenances, caractères, composition chimique, sortes commerciales, altérations, falsifications et moyens de les reconnaître, importance commerciale et usages de chaque produit.

1 vol. gr. in-8° de 1,018 pages et 344 fig. . . . . 18. D

ENSEIGNEMENT PRIMAIRE AGRICOLE

Agriculture (*Petite école d'*), par P. Joigneaux. 1 vol. in-18 de 124 pages et 42 grav. cartonné toile 1 25

Agriculture (*Traité élémentaire et pratique d'*), par Laurençon, 2 vol. in-12 de 248 pages et 44 grav. 1 50

Agriculture du centre de la France, par Félix Vidalin. 2 vol. in-18 cartonnés de 300 pages avec grav. 3 50

Arithmétique agricole, par Lefonr. In-12 de 128 pages . . . . » 75

Devoirs de l'homme envers les animaux, par J. Chalot. In-12 de 128 pages . . . . » 75

Histoire du grand Jacquet, métayer, par Méplain et Taisy. — In-12, 144 pages . . . . » 75

Horticulture (*Cours élémentaire*), par Boncenne. 2 vol. in-12 ensemble de 310 pages et 85 gravures 1 50

Les Jeudis de M. Dulaurier, cours élémentaire d'agriculture par V. Borie. 2 vol. in-18.

  Ire *année* : 108 pages et 16 grav. . . . . » 75
  2e *année* : 108 pages et 51 grav. . . . . » 75

Lectures et dictées d'agriculture, par G. Heuzé. In-12, 128 pages . . . . » 75

Lectures choisies pour la campagne, par Halphen. In-18, 106 pages . . . . » 50

Petit Questionnaire agricole à l'usage des écoles primaires des pays de pâturage, par Ed. Teisserenc de Bort. 1 vol. in-18 de 192 pages et 16 gravures 1 25

Vocabulaire agricole et horticole à l'usage des élèves des collèges et des écoles primaires, par A. Richard (du Cantal), 2e édition. 1 vol. in-18 de 466 pages avec gravures 3 50

BIBLIOTHÈQUE AGRICOLE ET HORTICOLE

48 VOLUMES A 3 FR. 50

Agriculture de la France méridionale, par Biondet. 484 pag.

Blé (Le), sa culture, commerce, prix de revient tarifs et législation, par Ed. Lecouteux. 1 vol. in-18 de 422 pages et 60 fig.

Castration et le bistournage (Guide pour la), par M. E. Serres. 1 vol. in-18 de 560 pages et 20 figures.

Chevaux de trait français (les), par Gayot. In-18 de 360 pages et 2 fig.

Chimie agricole, ou l'agriculture considérée dans ses rapports principaux avec la chimie, par Isidore Pierre. 6e édit. 2 vol. in-18 de 778 pages et 25 figures.

> Tome Ier. L'atmosphère, l'eau, le sol et les plantes. } Ces deux vol. se
> — II. Les engrais. } vendent séparément.

Cidre (Culture du pommier à), fabrication du cidre et utilisation des pommes et marcs, par J. Nanot. In-18 de 324 pages et 50 fig.

Connaissance pratique du cheval, traité d'hippologie, par A. A. Vial. 1 vol. in-18 de 372 pages et 72 figures.

Culture améliorante (Principes de la), par Ed. Lecouteux. In-18 de 432 pages.

Économie rurale (Cours d'), par Ed. Lecouteux. 2 vol. de 1060 pag.

> Tome Ier. Les milieux économiques.
> — II. Les entreprises agricoles et les systèmes } Ces 2 vol. ne se vendent
> de culture. } pas séparément.

Économie rurale de la France depuis 1789, par L. de Lavergne. 490 pages.

Encyclopédie horticole, par Carrière. 550 pages.

Engrais chimiques (Guide pour l'achat et l'emploi des), par H. Joulie. In-8º de 488 p. ou tableaux (*nouvelle édition en préparation*).

Hygiène rurale (Traité d') suivi des premiers secours en cas d'accidents, par le Dr H. George, 1 vol. in-18 de 432 pages et 12 figures.

Irrigations (Manuel des), par Villeroy et Muller. 263 p. et 123 grav.

Leçons élémentaires d'agriculture, par Masure. 2 vol.

> Tome Ier. Les plantes de grande culture, leur organisation et leur alimentation. (*Épuisé.*)
> — II. Vie aérienne et vie souterraine des plantes de grande culture, 477 pages, 20 grav.

Maïs (le) et les autres fourrages verts, culture et ensilage, par Ed. Lecouteux, in-18 de 320 pages et 15 figures.

Maladies du cheval (Traité des), par Bénion. In-18 de 340 pages et 25 figures.

Manuel juridique de l'acheteur et du marchand d'engrais et d'amendements, par G. Gain: in-12 de 372 pages.

Métayage (Traité pratique du), par le Comte de Tourdonnet, 1 vol.
in-18 de 372 pages.

Météorologie et physique agricoles, par Marié-Davy, 400 pag.,
53 grav.

Mildiou (le), suivi d'une description de l'Érinose, par Patrigeon, 216
pages, 4 pl. col. et 38 fig.

Mouches et Vers, par Eug. Gayot, 248 pages, 33 grav.

Mouton (le), par Lefour, 392 pages, 76 grav.

Ostréiculture (Traité d'), par P. Brocchi. In-18 de 300 pages.

Pâturages, prairies naturelles et herbages, par G. Heuzé,
1 vol. in-18 de 372 pages et 47 figures.

Plantations d'alignement (Établissement et entretien des),
par Jules Nanot. In-18 de 350 pages et 82 fig.

Plantes fourragères, par Gustave Heuzé. 2 vol. in-18.

> Tome Ier. Les plantes à racines et à tubercules, et les plantes
> cultivées pour leurs feuilles, in-18 de 324 pages et 89 fig.
> Tome II. Les prairies artificielles, in-18, 396 pages et 53 fig.
> *(Ces 2 vol. se vendent séparément.)*

Porc (le), par Gustave Heuzé. 2ᵉ éd. 322 pages et 50 grav.

Poulailler (le), par Ch. Jacque. 360 pages et 117 grav.

Pratique de l'agriculture (la) par G. Heuzé, 2 vol.

> Tome Ier. — Agents de la production, labours, hersages, rou-
> lages, application des engrais, semailles.
> Tome II. — Cultures d'entretien, fenaison, moisson, nettoyage
> et conservation des produits, direction du domaine.
> *(Ces 2 vol. se vendent séparément.)*

Production fourragère par les engrais (la), **prairies et
herbages**, par H. Joulie, in-8° de 320 pages ou tableaux.

Taille des arbres fruitiers, par Forney, 2 vol.

> Tome Ier. — Principes généraux ; le poirier et le pommier ; les
> arbres de verger, 320 pages, 169 fig.
> Tome II. — Pêcher, prunier et autres fruits à noyau ; vignes,
> figuier et petits fruits, 360 pages, 183 fig.
> *(Ces 2 vol. se vendent séparément.)*

Traité forestier pratique, par Gurnaud, 3ᵉ éd., in-18 de 260 pages

Vers à soie (Conseils aux nouveaux éducateurs), par de Boullenois,
3ᵉ édit., in-8° de 248 pages.

Vices redhibitoires des animaux domestiques (Manuel
des), par E. Le Pelletier. In-18 de 296 pages.

Vigne (Culture de la) **et vinification**, par J. Guyot. 2ᵉ éd. 426 pages, 30 grav.

Voyage agricole en Russie, par L. de Fontenay, 1 vol. in-18 de
570 pages.

Zootechnie (Traité de) ou Économie du bétail, par A. Sanson. 2ᵉ éd.
5 v. ensemble de 2.016 pages et 236 gravures.

1re partie. Zoologie et zootechnie générales	Tome Ier. Organisation, fonctions physio- logiques et hygiène des ani- maux domestiques agricoles. — II. Lois naturelles et méthodes zootechniques.	Ces 5 vol. se vendent séparément.
2e partie. Zoologie et zootechnie spéciales.	— III. Chevaux, ânes, mulets. — IV. Bœufs et buffles. — V. Moutons, chèvres et porcs.	

BIBLIOTHÈQUE DU CULTIVATEUR

44 VOLUMES IN-18 À 1 FR. 25

Abeilles (les), par l'abbé Sagot, édition revue par l'abbé Delépine.
180 pages et 15 fig.

Agriculteur commençant (Manuel de l'), par Schwerz. 332 p.

Alimentation raisonnée des animaux moteurs et comestibles, par Sanson. 180 pages et 3 fig.

Animaux domestiques, par Lefour. 154 pages et 33 gravures.

Basse-cour, Pigeons et Lapins, par Mᵐᵉ Millet-Robinet.
5ᵉ édition. 180 pages, 26 grav.

Bêtes à cornes (Manuel de l'éleveur de), par Villeroy. 308 p. et 65 gr.

Calendrier du bon cultivateur (abrégé), par Mathieu de
Dombasle. 304 pages et 25 grav.

Champs et les Prés (les), par Joigneaux. 154 pages.

Cheval (Achat du), par Gayot. 180 pages et 25 grav.

Cheval, Ane et Mulet, par Lefour. 180 pages et 136 grav.

Cheval percheron, par du Hays. 176 pages.

Chèvre (la), par Huard du Plessis. 164 pages et 42 grav.

Chimie du sol, par le Dʳ Sacc. 148 pages.

Chimie des végétaux, par le Dʳ Sacc. 220 pages.

Chimie des animaux, par le Dʳ Sacc. 154 pages.

Comptabilité et géométrie agricoles, par Lefour. 214 pages
et 104 grav.

Comptabilité de la ferme, par Dubost et Pacout. 124 pages.

Constructions rurales (Traité élémentaire des), par J.-A.
Grandvoinnet. 2 vol. ensemble de 308 pages et 305 figures.
  Tome Iᵉʳ. Principes généraux de construction. (Ces 2 vol. ne se ven-
  Tome IIᵉ. Bâtiments ruraux.   (dent pas séparément.

Culture générale et instruments aratoires, par Lefour. 174
pages et 135 grav.

Économie domestique, par Mᵐᵉ Millet-Robinet. 228 p. et 77 gr.

Engrais chimiques (utilité, composition et emploi), par de
Mauroy. 140 pages.

Engrais chimiques (Pratique des), par L. Mussa. 144 pages.

Engraissement du bœuf, par Vial. 180 pages et 12 grav.

Fermage (estimation, baux, etc.), par de Gasparin. 3ᵉ éd. 216 pages.

Fumier de ferme (Amélioration du), par Lévy. 152 pages.

Graines de la grande et de la petite culture (Traité des),
par P. Joigneaux. 158 pages.

Grêle (Manuel de l'expert des dommages causés par la), par
François. 108 pages.

Incubation et élevage artificiels des volailles, instructions
pratiques, par Roullier-Arnoult. 2ᵉ édition. 172 pages, et 49 figure.

Irrigations (Pratique des), par Vidalin. 180 pages, 22 grav.

Lapins, lièvres et léporides, par Eug. Gayot. 180 pages et
15 gravures.

Maréchalerie, ou ferrure des animaux domestiques, par A. Sanson.
164 pages, 34 figures.

Médecine vétérinaire (Notions usuelles de), par Sanson, 174 pages et 13 grav.

Métayage, par de Gasparin. 2ᵉ édition. 164 pages.

Moutons (les), par A. Sanson. 168 pages et 56 grav.

Pigeons, Dindons, Oies et Canards, par Pelletan, 180 p. et 20 gr.

Plantation et greffage des vignes américaines (Pratique de), par le Cᵗᵉ de La Laurencie, 180 pages et 31 grav.

Porcherie (Manuel de la), par L. Léouzon. 168 pages et 38 grav.

Poules et Œufs, par E. Gayot. 216 pages et 30 grav.

Races bovines, par Dampierre. 2ᵉ édit. 192 pages et 28 grav.

Sol et Engrais, par Lefour. 176 pages et 54 grav.

Travaux des champs, par Victor Borie. 188 pages et 121 grav.

Vache (la) et ses produits, par Aujollet, 252 pages et 20 fig.

Vaches laitières (Choix des), par Magne. 144 pages et 39 grav.

BIBLIOTHÈQUE DU JARDINIER

19 VOLUMES IN-18 A 1 FR. 25

Arbres fruitiers. Taille et mise à fruit, par Puvis. 167 pages.

Arbres fruitiers. Semis et mise à fruit, par Carrière, 158 pages.

Arbres d'ornement de pleine terre, par Dupuis. 162 p., 40 gr.

Arbrisseaux et Arbustes d'ornement de pleine terre, par Dupuis. 122 pages et 25 grav.

Asperge. Culture, par Loisel. 108 pages et 8 grav.

Cactées, par Ch. Lemaire. 140 pages, 11 grav.

Champignon de couche (le), par J. Lachaume, 108 pages et 7 grav.

Conférences sur le jardinage et la culture des arbres fruitiers, par Joigneaux. 144 pages.

Conifères de pleine terre, par Dupuis. 156 pages et 47 grav.

Élagueur (Guide de l') dans les parcs et les forêts, par Morange. 144 pages et 20 fig.

Maraîcher bourgeois (le), par P. Vialon. 128 pages.

Melon. Nouvelle méthode de le cultiver, par Loisel. 108 pag. et 7 gr.

Orchidées (les), par Delchevalerie. 134 pages, 32 grav.

Pépinières (les), par Carrière. 134 pages et 29 grav.

Plantes grasses autres que Cactées, par Ch. Lemaire. 136 p., 13 gr.

Plantes de serre chaude et tempérée, par Delchevalerie, 156 pages, 9 grav.

Pommiers d'ornements, par Carrière, 180 pag. 18 gr.

Potager (le), jardin du cultivateur, par Naudin. 180 pag. 34 grav.

Rosier (le), par Lachaume. 180 pages et 34 grav.

56ᵉ ANNÉE — 56ᵉ ANNÉE

JOURNAL
D'AGRICULTURE PRATIQUE

MONITEUR DES COMICES, DES PROPRIÉTAIRES, ET DES FERMIERS

Fondé en 1837 par Alexandre Bixio

PARAÎT TOUS LES JEUDIS PAR LIVRAISON GRAND IN-8° DE 48 PAGES

IL PUBLIE UNE PLANCHE COLORIÉE PAR MOIS

ET FORME CHAQUE ANNÉE DEUX BEAUX VOLUMES IN-8° DE 1,900 PAGES

AVEC 12 MAGNIFIQUES PLANCHES COLORIÉES
ET DE NOMBREUSES GRAVURES

Rédacteur en chef : E. LECOUTEUX

Propriétaire-Agriculteur
Membre de la société nationale d'agriculture
Membre du conseil supérieur de l'agriculture
Professeur d'agriculture au Conservatoire des arts et métiers
Professeur d'économie rurale à l'Institut national agronomique
Membre honoraire de la Société royale d'Agriculture d'Angleterre.

Secrétaire de la rédaction : A. DE CÉRIS.

Administrateur : L. BOURGUIGNON.

PRINCIPAUX COLLABORATEURS : MM. Duchartre, Naudin, Pasteur membres de l'Institut ;
MM. Gaston Bazille, de Dampierre, Gatellier, Gayot, Aimé Girard, Grandvoinnet, Heuzé, Eug. Marie, Lavallard, Müntz, Prillieux, Risler, membres de la Société nationale d'agriculture.
MM. Bouscasse, de Brévans, Brocchi, Chazely, Convert, Destremx, Victor Emion, Gagnaire, Dʳ George, A.-C. Girard, Grandeau, Grollier, P. Joigneaux, P. de Laffitte, Laverrière, Léouzon, A. Lesne, Marchand, Marié-Davy, Millardet, Mouillefert, J. Nanot, Dʳ Patrigeon, Poillon, Ringelmann, Sabatier, G. Villé, Zolla et un nombre considérable d'agriculteurs, de savants, d'économistes et d'agronomes de toutes les parties de la France et de l'étranger.

Fondé en 1837 par Alexandre Bixio, le *Journal d'Agriculture pratique* compte aujourd'hui cinquante-quatre ans d'existence, et son succès n'a fait que croître chaque année. Il a vu reconnaître ses longs services par l'Académie des Sciences, qui lui a décerné le Prix Morogues, comme à l'ouvrage ayant fait faire le plus de progrès à l'agriculture.

Sans rappeler toutes les importantes améliorations qui ont été successivement apportées au *Journal d'agriculture pratique*, comme une conséquence naturelle de son succès croissant, nous ne parlerons ici que de la plus récente : depuis le 1ᵉʳ janvier 1885, le *Journal d'agriculture pratique* donne en planches coloriées, d'une exécution irréprochable, les portraits de nos animaux les plus remarquables de nos fermes et de nos concours, reproduits d'après les modèles de l'un de nos peintres animaliers les plus justement en renom, M. Olivier de Penne, qui a bien voulu se charger des aquarelles.

La rédaction en chef du *Journal d'agriculture pratique* est confiée depuis 1866 à un propriétaire à la fois écrivain et cultivateur M. Ed. Lecouteux, propriétaire-agriculteur, professeur d'agriculture au Conservatoire des arts et métiers, et professeur d'économie rurale à l'Institut national agronomique, qui a pu contrôler constamment la théorie par la pratique, et joindre aux études de doctrines les plus consciencieuses une expérience personnelle de trente années.

Le journal publie des chroniques agricoles, des comptes rendus des séances de la Société nationale d'agriculture ; des articles de jurisprudence ; des articles consacrés à l'examen des questions de pratique pure, une revue mensuelle de météorologie et une revue étrangère.

L'économie rurale, l'économie du bétail, l'économie forestière, la culture de la vigne, de la betterave, de toutes les plantes industrielles, aussi bien que celle des céréales et des plantes fourragères ; la culture des eaux, l'apiculture, la mécanique agricole, l'architecture rurale ; les questions de chimie appliquée à l'agriculture ; en un mot toutes les branches de l'agriculture sont traitées avec l'importance qu'elles comportent.

La partie commerciale a reçu tous les développements qu'elle mérite. Des mercuriales hebdomadaires, et une revue de tous les marchés français et étrangers, tiennent le lecteur au courant des fluctuations des cours, pour tous les produits agricoles : céréales et farines, bétail, graines, fourragères et oléagineuses, fourrages et pailles, chanvres et lins, houblons, etc. ; vins, alcools et eaux-de-vie ; sucres, amidons et fécules, engrais divers ; cuirs et peaux, suifs et saindoux, beurres, fromages et œufs, volailles et gibier, etc.

PRIX DE L'ABONNEMENT :

UN AN : 20 fr. — SIX MOIS : 10 fr. 50

Les abonnements partent du 1ᵉʳ janvier ou du 1ᵉʳ juillet

ABONNEMENT D'ESSAI D'UN MOIS : 2 FR.

ABONNEMENT D'UN AN POUR L'ÉTRANGER	Union postale.............................. **20 fr.**
	Tous les autres pays............ .... **25 fr.**

Prix du numéro........................... 50 centimes.
avec planche coloriée **75 centimes**.

La Librairie agricole possède encore quelques collections complètes du *Journal d'Agriculture pratique* (de 1837 à 1890).

Prix de la collection complète (de 1837 à 1891) : 93 vol. 900 fr.

Prix de la collection de 1885 à 1891 (nouvelle période avec planches coloriées) : 14 vol. .... 140 fr.

☞ Un numéro spécimen **avec planche coloriée** est envoyé à toute personne qui en fait la demande, accompagnée de 30 centimes en timbres-poste.

Bureaux du Journal : 26, rue Jacob, à Paris.

64ᵉ ANNÉE. 64ᵉ ANNÉE.

REVUE
HORTICOLE

JOURNAL D'HORTICULTURE PRATIQUE

FONDÉ EN 1829 PAR LES AUTEURS DU BON JARDINIER

PARAISSANT LE 1ᵉʳ ET 16 DE CHAQUE MOIS

PAR LIVRAISON GRAND IN-8° DE 32 PAGES

AVEC UNE PLANCHE COLORIÉE ET DE NOMBREUSES FIGURES

ET FORMANT CHAQUE ANNÉE UN BEAU VOLUME IN-8° DE 580 PAGES

AVEC 24 MAGNIFIQUES PLANCHES COLORIÉES

D'APRÈS DES AQUARELLES DE MM. GODARD, P. DE LONGPRÉ, CLÉMENT, ETC.

ET DE NOMBREUSES GRAVURES

Rédacteurs en chef :
MM. E.-A. CARRIÈRE, ancien chef des pépinières au Muséum d'histoire naturelle,
ED. ANDRÉ, architecte-paysagiste ancien chef de service des plantations suburbaines de la Ville de Paris.

Administrateur : L. BOURGUIGNON.

PRINCIPAUX COLLABORATEURS : MM. Anrange, Dʳ Baillon, Bailly, Baltet, Batise, Bergman, Berthaud, Blanchard, Boisbunel, Boisselot, Bruno, Carrelet, Cᵗᵉ de Castillon, Catros-Gérand, Ghargueraud, Chevallier (Charles), Christachi, Cornuault, Courtois (Jules), Daveau (Jules), Delabarrière, Delaville, Delchevalerie, De La Devansaye, Dubreuil, Dumas, Ermens, Franchet, Gagnaire, Giraud (Paul), Glady, Hardy, Hanguel, Heuzé (Gust.), Houllet, Jadoul, Jolibois, Joly (Ch.), Joret, Lambin, Dʳ Le Bêle, Lequet, Lesne, Maron, Martinet, Martins, Métaxas, Morel (Fr.), Nanot, Nardy, Naudin, Poisson, Pulliat, Rigault, Rivière, Rivoire, Rivoiron, Sahut, Sallier, Sisley, Thays, Thomayer, Truffault, Vallerand, Verlot, Vilmorin, Weber.

La *Revue horticole*, fondée en 1829 par les auteurs du *Bon Jardinier*, et dont les soixante-deux ans d'existence suffisent à affirmer le succès, est aujourd'hui le journal indispensable pour la bonne tenue des jardins, des parcs et des serres. Soins à donner au jardin potager, culture et conservation des légumes, taille des arbres fruitiers, choix des meilleures variétés, jardin fleuriste, jardin paysager, marcottes, boutures, greffes, outils et appareils de jardinage, culture forcée, serres, orangeries, plantes nouvelles ; arbres et arbrisseaux d'utilité et d'agrément, toutes ces questions y sont traitées par les auteurs les plus compétents et les praticiens les plus habiles.

Des gravures de fleurs, fruits, outils, serres, etc., contribuent à la clarté des descriptions, et des planches coloriées d'une exécution remarquable, d'après des aquarelles d'éminents artistes, MM. Godard, P. de Longpré, Clément, donnent la figure des plantes nouvelles et des fruits nouveaux les plus intéressants, des insectes nuisibles, etc.

Une chronique très complète tient le lecteur au courant de tous les faits qui peuvent intéresser l'horticulture : comptes rendus d'expositions et de congrès, programmes des concours, listes des récompenses, séances de la société nationale d'horticulture de France, etc., etc. — Depuis le 1er janvier 1882, **M. Ed. André**, l'architecte paysagiste si justement apprécié, remplit, conjointement avec **M. E.-A. Carrière**, dont les longs services ont entouré le nom d'une juste popularité, les fonctions de rédacteur en chef de la *Revue horticole*. Cette direction nouvelle, résultant de la collaboration étroite de deux hommes si connus et si appréciés du public horticole, ne pouvait manquer d'être féconde pour les intérêts de l'horticulture française, soutenus par la *Revue horticole* depuis plus d'un demi-siècle.

A l'Exposition universelle de Paris en 1889, le jury a reconnu l'importance des services rendus par la *Revue horticole*, en lui décernant une **médaillé d'or**. Déjà précédemment, en 1885, à l'Exposition internationale d'horticulture, la Revue avait obtenu la **grande médaille d'honneur**, fondée par le maréchal Vaillant, ancien président de la Société d'horticulture.

La *Revue horticole* continue donc son œuvre, dans des conditions qui sont de nature à en étendre la légitime influence. La plus grande partie de ce résultat est due d'ailleurs à la fidélité bienveillante de ses abonnés, fortifiés dans cette opinion que tous les efforts de la *Revue* ont pour but le progrès constant de l'horticulture française.

PRIX DE L'ABONNEMENT :

UN AN : 20 fr. — SIX MOIS : 10 fr. 50

Les abonnements partent du 1er janvier ou du 1er juillet

ABONNEMENT D'ESSAI D'UN MOIS : 2 FR.

ABONNEMENT D'UN AN POUR L'ÉTRANGER.	Union postale.....................	22 fr.
	Tous les autres pays..............	25 fr.

Prix du numéro : Un franc.

La Librairie agricole ne possède pas de collection complète (1829 à 1890) de la *Revue horticole*; mais elle possède encore un très petit nombre de collections depuis 1861, c'est-à-dire depuis que la *Revue* est publiée dans le format actuel, avec planches coloriées, et quelques collections de 1882 à 1890, c'est-à-dire depuis la direction de MM. E. A. Carrière et Ed. André.

Prix de la collection de 1861 à 1891 : 30 vol . . .   600 francs.

Prix de la collection de 1882 à 1891 : 10 vol . . .   200 francs.

☞ Un numéro spécimen est adressé à toute personne qui en fait la demande accompagnée de 30 centimes en timbres-poste.

Bureaux du journal : 26, rue Jacob, à Paris.

BULLETIN D'ABONNEMENT.

(1) Nom et Prénom.

(2) Adresse exacte avec indication du bureau de poste.

(3) Un an, 6 mois ou un mois pour essai.

(4) 1er janvier et 1er juillet pour les abonnements de six mois ou d'un an. Les abonnements d'essai peuvent être pris pour un mois quelconque.

(5) Indiquer s'il s'agit du *Journal d'agriculture pratique* ou de la *Revue horticole*.

(6) Mandat-poste ou chèque, pour les abonnements de six mois ou d'un an. — Timbres-poste pour les abonnements d'essai d'un mois.

(7) Un an . . . . 20 fr. »
Six mois . . . . 10 fr. 50
Un mois d'essai . . . . 2 fr. »

Je soussigné (1)_______________________

____

demeurant à (2)_______________________

____

demande un abonnement de (3)_______________________

à partir du (4)_______________________

à (5)_______________________

Pour le paiement j'envoie ci-joint en (6)_______________________

la somme de (7)_______________________

ou j'autorise l'administration à me faire présenter par la poste une quittance du montant de l'abonnement, augmentée des frais de recouvrement.

(SIGNATURE.)

☞ Adresser lettres et mandats à **M. Bourguignon**, administrateur du *Journal d'agriculture pratique* et de la **Revue horticole**, 26, rue Jacob, à Paris.

TABLE ALPHABÉTIQUE DES NOMS D'AUTEURS.

Typographie Firmin-Didot et Cie. — Mesnil (Eure).

www.ingramcontent.com/pod-product-compliance
Lightning Source LLC
Chambersburg PA
CBHW051521060726
47597CB00001B/148